THÈSES

PRÉSENTÉES

A LA FACULTÉ DES SCIENCES DE PARIS

POUR OBTENIR

LE GRADE DE DOCTEUR ÈS SCIENCES NATURELLES

Par L. CAREZ

PREMIÈRE THÈSE. — Étude des Terrains crétacés et tertiaires du nord de l'Espagne.

DEUXIÈME THÈSE. — Propositions données par la Faculté.

Soutenues le 26 Juillet 1881 à 2 heures,

DEVANT LA COMMISSION D'EXAMEN

MM. HÉBERT, *Président.*
DUCHARTRE.
DE LACAZE-DUTHIERS. } *Examinateurs.*

PARIS

LIBRAIRIE F. SAVY

77, BOULEVARD SAINT-GERMAIN, 77

—

1881

ACADÉMIE DE PARIS

FACULTÉ DES SCIENCES DE PARIS

DOYEN.	MILNE-EDWARDS, professeur. Zoologie, anatomie comparée, physiologie.
PROFESSEURS HONORAIRES.	DUMAS . . . .
	PASTEUR . . . .
PROFESSEURS . . .	P. DESAINS . . . . Physique.
	LIOUVILLE . . . . Mécanique rationnelle.
	PUISEUX. . . . . Astronomie.
	HÉBERT . . . . Géologie.
	DUCHARTRE . . . . Botanique.
	JAMIN. . . . . Physique.
	SERRET . . . . Calcul différentiel et intégral.
	N. . . . . Chimie.
	DE LACAZE-DUTHIERS. . . . . Zoologie, anatomie comparée, physiologie.
	BERT . . . . Physiologie.
	HERMITE . . . . Algèbre supérieure.
	BRIOT. . . . . Calcul des probabilités, physique mathématique.
	BOUQUET . . . . Mécanique physique et expérimentale.
	TROOST . . . . Chimie.
	WURTZ . . . . Chimie organique.
	FRIEDEL. . . . . Minéralogie.
	OSSIAN BONNET . . . . Astronomie.
	DARBOUX . . . . Géométrie supérieure.
AGRÉGÉS	BERTRAND. . . . . Sciences mathématiques.
	J. VIEILLE . . . . — —
	PÉLIGOT . . . . Sciences physiques.
SECRÉTAIRE. . . .	PHILIPPON.

F. Aureau. — Imprimerie de Lagny.

A

M. HÉBERT

MEMBRE DE L'INSTITUT

PROFESSEUR A LA FACULTÉ DES SCIENCES

*Hommage de reconnaissance
et de profond dévouement.*

ÉTUDE

DES

TERRAINS CRÉTACÉS ET TERTIAIRES

DU NORD DE L'ESPAGNE

INTRODUCTION

Ayant cherché en vain dans les ouvrages qui traitent de la géologie de l'Espagne, des notions précises sur les terrains tertiaires du Nord de la Péninsule, je partis de France avec l'intention d'étudier la bande de terrain nummulitique qui s'étend, d'après la carte de MM. de Verneuil et Collomb, depuis Gerona et Barcelona à l'Est, jusqu'à Miranda de Ebro et même plus loin à l'Ouest. Mais j'ai été amené, par diverses circonstances, à élargir beaucoup le cadre que je m'étais d'abord tracé ; c'est ainsi que j'ai examiné dans bien des points les couches crétacées, parce qu'elles se trouvent le plus souvent intercalées au milieu des zones tertiaires, enchevétrées de telle sorte que mes courses m'ont fréquemment fait traverser des massifs secondaires. Mais, je n'ai pas recherché le Crétacé avec le même soin que le Tertiaire, de sorte que les considérations que je présenterai sur ce sujet, sont loin d'être un traité complet de ces terrains, même dans la bande étroite qu'ils forment sur le versant méridional des Pyrénées.

Pourtant, au lieu de terminer mes courses à Miranda, comme j'en avais d'abord l'intention, j'ai prolongé mon voyage jusqu'à la limite de la province d'Oviedo, auprès de San Vicente de la Barquera, afin d'examiner les derniers lambeaux éocènes qui se remarquent sur les côtes de l'Atlantique, et cette prolongation m'a fait traverser une vaste région crétacée.

Pour le Nummulitique, je me suis efforcé de faire connaitre ses divers horizons d'une manière aussi complète que possible; c'était là, comme je l'ai dit, le but principal de mes voyages et l'itinéraire que j'ai suivi était toujours conçu en vue de l'atteindre. Mais, en présence des difficultés de toute sorte que j'ai rencontrées, des obstacles provenant, soit de la nature montagneuse et abrupte du sol, soit du caractère apathique de ses habitants, à demi sauvages encore, soit enfin et surtout de l'absence absolue de voies de communication, je n'ai pu remplir le programme que je m'étais tracé, aussi complètement que je le désirais; j'ai dû laisser subsister un nombre de lacunes malheureusement trop considérable; j'aurai soin de les indiquer dans le courant de ce travail. On comprendra d'ailleurs, que ce n'est pas après quelques mois d'étude, que l'on peut espérer connaitre complètement une région aussi neuve et aussi vaste que le Nord de l'Espagne.

J'ai été enfin amené à examiner une grande étendue de terrain miocène, dont l'étude avait été jusqu'à présent fort négligée. J'ai, dans ce but, suivi la côte de la Méditerranée, au Sud de Barcelona, jusqu'à Tarragona.

Avant de commencer l'exposé de mes recherches, il ne sera pas inutile, je crois, d'indiquer en quelques mots, la manière de voyager que j'ai employée en Espagne; cela servira d'abord à expliquer dans bien des cas, pourquoi j'ai dû laisser subsister telle ou telle lacune, et en outre, ceux qui voudraient, suivant mon exemple, parcourir à leur tour ces régions difficiles, y trouveront, je l'espère, d'utiles renseignements.

Parti une première fois de Paris, je me rendis directement à Barcelona ; là, aucune difficulté : Barcelona, ville toute française d'aspect, renfermant une nombreuse colonie française (1), siège d'une activité industrielle peu commune en Espagne, présente au voyageur les mêmes ressources qu'une ville de notre pays. Cinq lignes de chemins de fer, plusieurs tramways et de très nombreuses diligences ou tartanes, desservent les environs d'une manière très commode pour l'explorateur ; de plus, les villages dans cette région, sont à la fois assez rapprochés et assez riches pour que l'on n'ait jamais à s'inquiéter de chercher un gîte, et que l'on puisse vaquer à ses travaux géologiques, sans souci du soir, certain que l'on n'aura jamais plus de quelques kilomètres à faire pour trouver la *posada* où l'on pourra passer la nuit.

Après avoir exploré cette région, j'ai dû m'avancer un peu plus vers l'intérieur, en pénétrant dans la partie montagneuse et déserte. Parti, en effet, d'Igualada pour Manressa, puis Vich et Ripoll, je dus me faire accompagner non seulement d'un guide, mais aussi d'une bête de somme, bien gênante quelquefois, mais absolument indispensable. Jusqu'à Ripoll, en effet, des chemins de fer ou des diligences permettaient encore de faire transporter des bagages ; mais, à partir de là, pénétrant dans des régions privées de routes, je dus transporter à la fois et mes bagages indispensables et les fossiles recueillis, constamment à dos de mulet. D'ailleurs, ce mode de voyager est préférable même quand il existe un service de voitures ; on évite ainsi les retards et les ennuis que l'on a toujours en Espagne, lorsqu'on s'adresse à une administra-

(1) Le nombre des Français résidant à Barcelona, s'élèverait, m'a-t-on assuré, à plus de trente mille.

tion de ce genre ; il permet, en outre, de recueillir des fossiles plus abondants que s'ils devaient être portés par le guide.

Je continuai, jusqu'à la fin de mes voyages, à me faire ainsi accompagner d'une mule, malgré les inconvénients qui en résultent ; quelque habiles, en effet, que soient les animaux de la montagne, quelles que soient leur habitude des mauvais chemins et la sûreté de leur pied, il est toutefois des points où l'on ne peut se rendre avec une pareille escorte.

Si l'on pense, en outre, que les villages étant fort éloignés les uns des autres, il faut quelquefois marcher pendant dix et douze heures pour rencontrer une habitation, l'on comprendra sans peine, que les explorations géologiques soient forcément défectueuses par la rapidité avec laquelle on doit les faire dans certains cas, et par l'impossibilité absolue qu'il y a dans d'autres, à passer par les points qui offriraient le plus grand intérêt, soit pour relier deux coupes, soit pour faire disparaitre une lacune malencontreuse.

C'est dans ces conditions que j'ai vu en terminant mon premier voyage, les environs de Solsona, d'Artésa, de Lérida, Isona, Tremp, Gerri, et Sort.

C'est également, accompagné d'un guide et d'un cheval, que je partis plus tard de Miranda, pour traverser toute la Péninsule, en allant constamment en lacets, de la plaine miocène de l'Ebre à la chaine centrale des Pyrénées et réciproquement, en passant par Vitoria, Estella, Pamplona, Sanguessa, Murillo, Huesca, Broto, Barbastro, Tremp, Organya, Solsona, Igualada, Vich, Olot, et Besalu. J'arrivai de cette façon jusqu'à Gerona ; puis, suivant la côte, je me rendis de nouveau à Barcelona ; de là, je gagnai Tarragona qui fut ma dernière étape.

Dans un troisième voyage, c'est encore Barcelona qui me servit de point de départ ; et, après avoir exploré de nouveau les environs de Martorell, San Sadurni et Igualada, je partis par Granollers, Artés, Vich, Amer, Gerona et Figueras, cherchant constamment à recouper le tracé que j'avais précédemment suivi. De cette dernière ville, je pénétrai dans l'intérieur par San Lorenzo de la Muga, Olot, Ripoll, Baga, longeant, autant que possible, la limite septentrionale de la formation tertiaire.

Obligé de redescendre au Sud jusqu'à Solsona, je passai par Tremp, Aren, Estadilla, Boltaña, Fiscal, la Peña, Jaca, d'où je pus fort heureusement expédier mes fossiles pour la France ; la charge était devenue tellement considérable que j'avais dû diminuer la longueur des étapes.

Remontant alors par Araguès et Fago, j'arrivai à Thiermas, Lumbier et enfin Pamplona. A partir de cette ville, le pays est bien différent ; au lieu des sentiers imaginaires de l'Aragon, il existe ici des routes bonnes et nombreuses ; les villages sont plus rapprochés et le voyage devient en un mot, beaucoup plus facile. Aussi est-ce sans peine que j'atteignis bientôt Vitoria, puis Murguia, Amurrio, Ramalès, Santander et enfin Columbres, terme de mon voyage à l'Ouest.

Il ne me restait plus alors qu'à revenir à Bilbao en suivant la côte, pour y terminer mon exploration et y retrouver le chemin de fer qui devait me ramener en France ; j'avais alors effectué constamment à pied, un trajet de plus de 1,000 kilomètres.

Après avoir ainsi recueilli de nombreux matériaux, je les ai apportés au laboratoire de géologie de la Sorbonne, où j'ai terminé ce travail sous la direction de mon cher et savant maître, M. Hébert, dont la méthode exacte et les sages conseils m'ont toujours guidé.

M. Munier-Chalmas, sous-directeur du laboratoire, a bien voulu examiner la plus grande partie de mes fossiles ; et l'inspection qu'il en a faite, est un sûr garant de l'exactitude des déterminations que je citerai dans le cours de ce travail.

M. Cotteau, de son côté, à étudié avec le plus grand soin, les oursins que j'avais rapportés d'Espagne ; je suis heureux de pouvoir le remercier ici de son extrême obligeance.

Je ne veux pas non plus terminer ce chapitre sans adresser les plus chaleureux remerciments aux géologues espagnols : MM. Almeira et Vidal à Barcelona, MM. Mallada et Vilanova à Madrid m'ont reçu de la manière la plus cordiale et m'ont donné avec une véritable prodigalité, tous les renseignements qui pouvaient avoir quelque utilité pour l'étude que je me proposais de faire.

OROGRAPHIE

Je vais chercher à indiquer dans ce chapitre, par quelques traits généraux, le relief du sol dans le pays que j'ai étudié, puis je montrerai comment il peut être divisé en régions naturelles.

L'Espagne ou plutôt la péninsule ibérique, a, comme on le sait, la forme d'une pyramide dont le sommet se trouve vers Burgos (alt. 856 mètres), ville située sur le vaste plateau qui occupe le centre de l'Espagne. De là le terrain s'abaisse de tous côtés, assez rapidement vers le Nord, d'une manière lente et peu sensible vers la Méditerranée, par la grande plaine de l'Èbre.

La partie de l'Espagne que j'ai étudiée, s'étend depuis le rivage de la Méditerranée à l'Est, jusqu'à la limite de la province d'Oviedo à l'Ouest, c'est-à-dire sur une longueur de 680 kilomètres; elle est limitée au Nord par les plus hauts sommets de la chaîne pyrénéenne, par ceux qui forment la frontière entre la France et l'Espagne, tandis qu'au Sud, elle se termine à la grande plaine miocène de l'Èbre, ce qui lui donne une largeur variant de 60 à **210** kilomètres.

On peut diviser ce vaste pays en quatre régions, distinctes à la fois par leur configuration géographique et par la constitution géologique de leur sol.

La première sera la zone littorale qui s'étend tout le long de la Méditerranée depuis le golfe de Rosas jusqu'à Tarragona sur une largeur moyenne de quarante kilomètres. Peu accidentée en général, bien qu'elle contienne les sommets élevés du Mont-Seny (1) et du Tibidabo, elle est essentiellement composée de miocène marin entrecoupé de temps à autre par quelques lambeaux crétacés et aussi par un large massif de granite et de porphyre accompagné de quelques schistes anciens. Mais on n'y voit pas de traces (2) des terrains éocènes qui composent, au contraire, comme nous allons le voir, la majeure partie de la région voisine.

Celle-ci, de beaucoup la plus considérable, s'étend tout le long de la chaîne pyrénéenne jusqu'à la limite de la province de Navarre. Essentiellement montagneuse, aride, sauvage et peu habitée, privée de routes et même de sentiers praticables, elle présente au voyageur les plus grandes difficultés; mais aussi, les fatigues et les préoccupations constantes sont heureusement compensées par le magnifique spectacle qu'offrent incessamment les hautes cimes neigeuses, les montagnes abruptes et les torrents qui coulent le plus souvent dans d'étroits défilés entre deux murailles de plusieurs centaines de mètres de hauteur.

Il ne faudrait pas croire, en effet, malgré la direction de la plupart des cours d'eau, que les montagnes forment des contreforts régulièrement perpendiculaires à la direction générale de la chaîne. Malgré ce que montrent la plupart des cartes géographiques, c'est l'inverse qui a lieu le plus souvent; dans l'Aragon surtout, la disposition en chaînons parallèles est parfaitement évidente. Les cours d'eau, je le répète, passent non pas dans de véritables vallées, mais dans des cassures étroites et profondes, sans aucun rapport avec la disposition générale du relief du sol; le défilé de la Peña au Nord

(1) Prononcez *Mont-Sén.*
(2) Si ce n'est toutefois à Gerona.

d'Huesca, ceux que traverse presque continuellement la Noguera Pallaresa de Sort à Camarassa, celui enfin du pont d'Aren peuvent servir de bons exemples à l'appui de l'opinion que j'avance ici. On ne saurait trop s'élever contre cette tendance des géographes à défigurer les pays qu'ils veulent représenter pour donner plus de régularité à leurs bassins géographiques, simple produit le plus souvent de leur imagination et de leur fantaisie.

C'est le tertiaire inférieur qui forme la plus grande partie de la région sous-pyrénéenne; il s'avance fréquemment jusqu'à une très faible distance de la frontière, la dépassant même en un point. Une bande de terrain crétacé assez étroite le borne au Nord, s'appuyant elle-même sur des terrains anciens. Ceux-ci, peu développés sur le versant espagnol, ne présentent une certaine extension que dans le Nord-Ouest de la Catalogne, vers la Seo de Urgel où de Verneuil marque une vaste région comme appartenant au Silurien : je ne l'ai pas parcourue.

En résumé, la région sous-pyrénéenne est caractérisée par son aspect essentiellement montagneux, et par la prédominance du terrain éocène. Elle est bien nettement terminée au Sud par la grande plaine de l'Ebre qui constitue la troisième région.

Par son aspect très spécial, son immense étendue, celle-ci prend une grande importance. C'est une plaine monotone et sans fin, se continuant sur la moitié de l'Espagne avec sa désespérante aridité. Uniformément inclinée, elle présente, à sa surface de nombreux monticules isolés de forme allongée, s'élevant tous de vingt à trente mètres au-dessus du sol environnant. Disposés souvent avec une étonnante régularité, ils montrent leurs flancs rougeâtres et ravinés, leurs sommets terminés par une surface plane comme si un rabot gigantesque les avait tous égalisés. (Fig. 1).

Si le touriste est attristé par cet horizon constamment rougeâtre, dont la végétation ne vient jamais rompre la monotonie, le géologue éprouve, lui aussi, un sentiment analogue. Un seul terrain compose cette vaste plaine que l'on peut parcourir pendant des centaines de kilomètres sans trouver un fossile dans ce *miocène lacustre* d'une désespérante régularité. Aussi, après plusieurs journées infructueuses passées dans les environs de Lérida, me suis-je empressé de regagner la montagne et ses nombreuses zones entremêlées.

La quatrième région enfin, présente des caractères mixtes; elle occupe la Navarre, la Biscaye, l'Alava, le Guipuzcoa et une partie de la province de Santander; elle contient à la fois des plaines assez vastes et des montagnes élevées; mais sa constitution géologique est remarquablement uniforme; si l'on excepte, en effet, une partie de la Navarre, c'est le terrain crétacé qui la compose presque entièrement. Ici, comme dans les précédentes régions, les montagnes se dirigent approximativement de l'Est à l'Ouest, tandis que les fleuves coulent perpendiculairemeut à cette direction pour se rendre à l'Océan.

Le climat de cette région est bien différent de celui de la Catalogne et de l'Aragon; au lieu de cette sécheresse et de cette chaleur intense qui sont l'apanage de la plus grande partie de l'Espagne, on trouve dans les provinces de l'Ouest, une température très modérée, froide même, et surtout des pluies abondantes et presque continuelles, permettant à la végétation de croître avec plus de vigueur.

Aucune de ces différentes régions n'offre, d'une façon bien caractérisée, la forme d'un bassin géologique. Si, partant du centre de la chaine, de l'Andorre par exemple, l'on se dirige vers Cerbera, l'on entre bien, cela est vrai, dans des couches de plus en plus récentes; mais on n'a que l'apparence d'un bassin, produite par le soulèvement des Pyrénées, et d'ail-

leurs on en chercherait vainement l'autre rive en continuant
à descendre vers le Sud. A l'époque crétacée et nummulitique,
les Pyrénées ne formant point encore une chaîne continue,
le Midi de la France communiquait directement avec le Nord
de l'Espagne et c'est là que s'étendait un vaste bassin se prolongeant au Nord jusqu'au plateau central, mais dont les dislocations postérieures ont complètement fait disparaitre la
forme primitive.

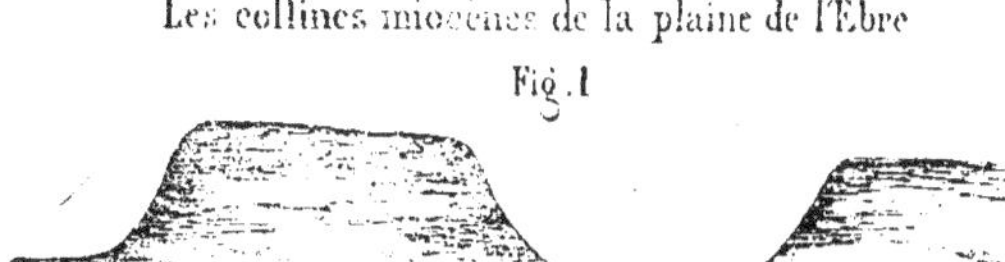

Les collines miocènes de la plaine de l'Ebre

Fig. 1

HISTORIQUE

Bien que l'Espagne soit encore fort peu connue au point de vue géologique, le nombre des travaux plus ou moins importants qui se rapportent au pays qui a fait le sujet de mes études, dépasse pourtant une centaine. On les trouvera énumérés par ordre de dates, dans une liste placée à la fin de ce chapitre ; je me contenterai ici de donner une analyse de ceux qui présentent le plus d'importance.

Palassou. — Le travail le plus ancien publié, à ma connaissance, sur la géologie des Pyrénées, est celui de l'abbé Palassou qui date de 1781. Mais, quel que soit le mérite de l'auteur qui a su distinguer déjà avec une sûreté de coup d'œil très remarquable, les principaux terrains qui forment la chaine pyrénéenne, on comprendra qu'il n'y a guère à s'occuper aujourd'hui, pour les comparaisons et les assimiliations, d'un travail qui compte maintenant cent années d'existence.

Ramond. — Il en est de même, à plus forte raison, du voyage de Ramond au Mont-Perdu, car ce récit n'offre pas la profondeur de vues si remarquable de l'œuvre de Palassou.

De Bolos. — Un peu avant la fin du siècle dernier, parut une première note sur les volcans d'Olot, due à Don Francisco de Bolos ; c'est grâce à l'obligeance du petit-fils de l'auteur, qui m'en a gracieusement offert un exemplaire, que je puis rendre compte ici de ce travail presque introuvable ; mais comme la seconde édition, beaucoup plus complète, date de 1841 seulement, c'est à cette date que je l'examinerai.

Maclure. — En 1808, Maclure nous a laissé une autre étude sur le même sujet; bien qu'elle renferme des aperçus sérieux, elle ne mérite pas de nous arrêter longtemps, les travaux subséquents l'ayant entièrement reproduite, en employant une méthode plus scientifique.

Trail. — C'est en 1814 que l'on parla pour la première fois du sel gemme de Cardona; mais ce travail de Trail est introuvable à Paris.

Palassou. — De 1781 à 1811, Palassou n'avait rien fait paraître : ce temps avait été employé par lui à terminer un grand ouvrage qui reçut le titre de *Mémoires pour l'histoire naturelle des Pyrénées;* les Suites aux *Mémoires* vinrent les compléter quatre années plus tard. Palassou fait là pour la première fois, je crois, la distinction bien nette du granite et du gneiss, puis au milieu de nombreux chapitres traitant d'objets étrangers à la géologie, il décrit avec de grands détails, les roches auxquelles il a donné le nom d'*ophites;* il les regarde comme sédimentaires et appartenant aux terrains secondaires; il avait pourtant déjà remarqué que l'ophite forme des masses continues sans aucune apparence de bancs superposés.

Cordier. — Les singulières mines de sel de Cardona attiraient toujours l'attention; aussi trouvons-nous, en 1817, un mémoire de Cordier sur ce sujet.

Yanez y Girona. — Puis se présente en 1819, le premier travail sur une colline voisine de Barcelona qui sera bien souvent visitée par les géologues; c'est la *Description de Monjuich*, par Agustin Yanez y Girona, promptement suivie d'un autre travail du même auteur sur le même sujet (1821).

Charpentier. — En 1823, parut l'*Essai sur la constitution géognostique des Pyrénées* par Charpentier, travail qui malgré sa valeur incontestable, n'a qu'assez peu d'intérêt pour la région que j'ai explorée.

De Billy. — Bientôt après, de Billy publia dans les *Annales des Mines*, le résultat de ses recherches sur les volcans d'Olot. Après avoir exposé l'orographie de la contrée, l'auteur indique que tout ce qui n'est pas volcanique, appartient à l'étage des *grès et conglomérats* ; les volcans sont anté-historiques, mais n'en sont pas moins des volcans éteints modernes, comme ceux de l'Auvergne ; de forts tremblements de terre qui ont pris place au milieu du quinzième siècle, renversant toutes les villes de la région, montrent bien que ces phénomènes datent de l'époque actuelle.

Puis, après avoir donné une description des différents cratères qui s'étendent jusqu'auprès d'Amer (Mont-Sacopa, Garrinada, Montolivet, etc.); il indique et figure la colonnade prismatique formée par la lave auprès de Castelfollit. Les laves sont tantôt poreuses, tantôt compactes, mais sans que cette différence de texture corresponde à plusieurs âges ; elles sont identiques à celles de Royat en Auvergne, et ne peuvent être rapportées aux basaltes, bien qu'elles renferment de l'olivine.

Dufrénoy. — C'est en 1830 que Dufrénoy commença à publier le résultat des excursions qu'il avait faites dans le Nord de l'Espagne pour colorier la limite de sa grande carte géologique de la France. Attiré, lui aussi, par les mines de Cardona, il y revient deux fois dans le premier volume du *Bulletin de la Société Géologique de France*.

Dans sa première note, il annonce l'existence d'un vaste bassin crétacé entre l'Océan et la Méditerranée, le long des deux versants des Pyrénées, dont le soulèvement est postérieur à leur dépôt. La stratification du terrain crétacé pyrénéen est loin d'être régulière ; les couches plongent dans les sens les plus divers ; aussi le soulèvement de la chaine n'est pas suffisant pour expliquer ces dislocations, qui paraissent dues à l'apparition des ophites « *peut-être postérieures aux terrains tertiaires* ». L'un des traits caractéristiques du Crétacé espagnol est la présence de nombreuses sources salées et même de masses de sel gemme comme à Cardona : « L'inclinaison « des couches de grès qui se relèvent autour de la masse de « sel nous porte à croire que cette couche est contemporaine « du terrain, ou qu'elle y a été introduite longtemps après sa « formation. » Pour bien comprendre les paroles de Dufrénoy, il faut se rappeler qu'il rangeait tout le Nummulitique dans le terrain crétacé.

Dans sa seconde note, il explique avec plus de détails, la position du sel : le terrain au milieu duquel celui-ci se trouve, se rapporte au Crétacé (*Nummulitique*) du versant septentrional des Pyrénées, à cause des nombreux *fucus* qu'il contient ; laissons parler l'auteur :

« Au milieu de ces grès, on trouve presque constamment « depuis Ridaure jusqu'à Berga, des amas de gypse saccha- « roïde ; ses caractères extérieurs sembleraient indiquer « qu'il appartient à un terrain ancien, mais on voit de tous « côtés les couches de grès venir aboutir contre le gypse, de « sorte qu'il n'y a pas de doute qu'il ne soit enclavé dans le « terrain... Cette disposition singulière ne permet pas non « plus de penser qu'il lui soit antérieur ; comment concevoir « en effet, que les couches inclinées du grès soient venues ap- « pliquer leurs tranches contre ces masses gypseuses? Le « gypse n'est pas en Catalogne, associé avec l'ophite comme « il l'est sur le versant français des Pyrénées. »

Dufrénoy insiste beaucoup sur ce fait que les marnes et grès à gypse et à sel ne peuvent appartenir au Trias, malgré leur apparence, puisqu'elles recouvrent les couches à *Nummulites*. « Le sel constitue un amas allongé et très puissant situé « dans un petit vallon qui se ramifie à la vallée du Cardoner.

« La colline sur laquelle le fort et la ville de Cardone sont
« bâtis, forme un promontoire qui sépare le vallon dans
« lequel est le sel, de la vallée du Cardoner ; cette dernière dont
« la direction générale est presque Nord-Sud, se contourne
« beaucoup devant Cardone et devient E.-S.-E. Le rameau
« où est située la masse de sel exploité se dirige E.-N.-E. ».

Après quelques explications, l'auteur donne la description
de la masse même de sel : « La masse exploitée a environ
« 400 pieds de long sur 800 de large ; elle occupe le côté Sud
« du vallon presque en face du fort ; elle est stratifiée très
« régulièrement. »

Il croit avoir vu des bancs de marnes intercalés entre les
couches de sel, puis il ajoute : « Les couches de grès qui re-
« couvrent la masse de sel, se départagent à son approche
« de manière que les unes plongent vers l'Est, et les autres
« vers l'Ouest sous un angle de 18° à 20° ; les couches qui for-
« ment la colline sur laquelle est bâti le fort, colline qui oc-
« cupe le Nord de la vallée, plongent, au contraire, vers le
« Nord, et paraissent se relever sur l'amas de sel ; il existe
« aussi du sel dans cette colline, de sorte qu'on peut dire que
« la masse est continue, et que sans l'ouverture de la vallée
« elle n'aurait pas été mise à nu..... On trouve souvent du
« gypse intercalé entre les différentes zones de sel. »

Après cet exposé des faits, Dufrénoy cherche à en donner
une explication ; il ne croit pas pouvoir admettre que le sel
étant d'âge triasique, ait été recouvert par un dépôt régulier
et horizontal de grès, renversés après coup par effondrement.
La disparition du sel par dissolution, aurait pu produire de
vastes cavernes et occasionner des éboulements, mais sans que
l'effet fût semblable à ce que l'on observe ; il fait remarquer
que pendant de longues années, on a cherché à expliquer
d'une manière analogue, l'inclinaison des couches secondaires
sur le granite dont personne ne nie plus aujourd'hui l'origine

éruptive. On pressent dès lors que Dufrénoy penche à admettre
l'éruption du sel ; il l'indique plus clairement dans les lignes
suivantes : « Une autre explication qui s'accorde mieux avec
« les faits, consiste à regarder le sel comme étant plus mo-
« derne que le terrain de craie et à supposer que la même
« cause qui l'a produit, a forcé les couches de grès à fléchir
« et à s'appuyer dessus..... *L'opinion que nous émettons en ce
« moment trouvera peut-être quelques incrédules.* » Dufrénoy ne
se trompait pas en croyant que sa manière de voir rencontre-
rait des contradicteurs : il connaissait d'ailleurs assez bien la
zone pyrénéenne pour savoir que la roche de Cardona ne
constituait pas un fait isolé : « La masse de sel de Cardona fait
« partie de nombreux amas de gypse que l'on rencontre en
« Catalogne et qui, depuis le golfe de Rosas jusqu'à Cardona,
« sont placés dans la même direction. Cette ligne gypseuse
« qui passe par Figueras, Olot et Berga, fait avec la ligne Est-
« Ouest un angle de 25° à 30°, de sorte qu'elle coupe l'axe des
« Pyrénées sous un angle de 50° à 55°. Il est alors fort pro-
« bable que le gypse appartient à un système de dislocation
« particulier et plus moderne que l'époque du soulèvement
« des Pyrénées. Le gypse et les ophites, si abondants sur le
« versant français, paraissent dus à la même cause. Ce qui
« paraît certain, c'est que les ophites sont plus modernes que
« les terrains de craie (1) dont les couches se relèvent en tous
« sens à leur approche. »

Tel est ce mémoire, remarquable malgré son ancienneté ;
l'intérêt qu'il présente m'a décidé à en donner l'extrait qui
précède, et qui m'a arrêté peut-être un peu longtemps dans la
revision des travaux espagnols.

Dufrénoy. — Si nous reprenons maintenant notre marche,
c'est encore un travail du même auteur qui nous arrêtera le

____

(1) On se souvient qu'il faut lire « *terrain nummulitique* ».

premier; en 1831, Dufrénoy lit à la Société Géologique de France, un mémoire relatif aux *Ophites des Pyrénées*, mémoire dont les conclusions seules ont été imprimées. Nous y trouvons les propositions suivantes : « *L'Ophite est venue au jour à une époque qui est comprise entre les terrains tertiaires les plus modernes, ceux qui correspondent aux terrains de la Bresse, et les terrains d'alluvion du commencement de l'époque actuelle. — L'ophite est constamment accompagnée de gypse et de sel gemme.* » Enfin, il a remarqué que les calcaires étaient fréquemment altérés dans le voisinage de l'ophite; les parties en contact avec cette roche passent à l'état de dolomie.

Le Play. — A la même époque, d'ailleurs, Le Play dans une note sur l'Estramadure et l'Andalousie, arrivait, pour l'âge de l'ophite de cette région, à des conclusions analogues; il la considère comme appartenant à la troisième période tertiaire. Quoique je ne sache pas d'une façon certaine, ce que désigne cette dénomination, car Le Play ne s'en explique pas, il ne peut s'agir ici que du miocène ou du pliocène. Le Play affirme ensuite que l'Espagne était à cette époque reliée à l'Afrique par un isthme d'une faible largeur et séparée au contraire de la France par une mer qui baignait le versant nord des Pyrénées.

Cette idée, peut-être un peu théorique, n'a pas prévalu, comme l'indique bien une discussion récente (1).

La Marmora. — Quittons un instant l'ophite que nous retrouverons fréquemment pour dire un mot de la coupe de Monjuich donnée par la Marmora en 1833. Cette note extrêmement courte, montre une coupe figurative du mont qui domine la ville de Barcelona; mais là se bornent à peu près les renseignements donnés par le géologue italien, par suite de la perte de ses échantillons; aussi nous passerons sans nous

---

(1) Voir *Bull. Soc. Géol. de France*, t. V, p. 336. — 1877.

arrêter sur ce travail que d'autres notes postérieures sont venues compléter.

L'année suivante, la Marmora donnait une Carte géologique des environs de Barcelona que nous n'avons pu nous procurer.

Dufrénoy et E. de Beaumont. — Dufrénoy nous a déjà fait connaître bien des points curieux de la géologie du Nord de l'Espagne ; en 1834, avec la collaboration d'Elie de Beaumont, il publie le *Mémoire pour la description géologique de la France*, destiné à servir d'explication à la grande Carte géologique que ces deux auteurs avaient exécutée ensemble. Ils ne se sont pas bornés exactement aux limites de la France, mais les ont au contraire notablement dépassées, en décrivant et coloriant la plus grande partie du versant Sud des Pyrénées.

Ils répètent que le terrain le plus étendu est le terrain de craie (en y comprenant le Nummulitique), puisqu'il commence à Castelfollit pour continuer à l'Ouest jusqu'à l'Océan après s'être beaucoup rapproché du centre de la chaine. Ils mettent toujours le sel de Cardona dans le terrain de craie, et ajoutent : « Les grès et les marnes contiennent presque toujours « des amas de gypse saccharoïde dont la position au milieu « de ces grès est souvent problématique ; tantôt on voit les « couches de grès venir aboutir contre le gypse, tantôt les « couches sont brisées à son approche et elles s'appuient « sur les masses gypseuses comme si celles-ci avaient été in- « troduites par force dans les terrains de craie. » Enfin ils admettent deux assises dans le *terrain de grès*, l'inférieure formée de la roche dominante, la supérieure composée de poudingues.

Revenant ensuite sur la question de l'ophite, ils regardent cette roche comme postérieure à la craie à *Diceras* et à *Nérinées*, car ils ont « toujours remarqué que les *calcaires de la* « *craie ont été fortement relevés par l'ophite* ». Puis ils ajoutent :

« Je tiens la preuve certaine que les *terrains tertiaires les plus*
« *modernes* ont également été disloqués par l'apparition des
« ophites. »

Le gypse et le sel accompagnent souvent l'ophite, et lorsqu'ils sont isolés, ils sont orientés suivant la même direction,
de sorte qu'ils sont, à n'en pas douter, « *le produit des mêmes
causes* ». Ils terminent enfin cette partie de leur travail par une
description des mines de Cardona, identique à celle que Dufrénoy avait publiée auparavant.

Cuvier et Brongniart. — Les renseignements que nous
trouvons alors sont tirés d'un ouvrage où l'on ne pouvait
guère s'attendre à les rencontrer ; il s'agit, en effet, de la
Description géologique des environs de Paris, par Cuvier et Brongniart. Dans leur troisième édition, ces illustres géologues ont
ajouté quelques notes sur différents points de géologie géné-
nérale et ont dit notamment quelques mots du Monjuich près
Barcelona.

D'après des échantillons rapportés par M. Ribeiro, Brongniart croit pouvoir assimiler, avec quelque doute cependant,
le terrain de Monjuich à la partie supérieure et quartzeuse du
terrain de sédiment supérieur, c'est-à-dire aux sables de Fontainebleau ; il suffira de relever un peu les couches de Barcelona pour leur assigner leur véritable niveau.

De Bolos. — C'est ici que vient se placer par ordre de
dates la deuxième édition du travail de D. Francisco de Bolos
sur les volcans de la Catalogne. Cette note, d'une exactitude
et d'une précision très remarquables, a pour but de faire connaître, avec des détails circonstanciés, la position et la forme
des étranges cratères qui entourent la ville d'Olot. L'auteur
commence par la description de *Montsacopa*, avec son cratère
bien complet, peu profond à la vérité, mais d'une régularité
admirable. Puis il passe à celui de *Montolivet* situé à l'Ouest
de la ville ; d'une dimension beaucoup plus considérable que

le précédent, il n'a pas aussi bien conservé sa forme primitive, mais se trouve aujourd'hui en partie démantelé. Tandis que le premier est complètement formé par les produits volcaniques, celui-ci a l'un de ses côtés occupé par des grès et des poudingues.

Vient ensuite le mont dit *Puig de la Garrinada*, dont tout un côté a été enlevé, mais qui conserve néanmoins encore la forme caractéristique bien reconnaissable ; composé exclusivement de laves comme le Montsacopa, dont il est très rapproché, ce volcan renferme un puits au fond de son cratère.

Le *Bosch de Tosca*, grande plaine de laves, lui parait avoir contenu aussi plusieurs cratères, que les tremblements de terre ont complètement détruits ; aujourd'hui on ne peut y constater autre chose que des amas de lave informes et peu élevés.

Mais la plus curieuse des montagnes des environs d'Olot est, sans contredit, celle de *Santa Margarida de Cot*. Son immense cratère de 270 varas (226^{m}80) de diamètre, sur 64 varas (53^{m}76) de hauteur, ne le cède à aucun de ceux que l'on connaît ; une plaine cultivée de 120 varas d'étendue (100 mètres) en occupe le fond ; ses bords paraissent formés de plusieurs monticules dont les bases sont confondues tandis que les sommets sont encore restés distincts ; les murailles de l'Est sont formés de grès vert et rouge mais sur tout le reste du pourtour, elles sont uniquement composées par la pouzzolane.

Le grand volcan dont nous venons de parler, est encore entouré de quelques autres moins importants : en outre, si l'on prend le chemin qui mène à Santa Pau, l'on rencontre de vastes amas stratifiés de pouzzolane.

L'auteur passe ensuite à la description de la colonnade prismatique formée par les laves à *Castelfullit ;* puis il indique l'existence des *Bufadores,* courants d'air très froids sortant de diverses cavités du sol ; enfin dans un chapitre sur l'âge des volcans, il ne se prononce pas d'une façon catégorique mais constate seulement que la tradition locale n'a pas conservé le moindre souvenir d'anciennes éruptions.

Collegno. — En 1843, Collegno donne deux notes sur les terrains diluviens; la première traite des environs de Madrid, la seconde des Pyrénées; l'auteur s'occupe surtout de rechercher la cause des phénomènes diluviens qui ont transporté des blocs si nombreux et si énormes, et il croit la trouver dans l'apparition des ophites qui auraient fondu les neiges des sommets pyrénéens : un phénomène analogue, produit au Cotopaxi par un immense incendie, et rapporté par le voyageur Bouguer, lui semble donner une certaine vraisemblance à l'hypothèse qu'il vient d'émettre. Je ferai remarquer toutefois, que cette explication ne pourrait s'appliquer qu'à une région limitée tandis que le phénomène a été général, et en outre, que pour l'admettre, il faut accepter comme démontrée, l'apparition de l'ophite à l'époque quaternaire, ce qui est loin d'être l'opinion la plus répandue.

A. Maestre. — Amalio Maestre se fait alors connaître par un premier travail sur les environs de Tarragona; il estime à 50 mètres l'épaisseur des bancs de calcaire exploitables auprès de cette ville et les rapporte à l'époque de la mollasse.

De Bayo. — L'année suivante, Ezquerra de Bayo traitant le même sujet, pense que les couches des environs de Tarragona reposent directement sur des roches de la période carbonifère; mais il ne donne aucun argument en faveur de son opinion et n'indique pas l'âge du calcaire exploité.

Toschi. — Toschi dit à cette époque quelques mots du *Monjuich* dans sa note « *sur quelques localités de France et d'Espagne* ».

De Verneuil. — De Verneuil commence alors à étudier la géologie de la Péninsule; en 1849, dans une note sur Santander et Bilbao, il déclare n'avoir jamais vu le mélange des *Nummulites* et des *Hippurites* annoncé par divers auteurs; il pense que ce sont les *Orbitolites*, très abondantes dans cette région, qui auront été cause de cette erreur; il a toujours constaté, au contraire, que le calcaire à *Hippurites* était surmonté d'un calcaire à *Spatangues* (1), et qu'au-dessus seulement commençait le calcaire à *Nummulites* avec *Serpula spirulæa*.

De Verneuil. — En 1852, nous trouvons une note du même auteur sur le terrain crétacé de l'Espagne; il indique la présence de cet étage dans le Nord de la Péninsule, le Haut-Aragon, les Provinces basques; la Navarre et le Guipuzcoa sont en grande partie composés de calcaires à *Diceras*, *Requienia* et *Caprotines* accompagnés d'*Orbitolites* coniques.

De Santander à Bilbao, le terrain crétacé se rencontre sans interruption, représenté par l'étage *cénomanien* comme l'indique l'existence de la *Requienia lævigata;* néanmoins, le calcaire qui forme la base du terrain crétacé de Santander, ressemble beaucoup au Néocomien des Pyrénées. La ville même de Santander est bâtie sur le calcaire compact; au-dessus se voient les couches à *Orbitolites*, puis à *Hemiaster bufo* et enfin à *Micraster*. Cette dernière zone seule, représente peut-être la craie blanche; tout le reste est du Cénomanien extraordinairement développé. Le crétacé se continue aussi vers l'Ouest jusqu'à Columbres en présentant la même succession; mais au delà, les couches de Llanes, Luanco, etc., sont entièrement différentes et indiquent un autre bassin.

De Verneuil et de Lorière. — C'est en collaboration de M. de Lorière que de Verneuil donna en 1854, une note importante sur les environs de Segura; auprès de ce village, au lieu dit Vueltas de Segura, ils avaient remarqué des calcaires « qui pourraient bien être de l'époque éocène. En

---

(1) Il faut lire *Micraster*.

« effet, ils contiennent en abondance, avec des *Paludines* et
« des *Cyclostomes*, des coquilles du genre *Lychnus* semblables
« à celles qui caractérisent les dépôts d'eau douce d'Aix-en-
« Provence. »

C'est la première fois que l'on a cité en Espagne les couches
à *Lychnus* retrouvées depuis en d'autres points et devenues
célèbres en France sous le nom de *Garumnien.*

Le travail que nous analysons en ce moment est une rela-
tion de voyage : aussi les auteurs, quittant le Sud de l'Aragon, arrivent bientôt à Miranda de Ebro où ils signalent un
terrain tertiaire d'eau douce offrant, comme cela est d'ailleurs l'habitude, de nombreuses traces de dislocation; puis
auprès d'Armiñon, ils rencontrent le terrain nummulitique
qu'ils suivent jusqu'à Vitoria encore située au milieu des
mêmes couches (1).

M. Vézian. — Nous trouvons ici pour la première fois le nom
d'un auteur qui reviendra à plusieurs reprises sous notre
plume. M. Vézian soutint en 1856, devant la faculté des
sciences de Montpellier, une thèse pour le doctorat intitulée :
*Du terrain post-pyrénéen des environs de Barcelone et de ses rap-
ports avec les formations correspondantes de la Méditerranée.*

Ce travail a été suivi de deux notes publiées dans le
Bulletin de la Société Géologique de France, l'une en 1857,
l'autre en 1858 ; nous les analyserons ensemble.

M. Vézian, arrivant au milieu d'une région absolument
inconnue, a eu le mérite de distinguer le premier, les principales formations qui constituent le sol des environs de Barcelona jusqu'à une distance de 20 à 30 kilomètres environ ;
mais il est regrettable qu'il se soit laissé quelquefois guider
par des idées théoriques plutôt que de s'attacher à l'étude

---

(1) Cette assertion constitue une erreur évidente; de Verneuil l'a d'ailleurs reconnu lui-même plus tard, car dans la deuxième édition de sa carte, Vitoria est
entourée de la couleur verte qui désigne le terrain crétacé.

minutieuse des faits; de plus, il n'indique pas, le plus souvent, les raisons qui l'ont déterminé à admettre telle ou telle opinion, de sorte que le lecteur, en l'absence de coupes figuratives et de renseignements précis, ne sait s'il doit adopter des opinions dont la preuve ne se trouve pas dans le travail même.

M. Vézian a indiqué le premier, la présence de schistes au Mont-Tibidabo et dans la vallée du Llobregat; ces schistes sont souvent traversés par un granite à gros grains habituellement décomposé, et passant par places au gneiss, dit l'auteur, par disparition du quartz. M. Vézian attribue la décomposition si fréquente du granite à des émanations gazeuses qui l'auraient traversé, mais il nous semble bien plus probable qu'elle est simplement due à l'action des agents atmosphériques. Il croit reconnaître trois assises dans son terrain *schisteux*, mais ces divisions sont bien peu nettes et ne doivent pas, je crois, être admises.

Au-dessus, vient pour lui le terrain *silurien*, comprenant deux groupes : l'inférieur, formé de schistes et de quartzites; le supérieur, de calcaire compact. Nous tenons à faire remarquer à ce propos, que les fossiles cités dans le tableau général, *n'ont jamais été rencontrés aux environs de Barcelona*, et sont simplement indiqués par l'auteur pour faire comprendre les rapprochements qu'il suppose justes; la disposition adoptée pourrait prêter à l'équivoque.

Après le *Silurien*, vient un calcaire situé au pied du Tibidabo, et rapporté avec doute au *Dévonien*.

On passe de là, directement au terrain triasique composé principalement de conglomérats quartzeux et de grès rouges; M. Vézian croit pouvoir distinguer quatre étages qui sont à partir de la base : 1° un grès correspondant au grès bigarré; 2° un calcaire analogue au Muschelkalk; 3° des argiles gypseuses représentant le Keuper; 4° enfin des dolomies et des calcaires synchroniques des couches de Saint-Cassian.

Cette classification ne me semble pas basée sur des faits assez précis pour que j'admette l'existence d'un trias aussi complet aux environs de Barcelona ; les différentes assises ne se distinguent pas et l'ensemble parait correspondre au grès bigarré; on sait d'ailleurs que les schistes de Saint-Cassian ne forment pas une assise distincte, mais ne sont qu'un facies marin des marnes irisées.

M. Vézian rattache ensuite au terrain *jurassique,* sans donner de raisons déterminantes, quelques lambeaux de calcaires peu importants, recouverts par des couches de même nature appartenant au *Néocomien* également peu étendu.

Le terrain *nummulitique* qui vient immédiatement après, est subdivisé par l'auteur en étages, auxquels il donne les noms de *Montserrien, Igualadien, Castellien, Manressien* et *Rubien.* Ces dénominations non seulement inutiles, mais certainement nuisibles, ne peuvent et ne doivent être conservées; elles ne correspondent en effet, à rien de précis et leur ordre de superposition lui-même est en désaccord avec celui que l'on observe dans la nature. C'est ainsi que l'étage Castellien comprend à la fois les couches à *Nummulites* du Col des Lentilles et les calcaires à *Cérithes* de Castel-Oli, tandis que l'étage Igualadien se compose de la grande épaisseur des marnes bleues ; or, il est de la dernière évidence que les marnes d'Igualada sont supérieures aux couches à *Nummulites* du chemin de Carma, tandis qu'elles sont recouvertes par les calcaires à *Cérithes,* comme le montre, sans laisser place au moindre doute, la coupe de la route entre Bruch et Castel-Oli; la superposition directe est indiscutable en ce point que M. Vézian a pourtant visité.

Regardant le Nummulitique comme indépendant du Tertiaire, il cherche plus haut les couches qui doivent représenter l'Eocène ; il croit les trouver dans le terrain lacustre de San Culgat de Vallés, composé de conglomérats et grès

rouges avec quelques bancs calcaires ; on peut y distinguer
plusieurs assises :

1. Conglomérat lacustre inférieur.
2. Lignites de Subirats.
3. Calcaire à *Planorbes* de Martorell.
4. Grès de Castelbisbal.

C'est l'analogue du gypse de Paris, du Nummulitique d'Ac-
qui, et des lignites de Cadibona à *Anthracotherium,* enfin du
gypse de Castelnaudary et du terrain lacustre de l'Aude (1).
Pour le terrain nummulitique, les assimilations me paraissent
aussi peu acceptables ; en effet, supposant que le *Nummulitique méditerranéen* est inférieur au *Nummulitique soissonnais,*
l'auteur place ce qu'il appelle les couches à *Cerithium giganteum* d'Espagne dans le système épicrétacé, et les regarde
comme correspondant à une lacune entre le calcaire de Rilly
et les lignites du Soissonnais, tout le tertiaire parisien étant
plus élevé et faisant partie du système éocène. Les couches
à *Lychnus* de Segura sont pour lui, synchroniques du Nummulitique de Barcelona.

Le terrain miocène que l'auteur étudie maintenant, est surtout développé aux environs de Villefranche où il s'appuie sur
le Néocomien ; il se compose à la base et sur les bords, de
conglomérats alternant avec des bancs de sable qui deviennent plus puissants au centre du bassin, de façon à remplacer
latéralement les conglomérats, comme à Vallformosa par
exemple. Au-dessus vient le calcaire-moellon du Panadés
semi-cristallin et souvent exploité comme pierre de construction aux environs de Villefranche ; mais ce miocène marin
ne se montre que sur une étendue fort restreinte. Dans le
bassin de la Noya et du Llobregat, comme dans tout le Vallès,

(1) Je prie le lecteur de se rappeler que je ne suis ici qu'un historien et que
je ne soutiens en aucune façon les assimilations proposées par M. Vézian.

l'étage miocène inférieur est représenté par une argile sableuse et le miocène supérieur par le calcaire grossier semicristallin avec *Clypéastres*, *Peignes*, **Polypiers**, etc. A Papiol, le Miocène se compose uniquement de calcaire compact; enfin au Montjouy, il est formé d'une alternance de poudingues, de grès, de sables et d'argiles surmontés par quelques couches subapennines.

Le Miocène de Montjouy d'après M. Vézian, se divise en quatre parties qui sont à partir du sommet :

1. Grès jaunâtre argileux avec *Venus*.
2. Sables et grès à *Turritella rotifera* et *Turritella Archimedis*.
3. Grès rougeâtre à *Turritella cathedralis*.
4. Conglomérat polygénique.

Quant aux assimilations avec d'autres régions, je crois inutile de les rapporter; il me suffira de dire que M. Vézian met sur le même niveau, les couches à *Hipparion* de Cucuron et de Concud, les faluns de l'Adour, ceux de la Loire, et le terrain lacustre de la Beauce et de la Limagne.

Le pliocène est composé de marnes bleues à la base, de conglomérats et de *macigni* à la partie supérieure. Ce dernier étage manque souvent, mais « il n'y a pas moins concordance et passage insensible entre les terrains subapennin et quaternaire ». A Papiol, il se compose de trois étages : 1° Marnes argileuses bleuâtres; 2° Marnes argileuses jaunâtres; 3° Macigno grisâtre. Du côté de San Pau d'Ordal et de Vallformosa, on retrouve les trois assises du terrain subapennin en stratification concordante sur le calcaire moellon.

Le quaternaire enfin montre, à la base, des conglomérats, puis un limon à nodules calcaires et enfin une argile ocracée rougeâtre. M. Vézian cite aussi le tuf de Capellades, qui repose directement sur le granite; il pense que ce calcaire, ainsi que les nodules du limon, est le produit d'eaux thermales, venues d'une grande profondeur, chargées de carbonate de chaux ; il termine ce chapitre par de longues considérations sur les phénomènes geyseriens et métamorphiques qui se seraient passés à cette époque.

Après l'énumération et la description détaillée des divers terrains, dont nous avons tâché de reproduire les parties essentielles, vient l'examen fort long des divers systèmes de soulèvement de montagnes; il adopte absolument, et sans restriction, les idées d'Élie de Beaumont, et indique les systèmes inédits du Mont-Serrat et du Monseny; mais comme cette partie du travail est surtout œuvre d'imagination, nous croyons absolument inutile de suivre l'auteur dans le développement d'hypothèses entièrement étrangères à l'objet de nos études.

Tel est ce travail qui, tout imparfait qu'il soit, est pourtant le plus considérable que l'on possède encore sur la géologie de cette partie de la Catalogne ; il est accompagné de la description d'un certain nombre d'espèces nouvelles malheureusement sans figures.

M. Noblemaire. — M. Noblemaire donne alors, dans les *Annales des Mines*, un *Exposé des richesses minérales du district de la Seo de Urgel;* nous en extrairons seulement quelques opinions importantes pour notre sujet. D'abord, M. Noblemaire regarde comme crétacés les grès rouges que tout le monde rapporte au Trias et qui recouvrent directement le terrain houiller; il appuie son opinion sur la présence de fossiles manifestement crétacés dans ces grès, à Coustouge, mais il ne les cite pas. Ayant descendu la vallée du Segré, il regarde comme nummulitiques les couches qui forment la plaine d'Organya.

De Verneuil, Collomb et Triger. — La première note que nous ayons maintenant à relater se rapporte à la partie opposée de la région pyrénéenne : c'est l'*Étude du pays basque espagnol*, par de Verneuil, Collomb et Triger. Ces géologues ont surtout étudié le terrain crétacé, qui se décompose ainsi :

1. Calcaire à *Requienies;*
2. Marnes à *Micraster brevis* et *Ananchytes ovata;*
3. Argile ou grès jaunâtre à *Ostrea vesicularis*, *Ostrea pyrenaïca*, *Ostrea larva* et *Ananchytes ovata*, var. *gibba.*

En dehors du terrain crétacé, ils ont remarqué le terrain nummulitique presque entièrement calcaire en Navarre et dans la province d'Alava, et toujours surmonté par les poudingues qui forment une époque postérieure. Ce travail est suivi de la détermination, par M. Cotteau, des oursins recueillis dans ce voyage ; tous les *Micraster* appartiennent au *Micraster cortestudinarium*, mais en comprenant dans cette espèce le *Micraster brevis*, Desor et le *Micraster gibbus*, Ag.

De Verneuil et Keyserling. — C'est encore de Verneuil qui, avec un nouveau collaborateur, Keyserling, nous donne, en 1861, une coupe du versant méridional des Pyrénées en suivant la vallée de la Noguera Pallaresa.

Les schistes palœozoïques, plongeant presque toujours au Nord, se montrent d'Esterri à Rialp ; puis viennent, auprès de Sort, des calcaires avec tiges d'encrines probablement dévoniens. Des gypses, des marnes blanches et rouges, des cargneules, des brèches calcaires et des conglomérats quartzeux se montrent ensuite et représentent probablement le Trias ou le Crétacé inférieur; puis vient, avant Gerri, un massif calcaire probablement crétacé, mais dont l'âge ne peut être déterminé sûrement : ce sont des couches verticales avec quelques tiges d'encrines.

L'on débouche alors dans la vallée circulaire de Gerri, où se trouve un monticule d'ophite entouré d'argiles rouges et de gypse, après quoi l'on pénètre dans un nouveau défilé du même calcaire probablement crétacé.

C'est alors qu'apparaissent de nouveaux poudingues formés

de roches calcaires, différents par conséquent de ceux qui constituent la première gorge (gorge de Collagats). Les auteurs n'ont pu voir le contact du crétacé et du poudingue, mais, en approchant de Pobla, celui-ci repose sur des marnes bleues fissiles d'apparence nummulitique qui se continuent jusqu'à Salas. A Talarn, apparaît un nouveau poudingue qui semble être nummulitique ; puis, en se dirigeant vers Figols, on rencontre des couches à *Turritelles* en montant sur la colline qui sépare Tremp de Puente de Montañana et qui s'élève à 560 mètres au-dessus de la première de ces deux villes.

Après Puente, on trouve à Viacamp des couches lacustres à *Planorbis castrensis* et *Palamites Lamanonis* appartenant à l'étage palœothérien; mais à Graus se rencontrent de nouveau les couches à *Turritella imbricataria* et à *Nummulites*, comme à Figols.

L'on entre ensuite dans le terrain crétacé que l'on suit presque sans interruption jusqu'à Benabarre, à 715 mètres d'altitude. Des calcaires, évidemment crétacés, renferment des fragments d'ophite.

Sullivan et O'Reilly. — L'année suivante, Sullivan et O'Reilly donnèrent une étude de la province de Santander ; ils regardent la majeure partie de cette région comme constituée par les terrains jurassiques, ne réservant au Crétacé qu'une bande de faible largeur sur le rivage du golfe de Gascogne. Ils admettent dans le Crétacé, les trois divisions suivantes :

1. Grès verdâtre à *Mic. coranguinum;*
2. Couche à *Hemiaster bufo* et *Am. Mantelli;*
3. Couche à *Orbitolina concava, Caprotina ammonia.*

Au-dessus commence le Tertiaire avec *Hemipneustes radiatus,* surmonté par un calcaire à *Orbitolines.*

Malheureusement, les déterminations de ces auteurs ne

paraissent pas mériter une confiance absolue ; c'est ainsi qu'au lieu des *Orbitolines* qu'ils citent dans l'Éocène, on ne trouve en réalité que des *Alvéolines* en très grande abondance. Un fait important, s'il était confirmé, serait l'existence de l'*Hemip-neustes radiatus*, que Sullivan et O'Reilly placent dans le Ter-tiaire, mais qui serait l'indication du Danien jusque dans cette partie occidentale de l'Espagne.

Ce travail est accompagné d'une carte géologique où l'on remarque l'extension beaucoup trop considérable donnée au terrain jurassique.

M. Barrande. — M. Barrande, d'après les renseignements que lui ont transmis divers explorateurs, constate la présence en Espagne des schistes maclifères de la Sierra Morena et de la Sierra Guadarrama, puis des schistes à *Paradoxides* de Mu-rero, au Nord de Daroca et de la chaine cantabrique. Enfin dans la zone pyrénéenne, il cite les schistes à *Graptolites* avec sphéroïdes calcaires à *Cardiola interrupta* et *Orthoceras bohemi-cum* à Ogasa. La même couche se rencontre également dans la Sierra Morena.

M. Raulin. — L'ophite a toujours beaucoup attiré l'atten-tion ; aussi avons-nous encore plusieurs notes à ce sujet. La première, due à M. Raulin, constate la présence de blocs d'ophite dans le crétacé moyen, en admettant toutefois qu'il y a eu aussi des éruptions de cette roche à l'époque miocène.

M. Virlet d'Aoust. — M. Virlet d'Aoust vient ensuite pu-blier, sur le même sujet, quelques mots que nous reprodui-sons textuellement : « L'ophite n'est pas une roche éruptive, « mais une roche de sédiment métamorphique ; elle appartient « à la formation du Trias et y représente, avec les marnes « gypseuses et salifères, l'étage des Muschelkalk. » Cette phrase était la conclusion d'un mémoire qu'il aurait été fort intéres-sant de connaître, mais qui paraît n'avoir jamais été imprimé.

M. Noguès. — M. Noguès combat les idées de M. Virlet et

conclut en ces termes : « 1° L'ophite est une roche éruptive
« et non une roche sédimentaire métamorphique ; 2° elle n'est
« pas un membre de la série du Trias ; 3° il y a eu plusieurs
« éruptions ophitiques antérieures au terrain tertiaire (car les
« ophites ont fortement disloqué le terrain jurassique, crétacé
« et nummulitique) ; 4° l'ophite est une roche complexe qui se
« rapporte à plusieurs types connus : diorite, amphibolite,
« lherzolite, porphyre, spilite ; et par conséquent il y a lieu
« de diviser en groupes distincts ce que l'on appelle commu-
« nément ophite. »

En présence de ces deux opinions contradictoires, nous
n'hésitons pas à dire dès maintenant, avec l'immense majorité
des géologues, que c'est du côté de M. Noguès que nous paraît
être la vérité.

M. Amalio Maestre. — M. Amalio Maestre publie, en
1864, une étude sur la province de Santander. Après une première partie où il traite de la topographie, de la géographie
et de la météorologie, il résume ses observations géologiques
dans un dernier chapitre intitulé : Géognosie.

Le terrain *dévonien*, le plus ancien de la province, est fort
peu étendu ; il occupe plutôt la province voisine de Palencia,
et n'envoie sur Santander que l'extrémité de ses affleurements.

Le terrain *carbonifère*, très développé au contraire, se divise
en deux étages : le premier ou calcaire anthracifère est noi-
râtre à cassure droite, privé de fossiles à l'exception de quelques débris indéterminables ; il contient des minéraux utiles
en grand nombre. L'étage supérieur se compose de roches
arénacées, marneuses, tellement contournées que la stratification en est incompréhensible ; à peine quelques traces de charbon.

Le terrain *triasique* ne se compose que de grès et de poudingues de l'âge du grès bigarré.

Le terrain *jurassique* ne présente que de faibles lambeaux de

Lias. Quant au terrain *crétacé*, c'est le plus important de tous dans la province ; il se divise en trois zones :

1. Groupe néocomien.
2. Grès vert. Craie chloritée.
3. Craie proprement dite.

Ces trois groupes sont très liés, aucune discordance de stratification ne se remarque entre eux ; le groupe néocomien contient quelques dépôts de lignite.

Les couches inférieures du Néocomien ont une grande ressemblance avec celles du Trias, mais elles sont caractérisées par les petites *Orbitolites* et les *Requienies*.

Plus haut viennent des couches à grandes *Orbitolites* et *Hemiaster bufo*, puis les marnes à *Micraster* ; enfin Maestre termine l'étude du Crétacé en donnant une liste des fossiles qu'il a recueillis, malheureusement sans les séparer par étages. J'y ferai remarquer l'existence de la *Belemnitella mucronata*, à Parbayon ; c'est la seule fois que cette espèce ait été citée en Espagne, mais comme elle n'est accompagnée d'aucun autre fossile, elle ne peut aider à placer les divers niveaux dans la série géologique.

Le *Tertiaire* se compose uniquement d'Eocène : ce sont des marnes à fucoïdes, puis des grès sans fossiles et enfin des calcaires à *Nummulites* ; il reste toujours à une très faible altitude, ne dépassant presque jamais trente mètres. Le *Quaternaire*, peu développé, termine la série ; il n'a pas plus de six à huit mètres d'épaisseur.

Il reste encore à signaler les roches éruptives (granites, diorites, ophites) qui ont beaucoup contribué aux dislocations qui se remarquent de toutes parts.

De Verneuil. — En 1867, se trouve une note de de Verneuil sur le *diluvium des environs de Madrid;* il a constaté la présence de gros cailloux à la base, puis de sables fins et d'argiles à poteries sur 18 à 20 mètres. Vers le milieu du dépôt on a découvert des ossements de mammifères et des silex taillés.

M. Pouech. — La même année, M. l'abbé Pouech donnait sur les terrains tertiaires de l'Ariège, des notions utiles pour l'assimilation des couches espagnoles ; il a démontré que le poudingue de Palassou appartient à l'Eocène supérieur et qu'il alterne avec le calcaire lacustre palœothérien de Castelnaudary comme on peut le voir à Sabarat dans l'Ariège.

De Verneuil. — De Verneuil dit encore quelques mots des couches qui forment la base du Nummulitique ; en allant de San Miguel del Fay au Monseny en Catalogne, et passant par Monmany et Figuero, il a observé à la base des grès et poudingues nummulitiques, un dépôt puissant d'argiles très rouges avec concrétions calcaires dans lesquelles il a trouvé de grands Bulimes de 7 à 8 centimètres de longueur. Il ne s'oppose pas à ce que ces couches et celles de Segura soient rapportées au *Garumnien*.

Il considère comme appartenant au même niveau les lignites de Berga.

M. Hébert. — C'est encore cette même année que M. Hébert traite la question du crétacé inférieur des Pyrénées, il admet la division suivante du terrain Néocomien :

Néocomien supérieur ou Aptien.	Marnes aptiennes.	
	Calcaire à *Ostrea aquila*.	
Néocomien moyen ou Urgonien.	Assise supérieure.	Calcaires et marnes à *Orbitolites*.
		Lignites d'Utrillas.
	Assise inférieure.	Calcaire à *Dicérates*.
		Calcaire à *Requienia ammonia*.
Néocomien inférieur.	Manque.	

Puis, dans une petite note, il parle des environs de Santander d'après les échantillons et les renseignements de M. de Verneuil ; il ne croit pas que les calcaires à Rudistes de cette province appartiennent au *Cénomanien*, mais bien au *Néocomien* moyen, car ils sont recouverts par des couches de grès

et de calcaire argileux à *Hemiaster bufo* et *Ammonites Mantelli*.
Le calcaire à grandes Huîtres de Santander serait donc le
Néocomien supérieur ou zone à *Ostrea aquila*. Les grès quartzeux qui les recouvrent au Nord, seraient la base de la craie
glauconieuse avec l'*Orbitolites concava* de Ballon, et ils seraient
surmontés des calcaires à *Hemiaster bufo* exactement comme
à la Bedoule.

Magnan. — L'année 1868 est particulièrement féconde.
Signalons d'abord une note de M. Magnan *sur une coupe des
petites Pyrénées de l'Ariège, et sur l'Ophite, roche essentiellement
passive*. Dans cette seconde partie, la seule importante pour
nos études, nous voyons reparaitre l'opinion déjà soutenue par
M. Virlet, d'Aoust relativement à l'origine sédimentaire des
ophites. Cette roche anciennement déposée, relevée à l'époque
crétacée inférieure, puis démantelée par la mer cénomanienne, a été recouverte par des couches d'âge différent, suivant qu'elle formait des protubérances plus ou moins élevées ;
tantôt, en effet, elle est surmontée par le conglomérat cénomanien, tantôt par le crétacé supérieur, tantôt par le Nummulitique ou même, comme dans les Landes, par le Miocène et le
Pliocène.

Il parait probable que M. Magnan confond sous le nom
d'ophite des roches très diverses, puisque les unes passent au
granite, tandis que les autres s'étagent à travers les âges jusqu'à l'époque crétacée. Mais il n'admet pas le métamor-
phisme : l'ophite est pour lui, une roche hydro-thermale déposée comme elle se trouve actuellement.

M. Garrigou. — Cette note a été promptement suivie d'un
travail de M. Garrigou sur le même sujet ; l'auteur cherche
à prouver d'abord que les ophites des Pyrénées proviennent
de roches primitivement sédimentaires et sont elles-mêmes
stratifiées. Il rappelle d'abord que Palassou, Cordier, M. Virlet d'Aoust étaient de cette opinion ; puis il s'appuie sur la

présence de galets calcaires dans l'ophite (1), sur l'apparence stratifiée de la roche, sur son passage insensible aux argiles et aux calcaires et il donne comme preuve de ce qu'il avance, la coupe de Saint-Paul de Jarrat; enfin les ophites n'ont pas de cône de déjection comme les laves.

Son opinion n'est d'ailleurs pas isolée; ainsi en 1865, J. B. Rames (2) a dit ceci : « Je n'ai jamais pu comprendre cè « qu'on peut trouver de volcanique soit dans les trapps an - « ciens soit dans les phénomènes qui ont accompagné leur « venue au jour. Si les trapps anciens sont des roches volca- « niques, pourquoi les porphyres, les mélaphyres, les eupho- « tides, la serpentine, etc., — ne seraient-ils pas élevés à la « même catégorie? Ces roches, en effet, tout comme les « trapps anciens, ont apparu dès l'époque de transition. »

J'ai reproduit ici cette citation de M. Garrigou pour montrer qu'il ne paraît faire aucune distinction entre les termes de *volcanique* et d'*éruptif* dont la signification est pourtant bien différente; il finit toutefois par admettre qu'il peut exister secondairement des ophites éruptifs, mais *originairement*, l'ophite est une roche sédimentaire argileuse, métamorphisée sur place par suite de phénomènes dus à des sources minérales et chaudes, ayant produit une action régionale. Cette roche a pu être fondue plus tard sous l'influence de la chaleur terrestre jusqu'à de grandes profondeurs, et subissant des pressions considérables, être injectée dans des fentes et des failles, de façon à présenter aujourd'hui l'apparence de roches éruptives.

On voit par là que les partisans de l'origine sédimentaire de l'ophite reviennent fréquemment à la charge avec de

---

(1) Cette manière de prouver l'origine sédimentaire de l'ophite est au moins étrange. Il est tout naturel qu'une roche éruptive englobe des fragments des couches préexistantes; cela se voit dans les éruptions de tous les âges.

(2) Leçons sur les volcans. Aurillac, 1865.

nombreux arguments; nous tâcherons d'y répondre en traitant des roches éruptives.

Leymerie. — C'est encore un Français, Leymerie, qui fit
paraitre en 1869, la coupe de la vallée du Segré; l'année
précédente, elle avait été annoncée par une note succincte sur
le *Garumnien espagnol* dont nous n'avons pas à nous occuper,
car elle a été entièrement reproduite dans celle que nous analysons en ce moment.

Leymerie a rencontré d'abord, auprès d'Ur et de Carol,
des schistes à demi maclifères formant le *Silurien inférieur ;*
puis vient un dépôt lacustre probablement *pliocène* et auprès
de Puicerda, un diluvium à gros cailloux situé à une altitude
de 1,000 à 1,200 mètres.

Entre Isobal et Belver, reparaissent les terrains anciens : ce
sont des poudingues de quartz et de grès, associés à des
schistes argileux noirâtres, que Leymerie regarde comme dévoniens sans en avoir pourtant de preuve réelle; mais ils ne
peuvent être rapportés au *Silurien supérieur* bien représenté à
Saint-Béat avec la *Cardiola interrupta* et *Orthoceras bohemi-
cum;* il est à remarquer d'ailleurs, que pour la plupart des
assimilations proposées par Leymerie, c'est la nature et l'aspect des couches qui l'ont guidé, car il n'a rencontré que peu
de fossiles. Passant rapidement sur le Carbonifère et le Trias,
il arrive au village d'Organya situé dans une petite plaine de
grès vert (ou *Urgo-aptien*) avec *Terebratula sella*, Sow., *Nau-
tilus radiatus*, Sow. De Verneuil avait d'ailleurs déjà trouvé
dans le même lieu différents fossiles caractéristiques de l'étage
aptien, *Ostrea aquila, Lima Cottaldina,* etc.

M. Noblemaire, nous l'avons vu, regardait les environs
d'Organya comme appartenant au terrain nummulitique ;
Leymerie considère cela comme une erreur.

D'Organya au Coll de Nargo, Leymerie n'a pas trouvé de
fossiles, mais il regarde toute cette partie comme apparte-

nant au grès vert jusqu'à 200 mètres environ avant le village. Là, sans pourtant qu'il ait vu de faille, il reconnaît les caractères habituels du *Garumnien*; poudingue fleuri, argiles rutilantes se retrouvent exactement comme dans le Languedoc ; puis au-dessous et plongeant au Nord, se voit un système marno-calcaire gris, accompagné de grès, qui est évidemment le représentant de la craie supérieure et qui renferme l'*Ostrea vesicularis*. Au Maseas de Nargo, au contact du Sénonien, le Garumnien renferme des dalles de lignites avec *Cyrena* et *Ostrea Verneuili*.

Au-dessous, continuant la série renversée, se présente une grande masse de *Sénonien* sans un seul fossile, puis vient une zone à *Hippurites* turoniennes avec *Exogyra Matheroni* et *Hemiaster Verneuilli*.

Le *Lias supérieur* fait voir ensuite un petit lambeau au-dessous du Turonien, et enfin, viennent des argiles bigarrées et des conglomérats que Leymerie regarde comme triasiques et concordants avec les couches précédentes (1); ces conglomérats forment un dôme, puis s'inclinent vers le sud, commençant ainsi une nouvelle série normale ; ils se poursuivent jusqu'à Oliana.

Là se terminent les Pyrénées proprement dites dans lesquelles il n'existe donc aucune trace d'*éocène* (2).

Au delà d'Oliana commencent des conglomérats et grès tertiaires correspondant bien au poudingue de Palassou et au grès de Carcassonne. Leymerie termine alors sa course par l'examen des salines de Cardona qu'il décrit en ces termes : « C'est dans le même terrain (grès de Carcassonne), qui prend « ici une teinte plus constamment rougeâtre, que gisent les « célèbres masses de sel gemme de Cardona qui nous ont

(1) Il a été démontré depuis que ces couches appartiennent à l'Eocène.
(2) On verra dans la suite, que cette opinion doit être complètement abandonnée.

« paru ainsi qu'à M. Dufrénoy avoir été produites par une
« éruption thermale. »

De Verneuil et Collomb. — La même année, de Verneuil
et Collomb publièrent leur belle carte géologique d'Espagne
et de Portugal, le monument le plus complet et le plus remarquable qui existe jusqu'à ce jour pour la géologie de la Péninsule. Ce magnifique travail, malgré la rapidité avec laquelle
il a été exécuté, a servi de base à toutes les études postérieures,
et son exactitude est telle que les relevés faits plus tard par
les ingénieurs espagnols n'ont guère été que la copie, rectifiée
sur quelques points, de la carte de nos compatriotes. Les quelques erreurs que l'on y rencontre sont bien permises dans une
étude aussi vaste; les auteurs s'en expliquent eux-mêmes :
« C'est qu'aussi l'œuvre est grande et qu'il y a place pour de
« nombreux ouvriers. La carte géologique d'une contrée aussi
« accidentée que l'Espagne, où les dépôts ne sont horizontaux
« que dans le centre des bassins tertiaires, demandera, pour
« être achevée, beaucoup de temps et d'efforts. Nous ne nous
« faisons donc pas illusion sur le mérite de celle que nous
« présentons aujourd'hui, et nous ne la considérons que comme
« une esquisse propre à donner l'idée de la répartition des
« principaux terrains. » Plus loin, ils ajoutent : « Nous n'a-
vons divisé le terrain tertiaire qu'en deux étages, plaçant
« dans l'inférieur ou éocène les dépôts nummulitiques avec les
« grès et les conglomérats qui les surmontent et dans le su-
« périeur les dépôts miocènes et pliocènes. Quoique nous réu-
« nissions ces deux derniers sous une même couleur, il ne
« serait pas très difficile de les distinguer, les premiers occu-
« pant en général l'intérieur du pays et les seconds le voisi-
« nage des côtes. »

Nous citerons enfin une phrase qui indique l'existence d'une
couche utile pour les comparaisons de nos terrains : « Le
« bassin du Guadalquivir est occupé par des dépôts tertiaires

4

« que nous rapportons en grande partie à l'époque miocène
« et qui, près de Cordoue, de Martos, de la Caroline et de
« Linarés, contiennent l'*Ostrea crassissima* et de grands Cly-
« péastres voisins du *Clypeaster altus.* »

De Verneuil avait été frappé de la grande quantité de cailloux roulés qui existent à différents niveaux, et il avait dit
dans une note antérieure : « Enfin, dans aucune contrée, les
« poudingues ne sont plus abondants qu'en Espagne. Ils com-
« mencent à partir du terrain houiller qui en renferme beau-
« coup ; il y en a des masses très épaisses aussi dans le Trias,
« dans la craie, dans le terrain nummulitique, dans le terrain
« tertiaire et enfin dans les alluvions anciennes. »

M. Vidal. — En 1871, M. Luis-Mariano Vidal se fait connaitre par une note sur les environs de Berga; il a visité les
mines de charbon qui se trouvent au Nord de cette ville ; il a
rencontré d'abord des conglomérats supra-nummulitiques,
puis un amas de gypse, et enfin, en arrivant à Serchs, à la
première exploitation, il constate que les couches de charbon
alternent avec des calcaires qui renferment, au contact de la
couche exploitée, des fossiles lacustres, tels que : *Melania, Pa-
ludina* et *Lychnus*. L'âge de ces couches est difficile à déterminer; cependant la présence des *Lychnus* semble les rattacher
au terrain crétacé.

M. Vidal. — Une seconde note plus explicite, du même
auteur, donne bientôt de plus amples détails sur ce qu'il appelle
dès lors le *Garumnien* de Catalogne. Il ne se borne pas au
lambeau de Berga, mais étudie aussi ceux de Coll de Nargo
et d'Isona. Le Garumnien a une épaisseur de 300 mètres et
se divise en trois groupes.

Le groupe supérieur, qui ne se trouve que dans la province
de Barcelona, entre Figols et Valcebre, est un calcaire ou un
grès qui atteint, auprès de ce dernier village, jusqu'à 100 mètres
de puissance.

Le groupe moyen se compose d'une énorme masse de marnes terreuses rouges ou bigarrées, plus ou moins argileuses ou calcarifères, couronnées par un conglomérat calcaire également rouge; les conglomérats, bien que n'existant pas toujours, se trouvent aussi bien à Figols qu'à Coll de Nargo.

Le troisième horizon est formé de lignites d'une faible épaisseur, mais très remarquables à Isona par la présence, au milieu de leur masse, d'un banc calcaire à *Hippurites;* quelques marnes et argiles, grises et fétides, accompagnent en ce point les lignites.

La coupe du Coll de Nargo que donne dans ce travail M. Vidal diffère peu de celle de Leymerie: cependant, comme il place autrement la faille, il fait rentrer dans l'*Aptien*, des calcaires marneux d'ailleurs sans fossiles, regardés comme *garumniens* par l'auteur français.

M. Vidal considère comme *sénoniennes* les couches suivantes, que l'on rencontre entre Cellent et Collada de Montanisell :

Grès.

Banc à *Hippurites radiosus, Terebratella divaricata* et autres fossiles sénoniens.

Calcaire marneux à *Micraster brevis.*

Il affirme que le Garumnien repose sur la craie de Maestricht, et celle-ci sur le Sénonien à *Micraster;* mais aucune des nombreuses coupes données par l'auteur ne présente la preuve de ce fait important.

M. Donayre. — M. Donayre nous a donné, en 1873, de nombreux renseignements sur la province de Saragoza. Le Nummulitique y est formé de calcaires marneux et macignos généralement très fossilifères, mais tellement tourmentés qu'il est difficile de suivre une coupe au milieu d'accidents stratigraphiques si nombreux. Dans la partie la plus élevée de la

Sierra de Belmun et de la Sierra de Santo-Domingo, se montrent des calcaires pétris de *Nummulites*, surmontant les marnes bleues à *Serpula spirulœa* de Pozo de San Marzal, Thiermas et Verdun.

M. Areitio y Larringa. — La même année, M. Areitio y Larringa donne, dans le *Bulletin de la Société d'Histoire naturelle d'Espagne*, l'énumération des plantes fossiles du royaume ; il s'occupe surtout des espèces qui se rencontrent dans le terrain carbonifère, et en particulier à San Juan de las Abadesas ; mais, bientôt après, il complète son premier travail en l'étendant aux divers terrains. Il ne cite qu'une seule espèce tertiaire, le *Chara aragonensis*, Al. Brongn., du tertiaire inférieur de l'Aragon.

M. Landerer. — M. Landerer a publié, dans le même recueil, une note sur l'étage *tenencien* des environs de Tortosa ; ce terrain, formé de la réunion de l'Urgonien et de l'Aptien, paraît à M. Landerer mériter un nom nouveau ; mais on comprendra que nous ne puissions nous associer à cette manière de voir, puisque, pour beaucoup d'auteurs, l'*Urgonien* et l'*Aptien* ne forment pas deux terrains distincts, mais seulement deux divisions du *Néocomien,* tandis que d'autres ont depuis longtemps opéré leur réunion sous le nom de *grès vert, urgoaptien,* etc., etc. Cette dénomination de *tenencien* faisant double emploi avec plusieurs autres, doit, par conséquent, être rejetée. D'ailleurs, le travail même de M. Landerer prouve bien que la séparation de l'Urgonien et de l'Aptien existe même en Catalogne : en effet, il est amené à faire, dans son étage tenencien, deux divisions dont l'inférieure correspond parfaitement aux couches à *Requienia ammonia* et *Requienia Lonsdalei,* tandis que l'autre avec *Ostrea aquila, Plicatula placunea,* etc., représente très bien les marnes supérieures aptiennes. Ce résultat du travail consciencieux de M. Landerer mérite d'attirer l'attention, car la plupart des auteurs qui se sont occupés du Crétacé de l'Espagne ou des Pyrénées ont admis l'impossibilité absolue de séparer les deux termes supérieurs du Néocomien.

M. Bauza. — C'est ici que se place une très courte note de M. Bauza sur la géologie de la province de Gerona. Le Crétacé manque dans cette région ; le Tertiaire, au contraire, est bien représenté par des calcaires et des grès, mais le fait le plus important à noter dans la province est la présence des volcans et des trachytes qui ont traversé le terrain nummulitique.

M. Vidal. — Nous retrouvons encore un travail de M. Vidal qui donne de nouveaux renseignements sur la *Géologie de la province de Lérida ;* il ne fait guère que reproduire les coupes de de Verneuil et Keyserling d'une part, de Leymerie de l'autre, mais avec quelques modifications importantes.

Contrairement à l'opinion des premiers, il annonce que les marnes de Salas appartiennent au *Sénonien* et non au terrain *nummulitique ;* mais il admet comme faisant partie de cet étage les poudingues de la Pobla.

Pour la coupe de la vallée du Segre, il affirme en s'appuyant sur des preuves certaines, que le poudingue d'Oliana est tertiaire et non triasique, comme le voulait Leymerie ; puis il se refuse à admettre qu'il soit de l'âge du poudingue de Palassou. Il le regarde comme miocène parce qu'il repose quelquefois directement sur la craie, ce qui démontre, dit-il, son indépendance par rapport aux couches nummulitiques proprement dites. Un mot sur le diluvium termine le travail.

Leymerie. — Leymerie publie à cette époque, dans le *Bulletin de la Société Géologique de France,* une note sur le *Garumnien espagnol* qui, n'étant que la traduction d'un travail précédent de M. Vidal, ne doit pas nous arrêter.

M. Matheron. — Puis M. Matheron, dans une étude générale sur le terrain *garumnien*, s'attache à montrer le synchronisme des couches supérieures du Crétacé en France et en Espagne. Le Garumnien catalan sert de lien entre l'étage infé rieur de la Haute-Garonne et la craie de Rognac, en montrant réunis des fossiles que l'on ne trouve jamais en France dans la même localité ; il résume sa manière de voir dans le tableau suivant :

BOUCHES-DU-RHÔNE	HAUTE-GARONNE	N.-E. DE L'ESPAGNE
Nummulitique et couches à *Physa*.	Nummulitique.	Calcaire lacustre.
Argilolites rutilantes (à Montolieu également).	Couches à Échinides de Belbèze et de Tuco.	Grès gris et argiles rutilantes.
	Calcaire compact d'eau douce sans fossiles.	
Étage de Rognac.	Étage inférieur à *Cyrena garumnica*.	Garumnien catalan.
Fuveau, etc.	Craie de Gensac à *Ostrea larva*. Craie de Tercis.	Craie de Gensac à *Ostrea larva*.
Étage à *Ostrea Matheroniana*.		Étage à *Ostrea Matheronima*.

M. Macpherson. — Nous trouvons encore ici plusieurs notes sur l'ophite ; dans la première, M. Macpherson, parlant des roches éruptives des environs de Cadix, s'étend principalement sur leur composition et leur aspect micrographique. Il regarde les ophites comme très semblables aux basaltes sous ces deux rapports ; quant à leur âge, il est peut-être triasique, sans que ce fait soit pourtant bien certain ; en effet, les roches qui l'entourent ont toujours la même apparence, mais cela peut tenir à des actions métamorphiques ; le gypse accompagne toujours l'ophite.

Dans un travail postérieur, sur les ophites des environs de Biarritz, M. Macpherson n'a pas modifié ses conclusions.

Quiroga y Rodriguez et Calderon y Arana. — Vers la même époque, les caractères des ophites pyrénéennes ont encore été étudiés par Quiroga y Rodriguez seul, puis par Calderon y Arana et Quiroga y Rodriguez. Nous y remarquons surtout une coupe des environs de Santander où l'on peut voir l'ophite recouverte par le gypse, puis par des argiles rouges que surmonte enfin le Lias.

M. F. Gascue. — Dans un travail sur le groupe nummulitique de la province de Santander, M. Francisco Gascue délimite avec soin le terrain tertiaire de cette région ; les calcaires à Nummulites en concordance sur le Crétacé, renferment les *Nummulites perforata, N. Lucasana, N. Ramondi, N. granulosa, N. exponens, N. spira, Serpula spirulœa* (très rare): cette dernière espèce dans les marnes bleues au-dessus du calcaire.

Le terrain crétacé qui repose sur le Carbonifère, se compose d'un calcaire compact à *Requienies*, puis de couches à *Ostrea columba, Ostrea flabellata* et enfin d'un calcaire argileux à *Micraster*. A San Vicente même, par suite d'une double faille, le Nummulitique se trouve recouvert par le Trias et celui-ci par le terrain crétacé : c'est l'inverse de ce qu'a indiqué de Verneuil.

D. A. H. — Les belles mines de Summorostro n'ont pas été omises dans la liste des minerais de fer de l'Espagne par D.A. H. L'auteur anonyme de cette note croit devoir les attribuer à l'époque cénomanienne ainsi que les calcaires et les grès qui les renferment.

M. Vidal. — M. Vidal donne encore, en 1877, une nouvelle preuve de son activité scientifique; son étude longue et détaillée du terrain crétacé de la Catalogne doit nous arrêter un instant.

Le Crétacé catalan apparait dans la province de Gerona et se continue tout le long des Pyrénées en s'appuyant sur les terrains primaires, tandis que les strates tertiaires le recouvrent du côté du Sud.

1. Dans la province de Gerona, le Crétacé présente trois

termes : à la partie supérieure, le *Sénonien* dont la première subdivision est tantôt lacustre, tantôt marine, mais toujours marneuse ; elle ne renferme aucun fossile et n'est rapportée à cet étage que par ses caractères minéralogiques; la division inférieure, excusivement marine, n'a pas non plus de fossiles et se compose principalement de grès.

Le *Turonien* se divise également en deux parties : d'abord apparaissent des marnes, grès et calcaires à *Rudistes* (espèces d'Uchaux et de Mornas), puis viennent d'autres couches de même nature mais ne présentant plus les gros mollusques caractéristiques du niveau supérieur.

Le *Cénomanien* enfin parait être représenté par les couches lignitifères de la Pla, de Lleona, etc.

2. La province de Barcelona offre aussi un grand développement du terrain crétacé; au-dessous du *Garumnien* décrit dans les notes précédentes, viennent des couches *sénoniennes* à *Hemipneustes radiatus, Hippurites radiosus, Ostrea larva, Ostrea Matheroniana, Ostrea plicifera, Ostrea proboscidea.*

Le *Turonien* comprend des calcaires marneux et des grès calcarifères à Rudistes; l'horizon supérieur contient l'*Hippu-rites cornuvaccinum* et la *Requienia Toucasi ;* la zone inférieure l'*Hippurites organisans.* Il n'existe pas de Cénomanien.

3. La province de Lérida a déjà été plusieurs fois étudiée, aussi n'y a-t-il que peu de faits nouveaux à indiquer.

Nous citerons seulement la coupe de Boixols qui montre à la partie supérieure le *Sénonien* à *Micraster brevis* reposant sur le *Turonien* à *Hippurites organisans ;* au-dessous vient le *Cénomanien* avec l'*Ostrea carinata,* recouvrant l'*Albien* à *Plica-tula radiola ;* la base de tout le système enfin est formée par l'*Urgo-aptien* à *Orbitolina conoïdea* et *Orbitolina discoïdea.*

M. Gombau. — En 1877 M. Gombau fait paraitre un essai sur la géologie de la province de Tarragona : mais il n'entre dans aucun détail et se contente de distinguer dans chacun des groupes éocène et miocène un horizon lacustre et un horizon marin ; puis il donne quelques déterminations de fossiles ne paraissant pas mériter une confiance absolue. Il s'étend un peu plus sur le Quaternaire ; ce terrain présente un faciès marin vers l'embouchure de l'Ebre et d'importants dépôts fluviatiles aux confluents des principales rivières ; les limons et les argiles sableuses sont les roches dominantes.

M. Mallada. — Là s'arrête l'énumération des travaux antérieurs à mes propres recherches ; mais depuis le début de mes excursions en Espagne, des notes importantes ont paru ; en première ligne, il faut citer l'étude de la province de Huesca par M. Mallada.

Toute la première partie de ce gros volume s'occupe uniquement de l'orographie, de l'agriculture, de la densité de la population, etc., sans atteindre la géologie proprement dite ; nous ne nous y arrêterons pas.

La deuxième partie débute par la description des ilots granitiques de la province, lesquels se rencontrent uniquement au centre de la chaine pyrénéenne vers la frontière française spécialement auprès des Monts Maudits ; à Panticosa, le granite est accompagné de porphyre quartzifère.

Passant alors au terrain de transition, M. Mallada croit qu'il n'existe pas de *Laurentien*, mais que les terrains *Cambrien*, *Silurien*, *Dévonien* et *Carbonifère* sont tous représentés. Le premier de ces étages est composé de schistes, de quartzites, de gneiss à grains fins et de roches tuberculeuses chloritées ou micacées ; il y fait entrer, en un mot, une foule de roches différentes, dont quelques-unes au moins, le gneiss par exemple, ne peuvent y être comprises ; il nous semblerait même d'après la description, que presque tout son Cambrien doit rentrer dans les schistes cristallins.

Quoi qu'il en soit, ces couches peu développées occupent avec le granite, le centre de la chaine.

Le *Silurien* est seulement représenté par son étage supérieur, et il est tellement semblable au Dévonien inférieur d'après M. Mallada, que la description des deux terrains est donnée en même temps; le Silurien se compose à la base de roches calcaires passant à la grauwacke et au quartzite, puis de calcaires compacts noirs avec filons de calcaire spathique et du sulfure de fer en abondance. Des crinoïdes indéterminables sont les seuls fossiles que l'on rencontre; aussi l'assimilation au Silurien nous paraît-elle douteuse.

Le Dévonien inférieur à l'état de calcaire marbre est plus riche en corps organisés; on y trouve *Orthoceras remotum*, *Rhynchonella Pareti*, *Orthis opercularis*, *Spirigerina reticularis*, etc., ailleurs comme à l'azosa de Broto, on rencontre un calcaire gris avec *Goniatites* très abondantes. Les deux terrains réunis forment une bande qui s'appuie sur le Cambrien et touche encore à la partie centrale de la chaine.

Le *Carbonifère* est réduit à quelques lambeaux situés dans la vallée de Canfranc, de Tena et de Broto; ce sont des psammites noirs ou gris avec *Calamites* et autres végétaux de l'époque houillère, accompagnés de quelques conglomérats, et offrant des traces de charbon; l'importance de ce terrain est très minime.

On passe alors au *Trias;* quoique M. Mallada n'ait pas trouvé de fossiles déterminables dans les grès rouges, argiles gypseuses et calcaires qui forment une bande au Sud des terrains précédents, il croit pouvoir les rapporter au Trias. M. Noguès avait regardé ces couches comme dépendant du terrain houiller, M. Noblemaire en a fait du Crétacé, mais depuis longtemps, Dufrénoy, de Verneuil, M. Coquand et plusieurs autres géologues les considéraient comme la base des terrains secondaires.

Le Trias, ainsi compris, occupe une bande étroite le long de la chaine, mais il se montre aussi dans une foule d'autres points de la province, formant des lambeaux isolés plus ou moins considérables au milieu du Crétacé et du Tertiaire. Il est très souvent traversé par des filons d'ophite accompagnés de gypse; cette dernière roche est due à des émanations d'acide sulfurique, qui ont transformé en sulfates, les carbonates de chaux antérieurement déposés. Quant à l'ophite elle-même, M. Mallada admet son origine éruptive après une longue discussion et il place l'époque de son apparition entre le Trias et le Crétacé, car il aurait trouvé des fragments d'ophite dans des conglomérats appartenant au Crétacé supérieur; quant aux coupes figurées par l'auteur, elles montrent l'ophite en contact avec des terrains d'âge très divers.

Le terrain jurassique est à peine représenté; on peut seulement citer deux petits ilots de *Lias*, visibles sur les rives de la Noguera à une faible distance encore des Monts Maudits.

Aussi arrive-t-on de suite au terrain crétacé qui constitue deux bandes distinctes : l'une, normale en quelque sorte, repose sur le Trias et longe la chaine pyrénéenne, l'autre située beaucoup plus au Sud et moins continue, sépare l'Eocène du Miocène.

Le premier étage visible est l'*Aptien*, caractérisé par l'*Orbitolites conoïdea* et des *Plicatules*; bien qu'il y ait d'autres espèces appartenant à d'autres étages, M. Mallada n'admet pas le grès vert de Leymerie et croit avoir reconnu du véritable Aptien marneux avec couches de houille intercalées. La puissance de ces marnes ne dépasse pas trente mètres.

Le crétacé supérieur a 400 mètres d'épaisseur; les différents étages qui le composent, sont très liés et il est impossible de séparer le Sénonien du Danien.

Le *Turonien* qui commence la série, présente d'assez nombreux fossiles et surtout des *Hippurites*; puis vient le *Sénonien* à *Micraster coranguinum, Ananchytes ovata*, et enfin le *Garumnien* à *Lychnus* et à *Cyrènes*.

Le Tertiaire débute à son tour par le Nummulitique qui peut se décomposer ainsi :

1. Grès quartzeux à gros grains.
2. Calcaire compact à *Alvéolines* et à *Miliolites*.
3. Calcaire compact à *Alvéolines* et à *Nummulites*.
4. Calcaire argileux ou sableux avec fossiles.
5. Marnes compactes fossilifères.
6. Marnes plus ou moins sableuses avec ou sans fossiles.
7. Marnes sableuses alternant avec des macignos.
8. Macignos à fucoïdes.

Toutes ces subdivisions passent insensiblement l'une à l'autre ; les numéros 1 à 4 composent le Nummulitique inférieur à *Alvéolines, Nummulites perforata, N. Lucasana;* les numéros 5 et 6, ou Nummulitique moyen sont les marnes bleues à *Serpula spirulœa, Cerithium giganteum* et *Turritella imbricataria.* On y retrouve aussi *Nummulites perforata, Num. Lucasana, Num. Ramondi, Num. striata, Num. Biarritzensis, Num. spira, Num. granulosa, Operculina ammonea,* de très nombreux polypiers, l'*Eupatagus ornatus,* le *Schizaster Newoldi,* etc...

Le Nummulitique supérieur est formé par le macigno à fucoïdes accompagné de calcaires et de marnes.

Au-dessus du Nummulitique, se voit l'*Éocène lacustre* formé principalement de conglomérats et contenant quelques fossiles d'eau douce et des dépôts de charbon.

Le Miocène qui vient après, a une composition assez analogue et renferme aussi des Lymnées, Planorbes, Paludines, etc.

Le Quaternaire enfin, formé de blocs volumineux a jusqu'à 20 et 25 mètres de puissance.

M. Degrange-Touzin. — En 1878 encore, M. Degrange-Touzin a donné un récit d'une excursion entreprise dans la région du Mont-Perdu, et a décrit ce massif aussi bien dans sa partie espagnole que sur le versant français. Il confirme dans cette note la présence du Nummulitique à l'altitude de 3,300 mètres, comme les anciens auteurs l'avaient indiqué : la *Nummulites obesa* et la *Nummulites Leymerici* sont là d'une abondance prodigieuse, mais sans être accompagnées d'autres fossiles déterminables. Le Tertiaire repose sur des marnes crétacées à **A**nanchytes *ovata, Ostrea vesicularis, Ostrea larva* qui constituent la plus grande partie du massif.

M. Baills. — La richesse merveilleuse des mines de fer des environs de Bilbao a constamment attiré l'attention des ingénieurs qui sont venus fréquemment les visiter ; aussi les écrits plus ou moins importants sur cette région industrielle sont-ils fort nombreux. J'en ai déjà indiqué un dû à un auteur anonyme ; je citerai encore ici le travail de M. Baills publié dans les *Annales des Mines de France* en 1877.

Une courte notice géologique commence cette étude : il y est dit que le terrain crétacé inférieur fait absolument défaut : « On n'y voit ni le Néocomien, ni le Grès vert, ni le Gault. » Le calcaire à *Requienia lævigata* du Cénomanien, sert de toit au minerai et lui est par conséquent postérieur ; l'épaisseur du minerai est d'au moins 170 mètres.

On voit que M. Baills continue à suivre l'opinion de de Verneuil et à considérer à tort comme cénomaniens les calcaires à *Requienies* des environs de Bilbao ; il ne partage pas toutefois l'opinion de ce géologue en ce qui concerne la situation superficielle et l'origine extérieure du minerai ; mais M. Baills pense, au contraire, que le minerai est contemporain des calcaires à *Requienies* qui le recouvrent même en certains points, ce qui est parfaitement conforme à mes propres observations.

M. Almeira. — En 1880, est survenu le Mémoire de M. Jaime Almeira sur les environs de Barcelona ; l'auteur traite dans une première partie, de la géologie en général ;

puis, arrivant dans la seconde partie au sujet même de son travail, il passe successivement en revue tous les terrains qui existent dans le Sud-Est de la Catalogne.

Après avoir constaté l'absence du *Laurentien* dans toute l'Espagne, il note l'existence du *Cambrien* tel que le comprend M. Hébert, représenté par des schistes satinés maclifères, quelquefois micacés, qui recouvrent souvent le granite, en particulier au Mont Tibidabo.

Le *Silurien* qui le surmonte, soit au Tibidabo lui-même, soit dans un certain nombre de points de la vallée du Llobregat, n'a pas non plus de fossiles, bien que dans d'autres parties de l'Espagne, il renferme soit la faune primordiale, soit la *Cardiola interrupta*.

Le *Dévonien* est représenté à son tour par des calcaires à Encrines et à Orthocères peu développés. Après ce dépôt un brusque soulèvement, correspondant avec l'apparition des granites et des porphyres, a émergé la province de Barcelona pendant toute la période carbonifère et permienne ; le premier de ces terrains se rencontre néanmoins dans des localités peu éloignées puisqu'il est exploité à San Juan de las Abadesas à Berga et à Calaf.

Le *Trias*, développé sur la rive droite du Llobregat, a pour base un poudingue puissant recouvert par des grès ; mais aussitôt après ce dépôt un nouvel exhaussement a maintenu le sol de la province en dehors des eaux pendant une longue période ; car à l'exception d'un lambeau de *Lias* à *Spiriferina rostrata*, situé à l'Ouest du village de Gaba, il n'existe rien pour représenter les formations jurassiques.

Quant à la période crétacée, elle offre, à quelques kilomètres du Llobregat, sur la rive droite, un calcaire à *Chama Lonsdalei* et *Orbitolites lenticulata* qui n'est autre que l'*Urgo-aptien* de Leymerie ou le *Tenencien* de M. Landerer.

Pendant la période nummulitique, Barcelona était encore

émergée, formant une île assez vaste entre les îles Baléares
actuelles et le Mont-Serrat ; mais aussitôt après, le conglomérat de San Cucufat et de Papiol s'est déposé sur une grande
épaisseur ; il se divise en deux assises de conglomérat polygénique séparées par une bande de calcaire à *Helix* et à *Planorbes*.

A la fin de cette période qui correspondrait au *Miocène* ou à
l'*Éocène supérieur*, il se produisit un soulèvement de 300 mètres
à Papiol, pendant qu'un affaissement correspondant permet-
tait à la mer de pénétrer par le défilé de Vendrell.

Alors, s'est déposé le calcaire marin de Monjuich, Papiol et
San Pau d'Ordal avec de nombreux fossiles ; puis s'est produit
encore un autre soulèvement accompagné de dégagements
gazeux qui ont métamorphisé les couches de Monjuich. Enfin,
la barre silurienne qui séparait Monjuich de Papiol, s'étant
rompue, des dépôts identiques se sont effectués dans toute la
vallée du Llobregat à l'époque *pliocène;* ils contiennent en
abondance, des *Huîtres*, des *Pectens*, des *Anomies*, des *Balanes*, etc.

On peut suivre ces marnes pliocènes jusque sous la ville
même de Barcelona, où des puits ont permis de constater leur
présence.

Après un dernier soulèvement qui a porté les marnes bleues
à une altitude assez grande, il s'est encore déposé le terrain
quaternaire, formé de dépôts diluviens, soit fins, soit grossiers,
atteignant jusqu'à 100 mètres d'épaisseur.

En terminant, M. Almeira donne une liste de soixante-cinq
espèces de mollusques du Pliocène catalan, et il y ajoute
l'indication de quelques végétaux qui témoignent du voisinage
de la terre ; d'ailleurs tout porte à croire que Monjuich était
alors une île.

M. de Botella. — Plus récemment encore, un ingénieur des
mines, D. Federico de Botella y de Hornos, a fait paraître

une carte géologique générale d'Espagne et de Portugal à petite échelle. C'est en grande partie, la reproduction de la carte de M. de Verneuil avec quelques modifications qui ne sont pas toutes parfaitement justifiées.

C'est ainsi que la division adoptée pour l'Eocène en *éocène lacustre* et *éocène marin* ne peut être acceptée, puisque de cette façon, les poudingues du Mont-Serrat et les calcaires à *Alvéolines* et à *Nummulites* sont coloriées de la même manière, tandis que les couches lacustres situées entre ces deux zones sont indiquées d'une façon différente; il en résulte une très grande confusion. Il est regrettable également que l'auteur ait maintenu dans le terrain tertiaire, toute la région crétacée de Salas, Talarn et Isona, malgré la rectification faite depuis quelque temps déjà par M. Vidal.

Sur d'autres parties de la carte, il y a de très bonnes modifications à noter; c'est ainsi que dans la province de Huesca, l'étendue et la position relative des divers terrains sont indiquées d'une façon beaucoup plus précise et plus exacte que dans la carte de de Verneuil et Collomb.

C'est ici que se termine la longue énumération des travaux publiés sur la géologie du Nord de l'Espagne pendant l'intervalle d'un siècle qui s'est écoulé depuis les premières études faites dans les Pyrénées par Palassou jusqu'au moment où nous écrivons ces lignes. L'extension que nous avons donnée à cette première partie, était indispensable pour permettre de se faire une idée de l'état de nos connaissances au moment où ont été entreprises nos propres recherches; nous espérons que l'utilité de ce résumé nous fera pardonner son aridité et son imperfection.

LISTE

DES TRAVAUX CITÉS OU CONSULTÉS

1. 1781. **Palassou**. Essai sur la minéralogie des Pyrénées.
2. 1796. **Don Francisco de Bolos**. Noticia de los extinguidos volcanes de Olot.
3. 1801. **L. Ramond**. Voyage au Mont-Perdu et dans la partie adjacente des Hautes-Pyrénées. — Paris.
4. 1808. **Maclure**. Note sur les volcans d'Olot. (J'ignore le titre exact de ce travail.)
5. 1814. **Trail**. Sobre el criadero de sel gema de Cardona.
6. 1815. **Palassou**. Mémoires pour l'histoire naturelle des Pyrénées.
7. 1817. **Cordier**. Sur les mines de sel gemme de Cardona.
8. 1819. **Agustin Yanez y Girona**. Description de Monjuich.
9. 1819. **Palassou**. Suite des mémoires pour l'histoire naturelle des Pyrénées.
10. 1821. **Agustin Yanez y Girona**. Memoria sobre la constitucion mineralogica de Monjuich.
11. 1823. **Charpentier**. Essai sur la constitution géognostique des Pyrénées.
12. 1828. **De Billy**. Sur les volcans d'Olot. (*Annales des mines*, 2ᵉ série, t. IV, p. 181.)
13. 1830. **Dufrénoy**. Sur les mines de sel de Cardona. (*Bul. de la Soc. Géol. de France*, 1ʳᵉ série, t. I, p. 99.)
14. 1831. **Dufrénoy**. Age des Ophites des Pyrénées. (*Bul. de la Soc. Géol. de France*, 1ʳᵉ série, t. II, p. 410.)
15. 1831. **Le Play**. Observations sur l'Estramadure et l'Andalousie. (*Annales des mines*, 3ᵉ série, t. VI, p. 477.)
16. 1833. **La Marmora**. Coupe de Monjuich près Barcelone (*Bul. de la Soc. Géol. de France*, 1ʳᵉ série, t. IV, p. 351.)

17. 1834. **La Marmora**. Carta geologica de los alrededores de
Barcelona.

18. 1834. **Dufrénoy**. Mémoire sur les caractères particuliers que
présente le terrain de craie dans le Sud de la France et
particulièrement sur les pentes des Pyrénées — Paris.

19. 1834. **Dufrénoy et Élie de Beaumont**. Mémoire pour la
description géologique de la France, (t. II, p. 107).

20. 1835. **G. Cuvier et Alex. Brongniart**. Description géologique des environs de Paris (3° édition, p. 322.)

21. 1841. **Don Francisco de Bolos**. Noticia de los extinguidos
volcanes de Olot, — Barcelona. (2° édition.)

22. 1842. **Ph. Matheron**. Catalogue descriptif et méthodique des
corps organisés fossiles du département des Bouches-du-
Rhône.

23. 1843. **Collegno**. Terrains diluviens des environs de Madrid. (*Bul.
Soc. Géol de France*, 1ʳᵉ série, t. XIV, p. 331.)

24. 1843. **Collegno**. Terrains diluviens des Pyrénées. (*Bul. Soc. Géol.
de France*, 1ʳᵉ série, t. XIV, p. 402.)

25. 1845. **Toschi**. Descripcion geognostica y mineral del distrito d
Cataluña y Aragon.

26. 1845. **D. Barnabe Sanchez Dalp**. Sobre el estado de las
minas de carbon de piedra de San Juan de las Abadesas.

27. 1845. **Amalio Maestre**. Géognosie de la Catalogne et d'une
partie de l'Aragon. (*Bul. Soc. Géol. de France*, 2° série,
t. II, p. 624.)

28. 1846. **Ezquerra de Bayo**. Sobre los alrededores de Tarragona. (*Annales de Minas*, t. XIV, p. 177.)

29. 1846. **Toschi**. Sobre alcunas localidades de Francia y España.

30. 1847. **Jame Smith**. On the age of the tertiary beds of the
Tagus. (*Quarterly journal of the Geological Society*, t. III.)

31. 1848. **Collette**. Reconocimiento geologico del Señorio de Bizcaïa, Bilbao.

32. 1849. **De Verneuil**. Note sur Santander et Bilbao. (*Bul. Soc.
Géol. de France,* 2° série, t. VI, p. 522.)

33. 1850. **Karsten**. Ueber tertiärschichten und Kreide in Cumana
und bei Barcelona. (*Zeitschrift der D. Geologischen Gesells-
chaft*, t. II, p. 86.)

34. 1852. **De Verneuil et Collomb**. Coup d'œil sur la constitu-

tion géologique de quelques provinces de l'Espagne. (*Bul. Soc. Géol. de France*, 2ᵉ série, t. X, p. 61.)

35. 1852. **De Verneuil.** Del terreno cretaceo en España. (*Revista minera*, t. III, p. 339 et 361.)

36. 1854. **De Lorière et de Verneuil.** Aperçu d'un voyage géologique et tableau des altitudes prises en Espagne pendant l'été de 1853. (*Bul. Soc. Géol. de France*, 2ᵉ série, t. XI, p. 661.)

37. 1855. **Amalio Maestre.** Descripcion geologica-industrial de la cuenca carbonifera de San Juan de las Abadesas.

38. 1856. **Vézian.** Du terrain post-pyrénéen des environs de Barcelone et de ses rapports avec les formations correspondantes de la Méditerranée, Montpellier.

39. 1856. **Vézian.** Mollusques et Zoophytes des terrains nummulitique et tertiaire marin de la province de Barcelone, Montpellier.

40. 1856. **De Verneuil et Collomb.** Tableau des observations barométriques faites en Espagne. (*Bul. Soc. Géol. de France*, 2ᵒ série, t. XIII, p. 674.)

41. 1857. **Lucas de Olazabal.** Suelo, clima, cultivo agrario y forestal de la provincia de Vizcaïa, Madrid.

42. 1857. **Vézian.** Observations sur le terrain nummulitique des environs de Barcelone. (*Bul. Soc. Géol. de France*, 2ᵉ série, t. XIV, p. 374.)

43. 1857. **Ribeiro.** Reconhecimento geologico e hydrologico dos terrenos das Visinhanças de Lisboa. — Lisboa.

44. 1858. **Noblemaire.** Sur le district minier de la Seu d'Urgel. (*Annales des Mines*, 5ᵉ série, t. XIV.)

45. 1858. **Noulet (J.-B.).** Du terrain éocène supérieur considéré comme l'un des étages constitutifs des Pyrénées. (*Bul. Soc. Géol. de France*, 2ᵉ série, t. XV, p. 277.)

46. 1858. **Vézian.** Essai d'une classification des terrains compris entre la craie et le terrain miocène exclusivement. (*Bul. Soc. Géol. de France*, 2ᵉ série, t. XV, p. 433.)

47. 1859. **Pouech.** Mémoire sur les terrains tertiaires de l'Ariège (*Bul. Soc. Géol. de France*, 2ᵉ série, t. XVI, p. 381.)

48. 1859. **D'Archiac.** Note sur les fossiles recueillis par M. Pouech

dans les terrains tertiaires du département de l'Ariège.
(*Bul. Soc. Géol. de France*, 2ᵉ série, t. XVI, p. 783.)

49. 1859. **D'Archiac.** Les Corbières. Etudes géologiques d'une partie du département de l'Aude et des Pyrénées-Orienlales. (*Mém. Soc. Géol. de France*, 2ᵉ série, t. VI, 2ᵉ partie.)

50. 1860. **De Verneuil, Collomb et Triger.** Note sur une partie du pays basque espagnol. (*Bul. Soc. Géol. de France*, 2ᵉ sér., t. XVII, p. 333.)

51. 1860. **G. Cotteau.** Notes sur les Echinides recueillis en Espagne par MM. de Verneuil, Collomb et Triger. (*Bul. Soc. Géol. de France*, 2ᵉ série, t. XVII, p. 372.)

52. 1861. **De Verneuil et Keyserling.** Coupe du versant méridional des Pyrénées, comprenant les terrains tertiaire, nummulitique, crétacé, triasique? et dévonien? (*Bul. Soc. Géol. de France*, 2ᵉ série, t. XVIII, p. 341.)

53. 1862. **Raulin.** Sur l'Ophite de Dax (*Comptes rendus Ac. des Sciences*, t. LV, p. 669.)

54. 1863. **Sullivan et O'Reilly.** Notes on the geology and mineralogy of the Spanish provinces of Santander and Madrid.

55. 1863. **De Verneuil et Lartet.** Note sur le calcaire à Lychnus des environs de Segura. (*Bul. Soc. Géol. de France*, **2ᵉ sér.**, t. XX, p. 684).

56. 1863. **Virlet d'Aoust.** Sur l'Ophite. (*Comptes rendus Ac. des Sc.*, t. LVII, p. 332.)

57. 1863. **Barrande.** Représentation des colonies de Bohême dans le bassin silurien du N.-O. de la France et en Espagne. (*Bul. Soc. Géol. de France*, 2ᵉ série, t. XX, p. 489.)

58. 1863. **Leymerie.** Esquisse géognostique de la vallée de l'Ariège. (*Bul. Soc. Géol de France*, 2ᵉ série, t. XXI, p. 478.)

59. 1863. **Vilanova.** Ensayo de descripcion geognostica de la provincia de Teruel.

60. 1864. **Coquand.** Sur les terrains crétacés de l'Aragon (province de Teruel). (*Bul. Soc. Géol. de France*, 2ᵉ série, t. XXI, p. 478.)

61. 1864. **Amalio Maestre.** Descripcion fisica y geologica de la provincia de Santander. — Madrid.

62. 1864. **Jacquot.** Description géologique des falaises de Biarritz,

Bidart, Guétary et Saint-Jean-de-Luz (Basses-Pyrénées.) *Ext. des Actes de la Société linnéenne de Bordeaux*, t. XXV.)

63. 1864. **Zittel**. Sur les terrains crétacé et jurassique d'Espagne. (*Jahrbuch der K. K. Geol. Reichsanstalt*, sept. 1864.)

64. 1865. **Virlet d'Aoust**. Sur une faune pyrénéenne nouvelle des lignites de Pouzac et des environs de Bagnères-de-Bigorre. Sur les phénomènes de diffusion moléculaire auxquels paraissent dus les quartz spongiaires des mêmes localités. (*Bul. Soc. Géol. de France*, 2ᵉ série, t. XXII, p. 322.)

65. 1865. **J.-B. Rames**. Leçons sur les volcans, Aurillac.

66. 1866. **Pereira da Costa**. Molluscos fosseis. Gasteropodos dos depositos terciarios de Portugal. — Lisboa.

67. 1866. **Jacquot**. Esquisse géologique de la Serrania de Cuenca. — Paris.

68. 1866. **Noguès**. Sur les roches amphiboliques des Pyrénées connues sous le nom impropre d'Ophites (*Bul. Soc. Géol. de France*, 2ᵉ série, t. XXIII, p. 595.)

69. 1867. **Lartet**. Observations de M. Pouech sur les terrains tertiaires de l'Ariège. (*Bul. Soc. Géol. de France*, 2ᵉ série, t. XXIV, p. 314.)

70. 1867. **De Verneuil**. Sur le calcaire à *Lychnus* des environs de Segura et de Berga. (*Bul. Soc. Géol. de France*, 2ᵉ série, t. XXIV, p. 315.)

71. 1867. **Hébert**. Le terrain crétacé des Pyrénées. (*Bul. Soc. Géol. de France*, 2ᵉ série, t. XXIV, p. 323.)

72. 1867. **De Verneuil**. Sur le diluvium des environs de Madrid. (*Bul. Soc. Géol. de France*, 2ᵉ série, t. XXIV, p. 499.)

73. 1867. **Ribeiro**. Sur le terrain quaternaire du Portugal. (*Bul. Soc. Géol. de France*, 2ᵉ série, t. XXIV, p. 692.)

74. 1868. **Magnan**. Sur une deuxième coupe des petites Pyrénées françaises. — Sur l'Ophite, roche essentiellement passive et aperçu sur les érosions et les failles. (*Bul. Soc. Géol. de France*, 2ᵉ série, t. XXV, p. 709.)

75. 1868. **Garrigou**. Ophites des Pyrénées, leur origine sédimentaire et métamorphique. (*Bul. Soc. Géol. de France*, 2ᵉ série, t. XXV, p. 724.)

76. 1868. **De Verneuil et de Lorière**. Description des fossiles du

Néocomien supérieur d'Utrillas et des environs (*province de Teruel*).

77. 1868. **Leymerie**. Note sur l'origine et les progrès de la question relative au type garumnien. (*Bul. Soc. Géol. de France*, 2ᵉ série, t. XXV, p. 896.)

78. 1868. **Coquand**. Description géologique de la formation crétacée de la province de Teruel (*Bul. Soc. Géol. de France*, 2ᵉ série, t. XXVI, p. 146.)

79. 1869. **Pouech**. Note sur les poudingues tertiaires dits de Palassou dans le département de l'Ariège. (*Bul. Soc. Géol. de France*, 2ᵉ série, t. XXVII, p. 267.)

80. 1869. **Leymerie**. Exploration de la vallée du Segre. (*Bul. Soc. Géol. de France*, 2ᵉ série, t. XXVII, p. 604.)

81. 1869. **De Verneuil et Collomb**. Carte géologique d'Espagne.

82. 1869. **De Verneuil et Collomb**. Explication sommaire de la carte géologique d'Espagne. — Paris.

83. 1871. **L.-M. Vidal**. Excursion geologica para el Norte de Berga. (*Revista minera*, t. XXII, p. 505.)

84. 1872. **Vilanova**. Sur le préhistorique des environs de Madrid. (*Anales de la Soc. Esp. de Hist. Nat.*, t. I, p. 287.)

85. 1872. **Tournoüer**. Note sur les fossiles tertiaires des Basses-Alpes recueillis par M. Garnier. (*Bul. Soc. Géol. de France*, 2ᵉ série, t. XXIX, p. 492.)

86. 1873. **Donayre**. Geologia de la provincia de Saragoza. (*Bol. de la Com. del Mapa geologico de España.*)

87. 1873. **Areitio y Larringa**. Materiales para la flora fossil española. (*An. de la Soc. Esp. Hist. Nat.*, t. II, p. 379.)

88. 1874. **Areitio y Larringa**. Enumeracion de las plantas fossiles españolas. (*An. de la Soc. Esp. Hist. Nat.*, t. III, part. 2, p. 225.)

89. 1874. **Landerer**. El piso tenencico (o urgo-aptico), y su fauna. (*An. Soc. Esp. Hist. Nat.*, t. III, part. 3.)

90. 1874. **Bauza**. Breve reseña geologica de la provincia de Gerona. (*Bol. de la Com. del Mapa geologico de España*, t. I, p. 169.)

91. 1874. **L.-M. Vidal**. Datos para el conocimiento del terreno garumnense de Cataluña. (*Bol. de la Com. del Mapa geologico de España.*)

92. 1875. **L.-M. Vidal.** Geologia de la provincia de Lerida. (*Bol. de la Com. del Mapa geologico de España.*)

93. 1875. **Leymerie.** Note sur le Garumnien espagnol. (*Bul. Soc. Géol de France*, 3ᵉ série, t. III, p. 548.)

94. 1876. **Macpherson.** Sobre las rocas eruptivas de la provincia de Cadiz y de su semejanza con las ofitas de los Pireneos. (*An. Soc. Esp. Hist. Nat.*, t. V, p. 5.)

95. 1876. **D.-A.-H.** Minerales de hierro de España. (*Bol. Com. del Mapa geol. de España*, t. III).

96. 1876. **Matheron.** Note sur les dépôts crétacés lacustres et d'eau saumâtre du midi de la France. (*Bul. Soc. Géol. de France*, 3ᵉ série, t. IV, p. 415.)

97. 1876. **Quiroga y Rodriguez.** Ofita de Pando en Santander. (*An. Soc. Esp. Hist. Nat.*, t. V, p. 219.)

98. 1877. **Francisco Gascue.** Nota acerca del grupo nummulitico de San Vicente de la Barquera. (*Bol Com. Mapa geol. de España*, t. IV.)

99. 1877. **Locard et Cotteau.** Description de la faune des terrains tertiaires moyens de la Corse.

100. 1877. **L.-M. Vidal.** Nota acerca del systema cretaceo de los Pireneos de Cataluña. (*Bol. Com. Mapa geol. de España*, t. IV, p. 257.)

101. 1877. **Gombau.** Reseña fisico-geologica de la provincia de Tarragona. (*Bol. Com. Mapa geol. de España*, t. IV, p. 481.)

102. 1877. **Calderon y Arana et Quiroga y Rodriguez.** Erupcion ofitica de l'ayuntamiento de Molledo (Santander), (*Anales Soc. Esp. Hist. Nat.*, t. VI, p. 15.)

103. 1877. **Macpherson.** Sobre los caracteres petrographicos de la ofita de las cercanias de Biarritz. (*An. Soc. Esp. Hist. Nat.*, t. VI, p. 401.)

104. 1877. **Hébert et Munier-Chalmas.** Recherches sur les terrains tertiaires de l'Europe méridionale (Hongrie et Vicentin). (*Comptes rendus de l'Ac. des Sciences*, t. LXXXV, séances des 16, 23, 30 juillet, 6 août.)

105. 1877. **Tournoüer.** Sur la faune tongrienne des Déserts près Chambéry (Savoie). (*Bul Soc. Géol de France*, 3ᵉ série, t. V, p. 336.)

106. 1877. **Peron**. Sur les calcaires à Echinides de Rennes-les-Bains. (*Bul. Soc. Géol de France*, 3e série, t. V, p. 336.)

107. 1877. **Fontannes**. Note sur la présence de dépôts messiniens dans le bas Dauphiné septentrional. (*Bul. Soc. Géol. de France*, 3e série, t. V, p. 542.)

108. 1877. **De Lacvivier**. Note sur un *Micraster* nouveau (*Micraster Héberti*). (*Bul. Soc. Géol. de France*, 3e série, t. V, p. 537.)

109. 1877. **De Tromelin et Grasset**. Etude sommaire des faunes paléozoïques du bas Languedoc. (*Association française pour l'avancement des sciences*.)

110. 1878. **Michel Lévy**. Notes sur quelques ophites des Pyrénées. (*Bul. Soc. Géol. de France*, 3e série, t. VI, p. 156.)

111. 1878. **Hollande**. Géologie de la Corse. — Paris.

112. 1878. **Degrange-Touzin**. Excursion dans la région du Mont-Perdu. (*Actes de la Soc. Linnéenne de Bordeaux*, 4e série, t. II, p. 265.)

113. 1878. **Mallada**. Geologia de la provincia de Huesca. (*Bol. Com. Mapa geol. de España*.)

114. 1878. **Hébert et Munier-Chalmas**. Nouvelles recherches sur le terrain tertiaire du Vicentin. (*Comptes rendus Ac. des Sciences*, t. LXXXVI, séances des 27 mai, 17 juin 1878.)

115. 1879. **Barrois et Cotteau**. Mémoire sur le terrain crétacé d'Oviédo. (*An. des sciences géologiques*, t. X, n° 1.)

116. 1879. **Baills**. Note sur les mines de fer de Bilbao. (*An. des Mines*, 7e série, t. XV. n° 2, p. 209.)

117. 1879. **Tournoüer**. Sur les rapports de la molasse de Cucuron avec les molasses de l'Anjou et de l'Armagnac. (*Bul. Soc. Géol. de France*, 3e série, t. VII, p. 229.)

118. 1879. **Fischer**. Note paléontologique sur la molasse de Cucuron (Vaucluse). (*Bul. Soc. Géol. de France*, 3e série, t. VII, p. 218.)

119. 1880. **Jaime Almeira**. De Monjuich al Papiol al traves de la epocas geologicas. — Barcelona.

120. 1880. **L. Carez**. Observations sur le travail de M. Almera. (*Bul. Soc. Géol. de France*, 3e série, t. VIII.)

121. 1880. **Federico de Botella y de Hornos**. Mapa geologico de España.

122. 1880. **Hébert**. Le terrain crétacé des Pyrénées, deuxième partie. (*Bul. Soc. Géol. de France*, 3ᵉ série. t. IX, p. 62.)

123. 1880. **L. Carez**. Quelques mots sur le terrain crétacé du nord de l'Espagne. (*Bul. Soc. Géol. de France*, 3ᵉ série, t. IX, p. 73.)

124. 1880. **Mallada**. Reconhocimiento geologico de la provincia de Cordoba. (*Bol. de la Com. del Mapa geologico de España*, t. VII.)

STRATIGRAPHIE

Cette partie comprendra la description suivant l'ordre ascendant de tous les terrains que j'ai rencontrés sur le versant méridional des Pyrénées ; je suivrai, dans cet exposé, la classification adoptée par M. Hébert, car elle répond très bien aux exigences actuelles de la science.

TERRAINS PRIMAIRES

Cette première division de mes études stratigraphiques sera fort courte, car m'attachant de préférence à l'étude des terrains tertiaires, j'ai rarement rencontré les premières assises sédimentaires. Ce n'est d'ailleurs que dans la Catalogne que les terrains primaires atteignent un certain développement, et en particulier dans la zone littorale.

I. — SCHISTES CRISTALLINS.

Je n'ai pu constater leur existence que dans le seul massif du Monseny. Ce sont presque uniquement les granites et les porphyres qui composent cette masse montagneuse ; toutefois, sur le rivage entre San Andrès de Llabaneras (auprès de Mataro) et Alella, se montre un affleurement de micaschiste gris, à grains fins, très fissile et traversé par de nombreux filons de quartz laiteux ; il est assez dur pour pouvoir être exploité dans plusieurs carrières pour l'empierrement des routes ; il est limité au nord-est, au nord et à l'ouest par le granite qui constitue toute la côte, depuis Malgrat jusqu'à Caldas-Destrach et se porte ensuite vers l'intérieur dans la direction de Granollers. Au sud, le micaschiste disparaît sous les calcaires dévoniens (?) de Mongal, et du côté de la Méditerranée enfin, des alluvions récentes viennent s'interposer entre les schistes cristallins et la mer.

Ce lambeau est le seul que j'aie rencontré ; ni dans

l'Aragon, ni dans les provinces basques ou les Asturies, je n'en ai vu la moindre trace ; d'ailleurs, si l'on se reporte aux divers travaux des auteurs sur ce point, l'on s'aperçoit, non sans quelque étonnement, de la rareté de ce terrain dans le nord de l'Espagne.

La carte de M. de Verneuil ne donne malheureusement aucun renseignement à ce sujet, car le granite et les schistes cristallins y sont confondus sous une même couleur ; toutefois, je ne pense pas qu'il en existe d'autre lambeau en Catalogne, si ce n'est peut-être vers la frontière française.

Mais dans l'Aragon, M. Mallada (1) a mis hors de doute l'existence des schistes cristallins ; il signale, en effet, sous le nom de *Cambrien*, des gneiss à grains fins, des schistes chlorités et miacés, dont l'âge est bien le même que celui des couches de Mataro ; ils n'occupent, là aussi, qu'une très faible étendue, soit auprès de Vénasque, soit à Sallent. Je ne sache pas qu'aucun autre affleurement ait jamais été signalé.

II. — TERRAIN ARCHÉEN.

Cette dénomination est encore assez peu répandue ; créée par Dana, elle a remplacé pour M. Hébert, l'ancien terme de *Cambrien*, qui, employé différemment suivant les auteurs, pouvait amener des confusions regrettables.

Le terrain archéen se compose donc de toutes les couches comprises entre les *Schistes cristallins* d'une part et le *Silurien* avec la faune primordiale, d'autre part ; ainsi délimité, existe-t-il dans le nord de l'Espagne ? Je crois pouvoir répondre affirmativement, et l'indiquer, comme le précédent, dans la zone littorale.

(1) Geologia de la provincia de Huesca, 1878.

En effet, si, de Barcelona, l'on se dirige au nord-ouest par la route de San Cugat-de-Valles, l'on ne tarde pas à rencontrer et à gravir le Mont-Tibidabo, la plus élevée des collines qui entourent la capitale de la Catalogne. Le pied en est formé par diverses roches éruptives décomposées ; mais dès que l'on a quelque peu monté, l'on découvre des schistes gris, cassants, très luisants, renfermant des cristaux abondants et mal formés qui permettent de les assimiler aux schistes maclifères ; ils sont traversés par d'innombrables filons de granite et surtout de porphyres, et présentent aussi des amas de quartz et de carbonate de chaux.

Ces mêmes schistes se continuent jusqu'au sommet du Tibidabo (vers 350 mètres d'altitude), où ils sont recouverts par d'autres schistes que je crois devoir rapporter au terrain silurien ; on peut suivre les premiers au nord-est jusqu'à San Andrès de Palomar.

En dehors de cette bande assez étroite du Mont-Tibidabo, le terrain archéen se montre encore au pied du Monseny, du côté de Miramberch ; on y rencontre une masse puissante de schistes moins fissiles que les précédents, mais présentant les mêmes cristallisations imparfaites ; ils constituent une grande partie de la montagne et sont, là aussi, traversés par des porphyres. Directement au-dessus reposent les couches rouges dites garumniennes (1) dont je m'occuperai dans la suite. (Fig. 2.)

Enfin, j'ai constaté la présence des mêmes schistes dans le ravin de Gaya, parmi les cailloux que roule le torrent ; ils proviennent très probablement des collines situées au nord de Vila de Cabals, mais je n'ai pas constaté leur provenance exacte.

Les couches que je réunis ici sous le nom d'*Archéen* sont

____

(1) Je les considère comme appartenant à l'éocène inférieur.

probablement celles que M. Vézian (1) désignait au Tibidabo sous la dénomination de schistes métamorphiques (zones inférieure et moyenne); dans le travail récent de M. Almera (2), elles sont indiquées au même point, d'une façon plus nette sous le nom de *Cambrien*.

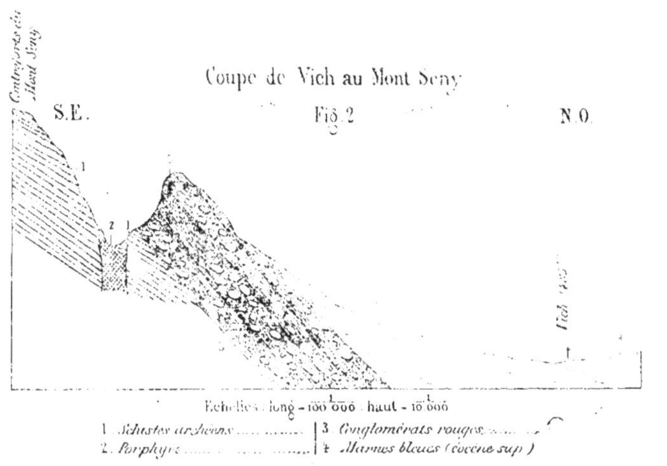

Dans le reste de la région que j'ai étudiée, il n'en a pas été cité d'autre affleurement ; peut-être l'horizon supérieur du Cambrien de M. Mallada, dans le Haut-Aragon, doit-il se rapporter à notre terrain ; mais j'ai indiqué plus haut que la plus grande partie, au moins, de ces couches devait être rattachée aux schistes cristallins.

Des schistes maclifères ont été signalés dans quelques autres parties de l'Espagne, par M. Barrande (3) ; il cite les gisements de la Sierra-Morena et de la Sierra-Guadarrama.

(1) Des terrains post-pyrénéens, 1856.
(2) De Montjuich al Papiold, 1880.
(3) Représentation des colonies, etc., 1863.

III. — TERRAIN SILURIEN.

Au-dessus des couches archéennes du Tibidabo, se montrent, comme je l'ai dit plus haut, d'autres schistes d'un aspect différent. Bien homogènes, uniformément gris-bleuâtres, très fissiles, ils n'ont jamais offert, plus que les précédents, de restes organisés authentiques ; ils ne se poursuivent pas bien longtemps vers le nord-ouest, car, à trois kilomètres environ du sommet, les schistes disparaissent sous le terrain miocène ; mais on en retrouve de nombreux autres pointements dans les localités voisines : entre Papiol et Molins de Rey, au milieu des marnes bleues tertiaires, et leur servant de base, se voient de fréquents affleurements des schistes siluriens ; ils présentent même quelques pointements très curieux. (Fig. 3.)

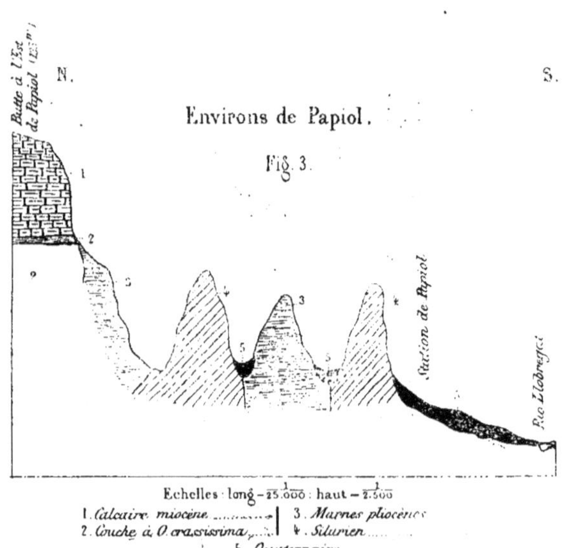

Un peu plus à l'ouest, la butte qui supporte Castelbisbal est aussi composée du même terrain ; les schistes comme toujours fortement relevés, forment une falaise de 100 mètres, sur la rive gauche du Llobregat, à peu près en face du village de Martorell, et sont traversés, sur toute la hauteur, par un beau porphyre quartzifère ; ils se retrouvent également sur l'autre rive du fleuve où ils supportent le terrain triasique, tandis qu'à Castelbisbal c'est le terrain miocène qui repose directement sur eux. (Pl. 1, fig. 4.)

Continuant encore dans la même direction, on trouve à 20 kilomètres de Martorell, un nouvel affleurement de Silurien plus important que les précédents ; commençant, en effet, un peu à l'ouest de Piera, il s'étend jusqu'auprès de Granollers sur plus de 50 kilomètres de longueur, mais en conservant presque toujours une faible largeur. Si de Piera pourtant, on se rend à Igualada, l'on marche pendant plus de six kilomètres dans la vallée de la Noya avant de l'avoir traversé ; il est remarquable, dans cette vallée, par l'abondance des roches éruptives qui le percent dans tous les sens. Auprès de San-Bartholomeo de Valbona surtout, se voit un énorme dyke de granite. (Fig. 4.)

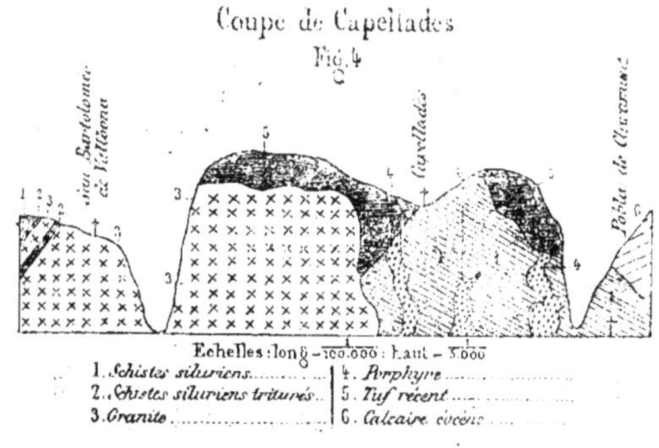

Cette même bande passe alors, en se rétrécissant beaucoup, à Bruch, Colbato, Olesa, Vila de Cabals, etc., sans présenter le plus souvent aucun changement dans ses allures et dans son aspect ; c'est seulement à la gare d'Olesa que l'on peut y voir quelques grès et même un poudingue. De la ville à la station, on passe successivement dans le terrain miocène, puis dans les schistes gris en partie décomposés et enfin, au viaduc même, se montre, surmontant les schistes, un poudingue blanc un peu rosé, formé uniquement de blocs de quartz agglutinés par un ciment de même nature, sur une épaisseur de 25 mètres ; vient ensuite un grès rose très fin et d'une dureté excessive, de 50 mètres de puissance et supportant encore une centaine de mètres de schistes ; puis se montrent des calcaires que je rapporte avec beaucoup de doute au terrain dévonien, en l'absence de tout reste organisé. (Fig. 5.)

Ce poudingue d'Olesa, en couches presque verticales, offre l'aspect le plus bizarre ; beaucoup plus résistant que les grès et surtout que les schistes qui l'entourent, il domine sur une hauteur de vingt à trente mètres, les terrains environnants, formant comme une haute et épaisse muraille qui se dirige O. N. O.—E. S. E.

Quant au grès, il n'est malheureusement exploité nulle part à ma connaissance, car on aurait alors quelques chances d'y rencontrer des fossiles.

Toutes les couches que je viens de décrire, appartiennent

sans aucun doute à un seul étage ; aucune division ne peut y
être faite ; mais la détermination exacte de leur âge n'est pas
chose facile, en l'absence de tout corps organisé. Néanmoins,
leur étude nous a démontré qu'elles étaient postérieures au
terrain archéen, en même temps que les nombreuses roches
éruptives qui les traversent ne permettaient pas de les faire
monter bien haut dans la série ; nous allons voir d'ailleurs
dans un instant que le Silurien supérieur existe à peu de distance avec des caractères bien différents. Aussi, l'assimilation
au *Silurien inférieur* me paraît-elle assez fondée, surtout en
présence de la ressemblance si complète des schistes de la
Catalogne avec ceux de Fumay et de Spa.

Le lambeau de *Silurien supérieur* auquel je viens de faire
allusion, se trouve plus au nord, mais toujours en Catalogne ;
en allant de la mine de San Juan de las Abadesas à Ogasa,
l'on ne tarde pas à rencontrer des schistes noirs alternant avec
des bancs calcaires de même couleur qui renferment de nombreux fossiles : *Cardiola interrupta, Orthoceras styloïdeum*. Ce
sont surtout les Orthocères qui abondent dans cette couche.

En continuant, on voit quelques poudingues qui paraissent
dépendre encore du même ensemble, puis un calcaire regardé
comme dévonien. L'identité absolue des couches fossilifères
avec celles du Cotentin est telle qu'il ne peut rester un doute
sur leur âge ; le Silurien supérieur existe d'ailleurs dans plusieurs localités des Pyrénées françaises et dans l'Hérault (1).

Cette localité d'Ogasa était déjà connue de M. Barrande en
1863 (2) ; néanmoins, la carte de M. de Verneuil la confond
sous la couleur du terrain carbonifère ; d'après cet auteur, il
y aurait encore une bande dévonienne à traverser vers le
nord avant d'arriver au Silurien qui s'étend jusqu'à la France,

(1) De Tromelin et Grasset, Association française, 1877.
(2) Représentation des colonies de Bohème, etc. (*Bul. Soc. Géol. de France*,
2e série. t. XX, p. 489).

mais n'a pas été, à ma connaissance, étudié d'une façon suivie.

Il n'existe pas d'autre affleurement de Silurien vers l'ouest, dans toute la région que j'ai explorée. M. Mallada a bien indiqué la présence du Silurien supérieur dans la province de Huesca ; mais les grauwackes et les quartzites qu'il cite et qui diffèrent essentiellement des couches d'Ogasa, me paraissent devoir être rapportés bien plutôt au Dévonien.

IV. — TERRAIN DÉVONIEN.

Je n'ai rencontré, en aucun point, de fossiles déterminables indiquant d'une manière certaine, l'existence du terrain dévonien ; aussi ne ferai-je que signaler avec doute quelques lambeaux de calcaires anciens, supérieurs au Silurien ; la plupart d'ailleurs étaient déjà connus.

Le premier se remarque à Josebets, entre le mont Tibidabo et Barcelona ; il se relie probablement au second situé au nord de San Andrès de Palomar ; sur le prolongement de ce dernier, se trouve encore l'affleurement de Mongal, qui forme un cap dans la Méditerranée. Ce sont, dans ces trois localités, des calcaires compacts plus ou moins foncés, où l'on n'a jamais rencontré que des débris d'Encrines.

En suivant la côte vers le nord, on retrouve à Malgrat des calcaires tout à fait semblables aux précédents, mais qui n'offrent pas plus de fossiles ; ils sont traversés au village de Piñeda par un dyke de granite.

Retournant à l'ouest, j'indiquerai comme de même âge les couches qui surmontent les schistes à la gare d'Olésa (fig. 5, num. 5) et se continuent jusqu'à Eparraguerra (fig. 6), où elles se trouvent comprises entre le Silurien et le Nummulitique. M. Vézian (1) et de Verneuil, d'après lui, ont cru devoir

(1) Observations sur le terrain Nummulitique de la province de Barcelone, 1857.

rapporter cette bande calcaire au terrain triasique ; mais les
caractères pétrologiques, les seuls dont on puisse se servir,

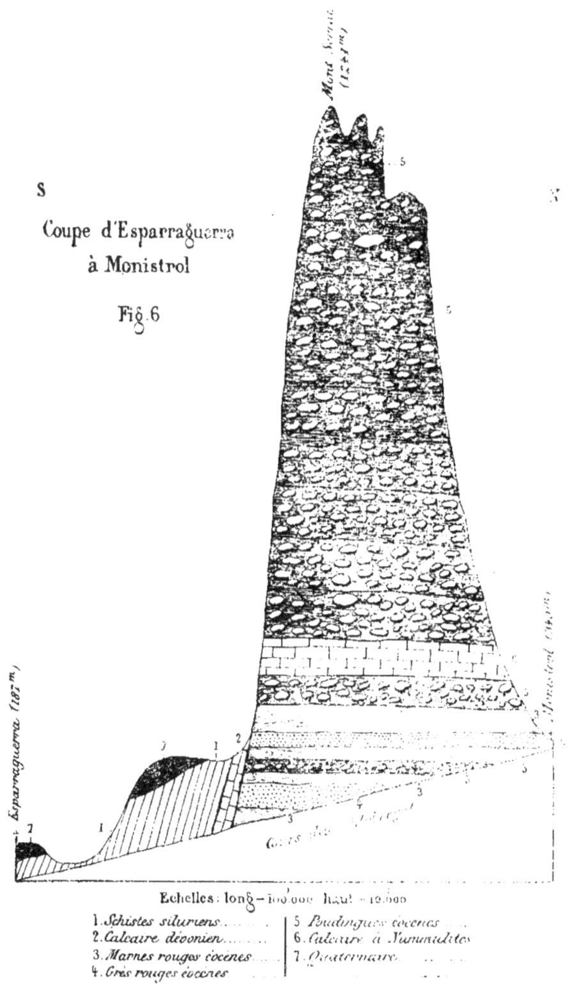

contredisent cette opinion. Il s'agit en effet, ici, d'un calcaire
gris-foncé très dur en concordance de stratification avec le

Silurien, et bien différent des grès et marnes rouges et des conglomérats qui composent partout le Trias espagnol. Il semble que M. Vézian se soit laissé un peu guider dans cette occasion par des idées théoriques, puisque, dans ce calcaire uniforme de 120 mètres de puissance, il n'hésite pas à dire avec assurance qu'il a reconnu non seulement les quatre étages du Trias, mais encore un lambeau de calcaire oolithique ; il n'avait pas rencontré un seul fossile dans toute cette masse.

Auprès d'Ogasa, comme je l'ai dit, la carte géologique d'Espagne indique une bande dévonienne ; je n'y ai recueilli, quant à moi, que des Ostracés indéterminables, qui ne permettent pas de dire si ces calcaires appartiennent réellement à l'étage dans lequel M. de Verneuil les a placés.

J'ai revu à Sort des calcaires compacts qui seraient la continuation de ceux d'Ogasa, mais en l'absence de preuves je reste à leur égard dans la même réserve que pour les autres gisements (1).

Plus à l'ouest, je n'ai rien rien vu qui pût être rapporté au terrain dévonien ; mais M. Mallada a signalé dans le nord-est de la province de Huesca, des couches qui paraissent bien en faire partie ; il cite quelques fossiles qui ne sont malheureusement pas très caractérisques.

Là se bornent les renseignements que nous possédons sur le terrain dévonien du nord-est de l'Espagne ; on voit combien ils sont vagues et incertains ; mais ce qui paraît fort probable, c'est que tous les terrains que j'ai réunis dans ce paragraphe appartiennent au même âge, quel qu'il soit. Je crois, d'ailleurs, qu'il sera bien difficile d'arriver jamais sur ce point, à une grande précision.

(1) De Verneuil et Keyserling. Coupe du versant méridional des Pyrénées, 1861.

V. — TERRAIN CARBONIFÈRE.

Sur la première division de ce terrain, le calcaire carbo-nifère, je n'ai aucune observation personnelle. Une bande étroite avait été regardée par M. de Verneuil comme appar-tenant à cet étage dans le nord-ouest de la Catalogne, mais je n'ai jamais rien vu qui permit de soutenir cette opinion. M. Vidal (1), d'ailleurs, dans ses coupes du Segre et de la Noguera-Pallaresa, n'admet pas l'existence du calcaire car-bonifère, qu'il aurait dû traverser, d'après l'opinion des auteurs de la carte. Leymerie, au contraire, croyait à la pré-sence du calcaire carbonifère dans la vallée du Segre, sans pourtant y avoir trouvé de fossiles.

Il faut se transporter à l'autre extrémité de la région que j'ai étudiée, à la partie occidentale de la province de Santander, pour retrouver le calcaire carbonifère ; il formerait une bande étroite le long de la mer, entre San Vicente de la Barquera et la limite de la province, se rattachant ainsi au vaste dépôt de même âge qui occupe une grande partie de la pro-vince d'Oviédo ; je n'ai pas non plus d'observations sur ce lambeau.

Quant au terrain houiller, s'il est peu étendu, il est au moins bien caractérisé ; les belles mines de San Juan de las Abadesas, d'où l'on extrait une assez grande quantité de charbon, lui appartiennent sans conteste ; les *Calamites*, les *Pecopteris*, etc., que renferment en abondance les schistes intercalés, et qui ont été étudiés avec soin par M. Arcitio y Larringa (2), sont bien tous de l'époque houillère ; mais en dehors de cet affleurement, il n'y a plus qu'à signaler avec

(1) Geologia de la provincia de Lérida, 1875.
(2) Anales de la Sociedad española de Historia natural. — 1873-1874.

M. Vidal les gîtes de Bastida et d'Eril-Castell, et après
M. Mallada, quelques traces insignifiantes dans le nord de la
province de Huesca.

VI. — TERRAIN PERMIEN.

Rien, jusqu'à présent, ne permet d'indiquer ce terrain dans
le nord de l'Espagne ; il paraît y faire complètement défaut.

Là s'arrêtent les renseignements très incomplets que j'ai
pu recueillir sur les terrains primaires des Pyrénées espagnoles ; le manque presque absolu de fossiles est la principale
cause de l'incertitude où l'on est encore à leur égard.

TERRAINS SECONDAIRES

Les trois grandes divisions des terrains secondaires sont représentées dans le nord de l'Espagne, mais avec une importance bien inégale. Tandis que le *Trias*, sans occuper jamais de bien vastes espaces, se montre dans un très grand nombre de points, le *terrain jurassique* au contraire, réduit à un seul de ses étages, le Lias, ne se montre que dans des affleurements aussi rares que peu étendus. Quant au *terrain crétacé*, il occupe une très vaste surface, surtout à l'ouest, et présente à la fois une grande épaisseur et de nombreux horizons.

I. — TRIAS.

Lorsqu'on parcourt la Catalogne et l'Aragon, on rencontre très fréquemment des grès, des marnes et des conglomérats constamment rouges et sans fossiles. Si leurs rapports avec les terrains environnants ne sont pas visibles, ce qui arrive souvent, on est assez embarrassé pour les classer ; aussi, les auteurs les ont-ils souvent placés un peu au hasard, soit dans le Trias, soit dans le Garumnien, terrains habituellement colorés de la même manière. Auprès de Barcelona, il se présente encore une autre difficulté ; certaines couches, évidemment miocènes, ont une telle ressemblance avec les assises triasiques, qu'il est quelquefois difficile de les distinguer.

§ I. — *Grès bigarré*. — Rien ne peut être comparé, en Espagne, au *Grès vosgien*, qui forme d'une manière si constante du nord au midi de la France, la base du grès bigarré. Quant à ce dernier grès lui-même, il est bien représenté sur la rive droite du Llobregat, à peu de distance de Barcelona ; depuis Palleja jusqu'à Martorell, les collines sont constituées par un grès rouge, entremêlé de quelques conglomérats, qui se présente sur plus de 100 mètres d'épaisseur. Ces couches se montrent d'abord à découvert ; mais si, quittant la vallée, l'on prend la route de Molins de Rey à Villafranca, on voit bientôt apparaître des terrains plus récents.

Les dépôts quaternaires cachent le sous-sol jusqu'auprès de las Monjas ; mais là, se montre de nouveau le grès rouge que l'on poursuit alors jusqu'à Vallirana. Une élévation brusque du sol autour de ce village, permet de voir des calcaires gris compacts surmontant les couches rouges aussi bien au sud qu'au nord et à l'ouest.

Ces calcaires absolument distincts du grès bigarré, paraissent appartenir au Lias ; ils reposent sur le grès en stratification discordante (1).

Quant aux zones que M. Vézian croit devoir rapporter au *Muschelkalk*, au *Keuper* et aux schistes de Saint-Cassian, je ne les ai pas reconnues ; peut-être sont-ce les calcaires que je considère comme appartenant au terrain jurassique ; on sait d'ailleurs que les couches marines des Alpes ne constituent pas un étage distinct, mais un facies local du Keuper.

Je ne connais aucun autre dépôt qui puisse représenter le grès bigarré, bien que M. Vidal soit d'une opinion contraire.

§ II. — *Muschelkalk*. — M. Vézian, en cherchant à comparer les terrains de Barcelona à ceux des régions classiques, a cru y rencontrer des représentants de presque tous les étages connus dans d'autres pays : c'est ainsi qu'il a indiqué la présence du Muschelkalk en Catalogne ; mais il me semble que cette opinion doit être abandonnée et que le calcaire conchylien manque aussi bien dans cette province que dans l'Aragon.

§ III. — *Marnes irisées*. — C'est à cet étage que je crois devoir rapporter les couches de la vallée de la Noguera-Pallaresa. En se rendant de Pobla à Gerri, l'on traverse, après quelques kilomètres, un défilé étroit, formé par un calcaire compact crétacé, puis à la sortie de ce passage, une faille amène au jour des couches argileuses qui, moins résistantes, ont permis au torrent de se creuser un lit plus large et plus plat ; c'est le *Trias*, composé d'argiles rouges, de grès tendres et peu puissants de même couleur et enfin d'un poudingue de quartz noir et blanc empâté par un grès rouge. Les couches d'abord inclinées au nord, se relèvent

(1) Bien que je n'aie pu voir d'une manière très nette l'inclinaison des grès rouges, elle me paraît être dirigée vers le sud-est, tandis que les calcaires qui les surmontent plongent manifestement au sud-ouest.

avant d'arriver à Gerri, où elles s'appuient sur un puissant pointement d'ophite ; puis, après avoir passé le village, on voit encore quelques argiles rouges presque aussitôt remplacées par un calcaire compact avec quelques rares Encrines qui forme un nouveau défilé. De nombreux amas de gypse se montrent de place en place, au milieu des marnes, et d'abondantes sources salées en surgissent auprès de Gerri, où le sel en est retiré par évaporation.

Si, continuant à s'avancer vers le nord, on vient à dépasser le calcaire en couches verticales dont je viens de parler, on ne tarde pas à rencontrer une nouvelle faille, qui permet de voir une seconde fois les couches triasiques ; les argiles rouges avec gypse se montrent les premières, inclinées au nord, puis viennent les poudingues quartzeux, surmontés à leur tour de conglomérats principalement formés de schistes anciens ; la couleur rouge continue à dominer dans ces différentes zones. Enfin, un peu avant d'arriver à Sort, se voient des calcaires compacts avec une assise épaisse de gypse ; leur inclinaison au sud les sépare nettement des couches triasiques et me porte à les considérer comme plus anciens, malgré l'opinion contraire de M. Vidal (1).

L'affleurement de la vallée du Segre que je n'ai pas visité, étant sur le prolongement de celui de Sort, doit appartenir au même âge ; il a d'ailleurs été décrit par plusieurs auteurs, et parait présenter exactement les mêmes caractères que celui de la vallée de la Noguera. Du côté de l'ouest, également, le Trias se continue sans modifications jusque dans l'Aragon ; sa puissance dans la vallée de la Noguera parait être de 500 à 600 mètres.

M. Vidal rapporte les couches dont nous venons de parler à la fois au grès bigarré et aux marnes irisées, en admettant

____

(1) Geologia de la provincia de Lerida, 1875.

l'absence complète de Muschelkalk ; mais je ne vois, quant à moi, dans cet ensemble de marnes et de conglomérats qu'une assise indivisible ; il me paraît surtout difficile d'en faire deux étages séparés par une lacune aussi considérable : c'est pourquoi je place tout l'ensemble dans le Keuper.

Il reste maintenant à examiner, pour terminer l'étude du Trias, les affleurements aussi nombreux que peu étendus qui percent les couches éocènes et miocènes aux environs de Barbastro et de Balaguer ; la présence de l'ophite dans la même région leur donne une certaine importance.

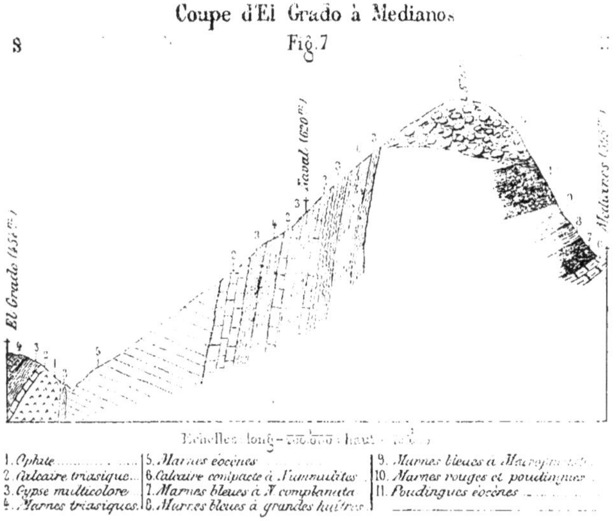

Le premier au nord est celui de Naval (fig. 7) recouvert du côté de Medianos, par les poudingues éocènes qui le limitent également au sud ; sur une longueur de trois kilomètres environ, se montre une succession de couches presque verticales, principalement composées de marnes versicolores, avec quelques bancs de calcaire noir compact ou caverneux, et de nombreux amas de gypse ; des sources salées abondantes et exploitées se montrent au fond du ravin de Naval.

En suivant la route de Barbastro, l'on ne tarde pas à rencontrer sous les assises éocènes, un pointement d'ophite, entouré des mêmes couches fortement redressées de calcaire compact et de marnes avec gypse rouge et vert ; elles se poursuivent jusqu'au village d'El Grado, où le terrain miocène se montre de nouveau.

Un peu plus au sud, le village de Castro occupe le centre d'un affleurement du même calcaire noir d'un diamètre de 1,000 à 1,200 mètres ; il est entouré par les conglomérats éocènes.

En allant de Castro à Estada l'on retrouve le calcaire compact un peu avant la rivière d'Essera. (Fig. 8.)

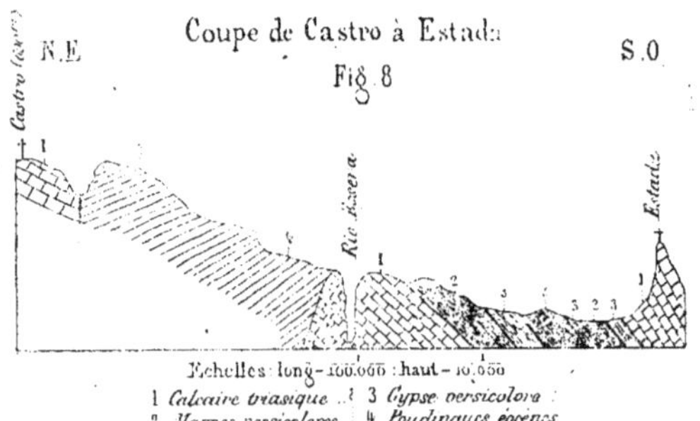

Il est presque aussitôt recouvert par des marnes argileuses avec de nombreuses couches du gypse multicolore si abondant dans ce terrain. Au village même d'Estada, se présente un banc de calcaire noir vertical qui sert en quelque sorte de murailles et de fortifications naturelles ; le même terrain se poursuit encore quelque peu vers le sud avant de céder la place aux poudingues éocènes. Il se continue plus loin dans la direction d'Estadilla et de Fons, bien que les strates tertiaires aient aussi laissé quelques dépôts dans cette région.

Entre Fons et Alins, après avoir rencontré quelques conglomérats éocènes, on retrouve encore le calcaire triasique, puis
presque aussitôt on le voit reposer sur l'ophite par l'intermédiaire d'un banc de gypse. Les conglomérats reparaissent
alors pour faire de nouveau place à l'ophite surmontée de
gypse, à l'entrée du village d'Alins. (Fig. 9).

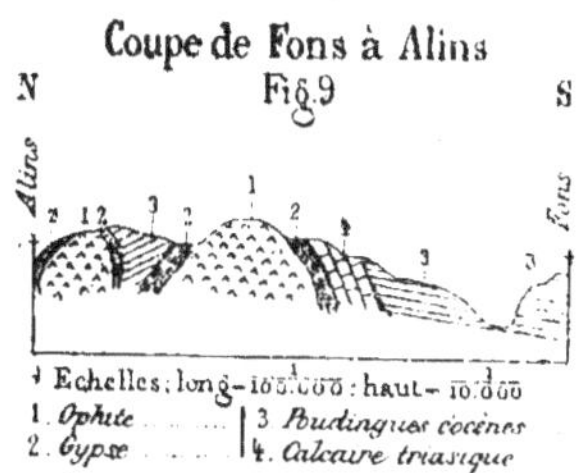

A Calasanz enfin, nouvelle apparition d'ophite toujours
entourée de sa calotte de gypse ; quelques bancs de calcaire
noir et de marnes gypseuses la recouvrent ; puis l'Eocène
vient s'appliquer directement sur le Trias. (Fig. 10.)

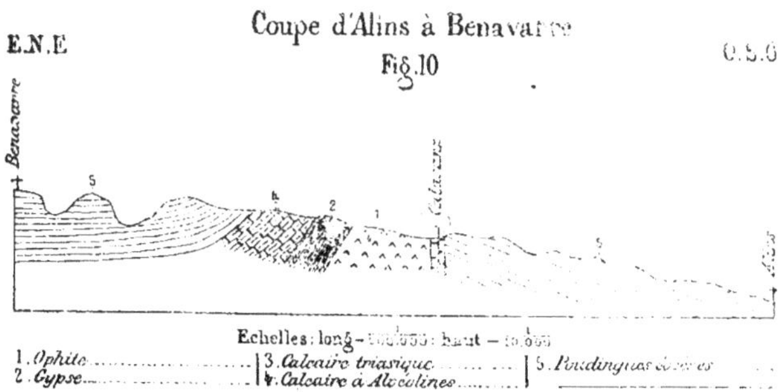

Il y a encore plusieurs points où les mêmes couches se
retrouvent, à peu de distance des précédents ; mais ce que j'ai
dit, suffira, je pense, pour montrer que le Trias de cette partie
doit aussi être rapporté aux marnes irisées ; quelques bancs

de calcaire montrent, il est vrai, des traces très frustes qui
pourraient être rapportées à des coquilles marines, mais ce
fait ne me semble pas suffisant pour que j'admette l'existence
du Muschelkalk ; il faudrait au moins des preuves plus positives.

Entre Balaguer et Font de Pennès, existe un affleurement assez important de Trias. A deux kilomètres et demi au
nord de Balaguer, les couches miocènes s'appuient sur un
amas très puissant de gypse non stratifié, semblable à celui
qui accompagne toujours l'ophite ; après avoir dépassé cette
roche qui se continue pendant quinze cents mètres, on arrive
à des marnes versicolores et gypsifères bientôt surmontées
par des conglomérats puissants, formés de blocs calcaires
agglutinés par un calcaire travertineux. Ces deux dernières
couches, marnes et conglomérats, appartiennent au Trias et
se continuent à quelques kilomètres à l'ouest.

Dans le reste du Haut-Aragon et dans la partie de la
Navarre que j'ai traversée, il n'existe pas de Trias.

Plus à l'ouest, à San Vicente de la Barquera, M. Francisco
Gascue (1) indique un lambeau de Trias qui reposerait sur le
Nummulitique et serait recouvert par le Crétacé. Je n'ai rien
vu qui pût faire croire à l'existence de ce terrain dans la position bizarre que lui prête l'auteur espagnol ; il m'a semblé,
au contraire, que le Néocomien, comprenant quelques marnes
rouges, était recouvert par le Tertiaire sans qu'aucun autre
terrain vînt s'interposer entre eux.

En résumé donc, le Trias est représenté aux environs de
Barcelona par le grès bigarré, tandis que dans le nord de la
Catalogne et de l'Aragon, ce sont les marnes irisées qui en
occupent seules les nombreux affleurements ; je n'en ai pas
vu dans la Navarre ni dans les Provinces basques.

(1) Nota acerca del grupo nummulitico de San Vicente de la Barquera, 1877.

II. — TERRAIN JURASSIQUE.

Cette grande période n'a presque pas laissé de traces sur le versant méridional des Pyrénées ; c'est à peine si l'on peut en trouver de place en place des lambeaux épars, appartenant tous au Lias ; il faut donc admettre qu'à cette époque les Pyrénées espagnoles étaient émergées, car il n'est pas possible de supposer qu'une dénudation postérieure ait été assez complète pour ne laisser aucun vestige de tous les terrains supérieurs au Lias, s'ils avaient jamais existé.

Bien que M. de Verneuil ait marqué sur sa carte fort peu de terrain jurassique, dans le Nord-Est de la Péninsule, il faut encore en retrancher quelque peu ; la bande qui entoure Gerri et s'étend à l'Est jusqu'auprès de Baga, doit en être presque entièrement retirée pour être rattachée à des formations plus anciennes.

Lias. — Ce terrain a été très bien étudié par les divers auteurs qui s'en sont occupés ; aussi n'ai-je rien autre à faire ici que d'indiquer sommairement les positions qu'il occupe, en renvoyant pour les détails aux travaux antérieurs. Commençant par la Catalogne, je trouve d'abord au sud de Barcelona un lambeau de Lias moyen auprès du village de Gaba ; la découverte en est due à M. Almera (1). Dans la province de Lérida, on en rencontre à Camarassa, au pied du Montsec ; dans la vallée du Segre, au nord d'Oliana, puis entre Organya et la Seo d'Urgel, etc. Tous ces affleurements sont très réduits, mais n'en offrent pas moins la faune bien caractérisée du Lias moyen et du Lias supérieur (2).

(1) De Monjuich al Papiol, 1880.
(2) Vidal, op. cit.

Dans l'Aragon, il n'en existe que deux très petits îlots situés au pied de la Maladetta (1).

Oolithe. — M. Vézian (2) a signalé la présence du terrain oolithique entre Esparraguera et Monistrol, en Catalogne, mais on a vu plus haut que je considère ces couches comme dévoniennes ; je n'ai trouvé, en effet, dans le travail de M. Vézian, aucun fait qui permît de soutenir l'assimilation qu'il propose, puisqu'il n'a rencontré aucun fossile et que ce calcaire d'Esparraguerra repose directement sur le terrain silurien.

Dans la province de Santander, à environ trois kilomètres de Ramalès, sur le chemin de Valmaséda, peu après avoir quitté la route de Bilbao, on voit un très petit affleurement qui pourrait appartenir à cet âge. Au-dessous des calcaires urgoniens bien caractérisés, des marnes bleuâtres compactes, visibles seulement sur 2 à 3 mètres de hauteur et sur 50 mètres de longueur, m'ont offert quelques débris de *Bélemnites,* qui, tout informes qu'elles soient, ne peuvent être confondues avec les espèces du Néocomien inférieur ; nous sommes donc ici en présence d'un terme du terrain jurassique, peut-être de l'étage oolithique.

(1) Mallada, op. cit.
(2) Des terrains post-pyrénéens, etc. 1856.

III. — TERRAIN CRÉTACÉ.

Ce n'est plus ici de quelques îlots plus ou moins considérables que nous allons avoir à nous occuper ; le terrain crétacé joue un rôle important dans la constitution des Pyrénées espagnoles, et couvre un espace plus vaste encore dans les provinces basques ; il occupe près du tiers de la région que j'ai étudiée.

Sa complication ne le cède en rien à son étendue ; il offre en effet, des représentants de presque tous ses étages ; le Néocomien, le Cénomanien, le Turonien, le Sénonien et le Danien tiennent une place plus ou moins considérable ; le Gault seul paraît faire entièrement défaut.

Tandis que jusqu'à présent, c'est la Catalogne qui m'a toujours offert le terrain le mieux caractérisé, maintenant, au contraire, c'est dans la Navarre, la Biscaye et la province de Santander, qu'il faudra chercher le type des différents termes du terrain crétacé ; le Garumnien seul nous ramènera en Catalogne.

On a beaucoup écrit sur le terrain crétacé espagnol ; et pourtant les notions que l'on possède sur ce sujet, sont encore fort vagues. La province de Santander surtout a été l'objet de travaux fort nombreux ; mais c'est à peine si l'on peut trouver la même opinion émise par deux auteurs ; ce qui est Néocomien pour l'un, devient Cénomanien pour le second, et même Turonien pour le troisième ; et tous s'appuient également sur des listes de fossiles ! Aussi, réservant l'historique pour la fin, je vais m'attacher uniquement d'abord à faire connaître le résultat de mes propres recherches, qui jetteront, j'espère, un peu de jour sur cette question controversée.

§ I. — TERRAIN NÉOCOMIEN.

Le terrain néocomien paraît exister sur une très grande partie de l'Espagne ; je l'ai rencontré, en effet, d'une extrémité à l'autre de ma région ; mais son rôle dans la Catalogne et l'Aragon est tout à fait secondaire, tandis que la Biscaye et la province de Santander en sont presque entièrement formées. Aussi, est-ce par cette dernière que nous allons en commencer l'étude.

Néocomien moyen. — C'est auprès de Ramalès que l'on peut en voir les plus belles coupes ; que l'on se dirige sur Orduña, Valmaséda, Bilbao ou Santander, l'on trouve de toutes parts 500 à 600 mètres de calcaire néocomien. Pour en observer la base, il faut se reporter sur la route de Valmaséda, à quatre kilomètres environ de Ramalès. Peu après le *portillo*, se montre l'affleurement de terrain jurassique dont j'ai parlé plus haut ; au-dessus se voient 300 mètres environ de calcaire compact, quelquefois bréchoïde, mais toujours très dur et de couleur foncée ; il contient une quantité considérable de *Rudistes,* malheureusement impossibles à extraire, si ce n'est dans quelques petites couches très minces et un peu marneuses ; j'y ai reconnu :

> *Requienia carinata,* Matheron, d'une abondance extrême ; elle forme à elle seule une bonne partie de la roche.
>
> *Ostrea,* sp. Cette espèce est assez abondante également, elle est malheureusement indéterminable.
>
> *Acrocidaris Icaunensis,* Cotteau. Du Néocomien inférieur.
>
> *Orbitolina conoidea,* A. Gras. Espèce bien caractéristique du Néocomien moyen.

Cette faune, quelque minime qu'elle soit, ne laisse pas que

d'indiquer déjà d'une façon très nette l'âge urgonien du dépôt. (Fig. 11.)

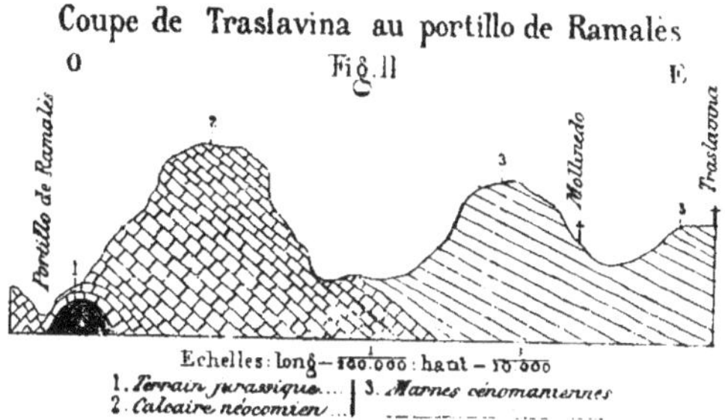

En continuant à suivre la coupe ci-dessus du côté de Traslavina, l'on ne tarde pas à voir les calcaires du Néocomien moyen s'incliner à l'Est et disparaître sous des marnes micacées jaunes à *Orbitolina concava*, qui représentent le Cénomanien. Il n'existe pas là de marnes aptiennes à *Ostrea aquila*.

Retournons maintenant à Ramalès pour examiner les terrains qui se présentent sur la route de Santander. (Pl. I, fig. 5.)

Dès le départ, les calcaires noirs à Rudistes se présentent comme sur le chemin qui mène du *portillo* au village, mais ils sont plissés et contournés de façon à incliner tantôt à l'Est, tantôt du côté opposé ; on reste par suite à peu près dans les mêmes couches jusqu'au village d'Ogarrio ; la route s'est maintenue jusqu'alors, à peu près à un niveau constant, ou du moins n'a monté que fort peu ; mais à partir d'Ogarrio, il n'en est plus ainsi ; une montagne se dresse à 400 mètres de hauteur, et la route commence à la gravir lentement ; les couches deviennent en même temps sensiblement horizontales, et assez homogènes sur toute cette épaisseur. Les calcaires noirs à Rudistes se montrent, dès la base, très riches en fossiles ;

avec la *Requienia carinata,* j'ai remarqué une autre espèce que je ne sais à quoi rapporter. Un peu plus haut commencent les *Orbitolines* (*O. conoïdea,* A. Gras, et *O. discoïdea,* A. Gras), que l'on peut recueillir dans les rares petits bancs marneux qui séparent les assises de calcaire ; gravissons encore une trentaine de mètres, et les Brachiopodes s'offriront en foule dans une petite couche de marne noire ; ce sont les espèces suivantes :

> *Terebratula prælonga,* Sow.
> *Terebratula sella,* Sow.
> *Rhynchonella depressa,* D'Orb.

Il faut ajouter :

> *Ostrea,* sp. Peut-être serait-ce le jeune âge d'une variété de l'*Ostrea Boussingaulti.*
> *Janira atava,* d'Orb. — Echantillons jeunes.
> *Orbitolina discoïdea,* A. Gras.
> *Orbitolina conoïdea,* A. Gras.
> Dents de poisson.

En continuant à monter, on trouve de nouveau d'abondants Rudistes, puis la montagne se termine par un calcaire gris avec grands Polypiers plats très abondants, mais mal conservés.

A la descente du côté de Solarès, les mêmes couches se présentent dans l'ordre inverse ; c'est ainsi que l'on trouve la zone à Polypiers, puis les calcaires à Requienies, et enfin les marnes à Brachiopodes qui m'ont offert :

> *Terebratula sella,* Sow.
> *Terebratula prælonga,* Sow.
> *Waldheimia pseudojurensis,* Leym. sp. Très abondante.
> *Rhynchonella depressa,* d'Orb.
> *Orbitolina discoïdea,* A. Gras.
> *Orbitolina conoïdea,* A. Gras.
> *Neritopsis* sp.

Puis, toute la masse des calcaires noirs que nous avons rencontrés au commencement de la montée, se retrouve et se continue jusqu'à Solarès, où ils viennent buter contre des couches marneuses bleuâtres ou ferrugineuses qui paraissent appartenir encore au terrain néocomien ; mais le contact est difficile à voir et je ne suis pas sûr de la position relative des couches ferrugineuses et des calcaires à Rudistes.

Entre Boo et Santander, se dresse à gauche de la route une butte calcaire qui m'a encore offert les Requienies et les Orbitolines ; ces couches viennent disparaître sous les constructions.

Vers l'Ouest, le sol devient beaucoup plus plat, en même temps qu'il se prête mieux à la culture, à cause de l'existence d'un limon puissant ; aussi, les observations sont-elles moins faciles. On peut cependant voir de temps à autre un affleurement de calcaire gris avec Requienies et Orbitolines, montrant que l'on est bien toujours dans les mêmes couches. Cela continue ainsi jusqu'à la rivière la Besaya et même un peu au delà ; puis les calcaires disparaissent un peu avant Santillana sous des marnes bleues, accompagnées de quelques lits de calcaires glauconieux ; bien que je n'aie pas trouvé de fossiles déterminables dans ces marnes, je pense qu'elles se rapportent aux couches à *Hemiaster Bufo* que nous étudierons plus tard. Mais la disparition du Néocomien n'est pas de longue durée. (Fig. 12.) A peine a-t-on dépassé le village de

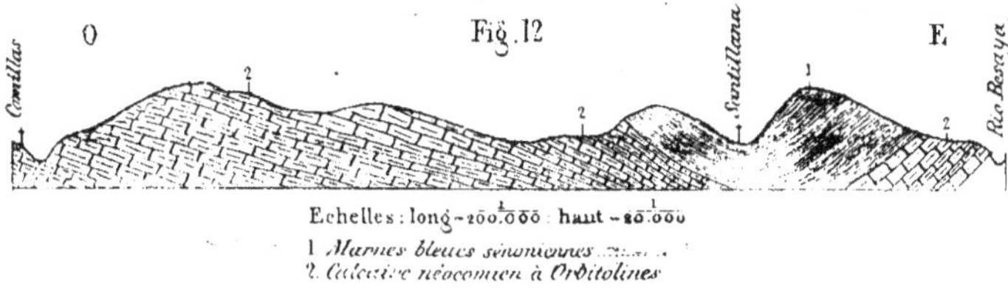

Echelles : long = $\frac{1}{200.000}$; haut = $\frac{1}{20.000}$
1. Marnes bleues sénoniennes ....
2. Calcaire néocomien à Orbitolines

Santillana que l'inclinaison change complètement et que l'on

entre peu à peu dans des couches plus anciennes ; à un kilomètre et demi après avoir passé le point le plus profond de
ce petit bassin, on aperçoit les calcaires à Rudistes et à Orbitolines qui se montrent de nouveau ; j'ai récolté avant le
village d'Oreña, les fossiles suivants :

Rhynchonella Lamarckiana, d'Orb.
Radiolites, sp.
Orbitolina conoidea, A. Gras.

Jusqu'à Comillas les couches continuent à plonger faiblement à l'Est, mais sans épuiser la grande épaisseur du
Néocomien moyen ; à un kilomètre avant le village, en effet,
j'ai encore recueilli les *Orbitolina conoïdea* et *Orbitolina
discoïdea*, avec les mêmes *Radiolites* qu'à Santillana ; c'est à
peine si l'on a descendu quelque peu dans les couches. A
Comillas même, se remarque un nouveau plissement, et les
calcaires prennent un plongement vers l'Ouest (fig. 13).

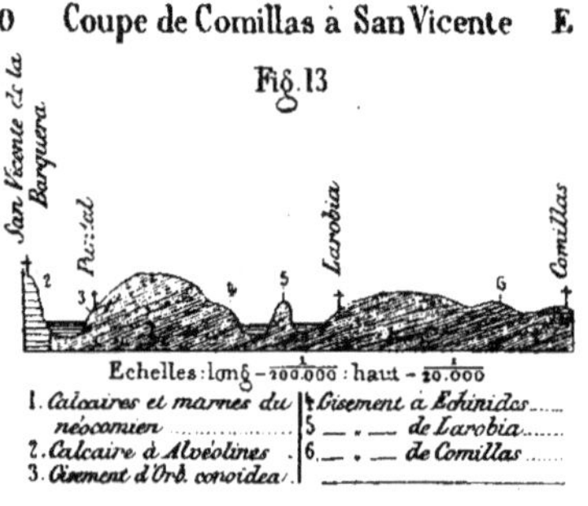

Ce mouvement assez rapide fait apparaître promptement
des couches marneuses un peu tendres où se trouvent encore :

Rhynchonella depressa, d'Orb.
Terebratula prœlonga, Sow.
Terebratula lima ? Def.
Echinospatagus Collegnii, d'Orb.

Entre les deux ponts de Larrobia, se montre un affleurement de calcaires et marnes jaunes assez fossilifères ; je citerai de ce point :

> *Terebratula prœlonga*, Sow.
> *Ostrea Tombeckiana*, d'Orb.
> *Ostrea Couloni ?* d'Orb. Très jeunes échantillons.
> *Ostrea*, sp., petite espèce plissée.
> *Hemiaster Saulcyanus*, d'Orb. Le type de cette espèce provient du terrain crétacé du Liban. M. Cotteau et M. Munier-Chalmas ont examiné mon échantillon et pensent qu'il se rapproche du type asiatique, mais les deux exemplaires sont d'une conservation imparfaite.
> *Peltaster acanthoïdes*, Ag.
> *Orbitolina discoïdea*, A. Gras
> *Orbitolina conoïdea*, A. Gras.

Du pont de Larrobia à San Vincente de la Barquera, le même ensemble de couches se continue, mais les calcaires y deviennent plus rares, et sont remplacés par des marnes de diverses couleurs, bleues, jaunes et même assez souvent *rouges ;* ce détail de coloration a son importance par les confusions qu'il a occasionnées, comme l'historique le démontrera tout à l'heure. Un gisement de fossiles se présente encore dans cette partie, tout près du pont ; la végétation le masque malheureusement presque entièrement, car les échantillons y sont en bon état de conservation. Les bivalves y abondent, ainsi que les Polypiers ; les piquants de *Cidaris Macphersoni ?* Cott (1) et de *Rhabdocidaris Durandi,* Cott., var. sont aussi fort nombreux, de même qu'une grande Orbitolite très renflée au centre.

A la descente, vers le pont de San Vicente, je citerai

---

(1) M. Cotteau considère ces radioles comme très voisins de ceux qu'il a dénommés *Cidaris Macphersoni,* mais sans oser cependant les assimiler absolument.

encore la présence, au milieu des couches marneuses à couleur vive, des *Orbitolina conoïdea* et *Orbitolina discoïdea*.

Il faut alors traverser le petit bras de mer qui sépare Puntal de San Vicente, pour retrouver un nouvel affleurement crétacé peu important au sud du village ; il est pincé entre deux lambeaux de calcaire éocène (fig. 14).

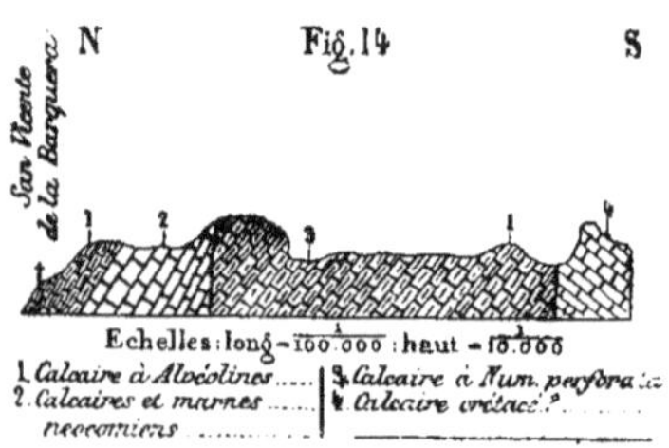

A l'Ouest de San Vicente, après avoir passé le second pont, la route coupe encore des calcaires à *Requienies ;* mais ils sont trop durs pour que j'aie pu en extraire un seul échantillon déterminable.

Je n'ai pas poussé mes recherches plus loin vers l'Ouest ; à une faible distance en effet, commence la province d'Oviédo, si bien étudiée tout récemment par M. Charles Barrois ; je l'ai jugée suffisamment connue pour que de nouvelles explorations n'y fussent pas bien utiles ; c'est donc vers l'Est qu'il faut me reporter actuellement pour continuer l'exposé de mes observations.

J'ai montré jusqu'ici que le terrain *urgonien* existait sur toute la longueur de la province de Santander depuis Ramalès jusqu'à San Vicente de la Barquera ; ce que je vais dire maintenant prouvera qu'il ne s'agit pas ici d'une de ces bandes étroites dont nous avons vu de si fréquents exemples le long de la chaîne pyrénéenne, mais que, bien au contraire, le *Néocomien* occupe presque seul tout le Nord de la province. Partant, à cet effet, de Solarès par la route de Laredo, on ne

voit toujours jusqu'à Aguera que des calcaires noirs à
Rudistes ; ils paraissent inclinés au Nord, mais leur homo-
généité est telle qu'il est difficile de se faire une idée précise
à cet égard.

Après Aguera, on rencontre quelques marnes schisteuses
bleues, dépendant peut-être de l'Aptien ; puis (fig. 15) presque

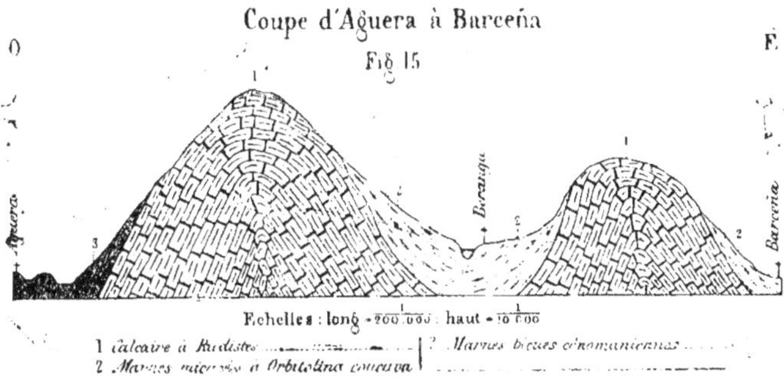

aussitôt, les calcaires à *Rudistes* et à *Orbitolines* apparaissent
fortement relevés ; ils forment, en effet, un bombement très
remarquable, mais ils ne tardent pas à disparaître de nouveau
sous des marnes micacées et schisteuses à *Orbitolina concava* ;
un peu au-dessous, j'ai recueilli encore la *Waldheimia pseudo-
jurensis*, Leym., au contact des couches cénomaniennes.

On arrive ainsi au village de Beranga, puis un second
bombement, absolument analogue au premier, montre encore
une fois les calcaires à *Rudistes*, bientôt recouverts de nouveau
avant Barceña par les couches cénomaniennes. Le relèvement, il est vrai, ne se fait pas beaucoup attendre; avant la
rivière, les calcaires urgoniens ont déjà reparu pour se
continuer jusqu'à Laredo et constituer encore la montagne à
l'Est de cette ville ; mais ils se mettent à plonger presque
aussitôt, car, dès que l'on commence à descendre le flanc
opposé de la colline, les marnes à *Orbitolina concava* réappa-

raissent une dernière fois. Un quatrième relèvement nous mène à Oriñon ; on ne voit alors de tous côtés que des calcaires à *Rudistes,* mais ils ne tardent pas à s'abaisser suffisamment pour permettre aux couches aptiennes de se développer à Urdiales, puis ils remontent vers Castro. Tous ces plissements sont figurés sur la coupe de Solarès à Castro (pl. I, fig. 1).

Au delà de ce dernier village, sur la droite du chemin de Bilbao, c'est encore le calcaire néocomien qui se montre pendant longtemps ; il commence en ce point à présenter une grande importance industrielle ; les nombreuses mines de fer bien connues de la Biscaye appartiennent toutes à ce terrain, et les premières se montrent dès la sortie du village de Castro, mais c'est seulement un peu plus loin, à Summo-rostro, que se trouvent les principales exploitations.

Quant à la route même de Bilbao, elle est constamment située dans des marnes bleuâtres reposant sur les couches à *Rudistes*, et que je rapporte à l'étage aptien, bien que je n'y aie pas vu de fossiles.

Les mines de Summorostro ont été visitées par bien des géologues ; l'abondance véritablement prodigieuse du minerai explique facilement l'intérêt qu'elles ont toujours excité ; mais la diversité des opinions sur leur âge m'a engagé à rechercher à mon tour l'époque de cette étonnante ormation. Les mines occupent le flanc Nord d'une colline de cent cinquante mètres d'élévation, sur une longueur de trois à quatre kilomètres ; l'exploitation se fait sans aucun ordre, et par les moyens les plus primitifs ; le transport du minerai s'opère au moyen de plus de mille chariots à bœufs, de cette forme antique que l'on ne rencontre pas ailleurs qu'en Biscaye ; mais dès le fond de la vallée, un chemin de fer emporte plus rapidement les produits jusqu'au port d'embarquement. L'épaisseur du minerai atteint, en certains points, jusqu'à 70 et 80 mètres, et c'est à peine si dans cette énorme masse se montrent quelques minces filets d'argile rouge et de rares amandes calcaires ; mais ces dernières, quelque peu fréquentes qu'elles soient, ont leur importance, car elles présentent de nombreuses traces de Rudistes, ainsi que le calcaire qui recouvre le minerai ; c'est ce que montre la coupe ci-contre, un peu schématique, mais faisant mieux ressortir, par cela même, les véritables rapports des différentes zones (fig. 16).

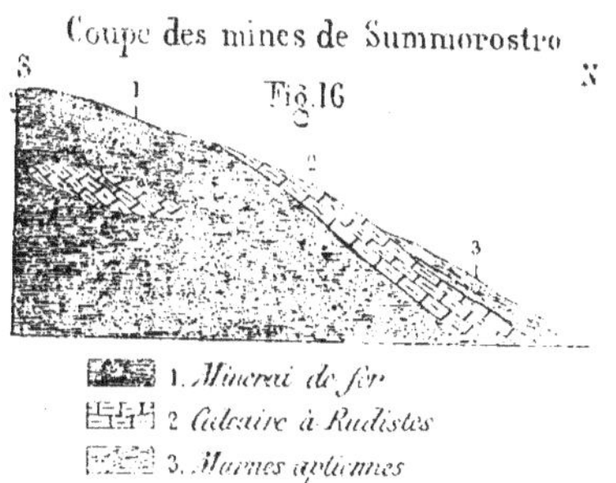

Aussi, je crois qu'il n'y a pas de doute sur l'origine urgonienne du dépôt du Summorostro (1).

Au Sud-Ouest de Bilbao, des mines de fer se voient aussi, toujours dans le même calcaire qui, d'abord incliné au Nord, se plisse bientôt pour disparaître un peu avant Amurrio, sous les marnes à *Orbitolina concava ;* je n'ai pas vu s'il y avait des couches aptiennes entre ces deux terrains.

En résumé, l'étage moyen du terrain néocomien occupe la plus grande partie du Nord de la province de Santander et de la Biscaye ; il est composé d'un calcaire compact noir entremêlé de rares bancs marneux ; les calcaires sont pétris de *Rudistes,* les marnes au contraire renferment surtout des *Brachiopodes* et des *Echinides ;* toutes les espèces sont fran-

(1) Voir ci-dessus l'analyse de la note de M. Baills, p. 61.

chement urgoniennes, à l'exception d'une seule, *Acrocidaris Icaunensis*, Cott., regardée comme appartenant au Néocomien inférieur ; mais il est à remarquer qu'elle se trouve à la base des calcaires à Rudistes. Ces couches n'offrent pas de failles fréquentes, mais une série de plissements très rapprochés permettant à des terrains plus récents de se montrer au fond des ondulations ; enfin, leur partie supérieure contient ces prodigieuses masses d'oxyde de fer qui font la richesse des environs de Bilbao.

C'est à l'autre extrémité de l'Espagne que j'ai constaté un second affleurement de Néocomien moyen ; à Organa, en Catalogne, on voit un assez grand développement de marnes grises pétries d'*Orbitolines* (*O. discoïdea* et *O. conoïdea*) ; je n'y ai pas rencontré d'autres fossiles, mais je dois ajouter que je n'ai pas suivi ce terrain au Nord jusqu'à sa base. Je ne sais donc pas sur quoi il repose (1), mais dans son plongement régulier au Sud, il ne tarde pas à disparaître sous des calcaires peu riches en fossiles, quoique renfermant des bancs d'*Ostrea aquila* (fig. 17.)

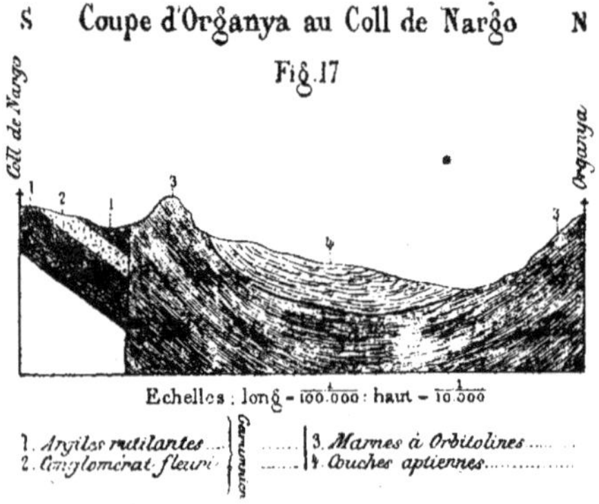

Si d'Organa, l'on prend le chemin de Santa Roma, on

(1) D'après M. Vidal, ce serait sur le Lias.

commence à voir ces mêmes marnes à *Orbitolines* jusqu'auprès de Montanisell, puis aussitôt après ce village, dans des calcaires marneux bleus, j'ai trouvé une grande *Ammonite ;* un peu plus loin, dans des couches calcaires inférieures, j'ai recueilli des espèces encore urgoniennes ; ce sont :

> *Rhynchonella depressa,* d'Orb.
> *Echinospatagus Collegnii,* d'Orb.
> Polypiers abondants.

On arrive promptement ainsi à Boixols où des marnes calcaires bleues représentent le Sénonien (1), puis on rentre dans des calcaires assez semblables à ceux de Montanisell et se continuant jusqu'à Santa Roma et même un peu au delà. Je ne sais si ce dernier lambeau doit aussi être rapporté au même étage, mais ce qui est certain, c'est l'existence du Néocomien moyen depuis Orgaña jusqu'auprès de Boixols.

Néocomien supérieur. — L'étude de l'étage aptien ne nous arrêtera pas longtemps, car le nombre de ses affleurements est loin d'être aussi considérable que ceux du Néocomien moyen. Pour suivre le même ordre que dans la description du terrain précédent, je commencerai par la province de Santander; à Urdiales, sur le bord de la mer (voir pl. I, fig. 1), au-dessus des calcaires urgoniens, se montrent des marnes bleues assez dures renfermant un banc d'huitres énormes qui ne sont autres que l'*Ostrea aquila,* Brgnt sp., ayant toujours conservé ses deux valves; la plupart sont couvertes de nombreuses *Serpules ;* l'épaisseur de l'étage ne doit pas dépasser une vingtaine de mètres. Urdiales est la seule localité où j'aie rencontré les grandes huitres; néanmoins je crois devoir rapporter au même étage à cause de la position stratigraphique et de l'apparence, les marnes bleues qui se voient entre Aguera et Barceña (fig. 15.) et celles qui, continuant les cou-

(1) D'après M. Vidal qui a trouvé un *Echinocorys vulgaris.*

ches d'Urdiales, s'avancent jusqu'à Bilbao en passant par Summorostro (fig. 16, p. 109). En m'avançant au contraire dans l'intérieur, je n'ai rien vu qui pût se rapporter au Néocomien supérieur; et pourtant j'ai pu fréquemment observer le contact du Néocomien et du Cénomanien comme le montre la figure 11 (ci-dessus, p. 101).

En Catalogne aussi, comme je l'ai fait pressentir plus haut, le Néocomien supérieur recouvre le Néocomien moyen; la coupe d'Organa au Coll de Nargo (fig. 17) fait voir, au-dessus des marnes à *Orbitolines*, des couches plus calcaires à *Ostrea aquila* qui viennent buter par faille, un peu avant le village, contre les étages supérieurs du terrain crétacé.

Ces deux affleurements de l'étage aptien sont les seuls que j'aie visités, et nous allons voir qu'il n'en a pas été cité d'autres.

Historique. — Le premier travail dans lequel il soit possible de reconnaître le terrain néocomien, est celui de Dufrénoy (1); bien que les descriptions données dans ce mémoire, manquent un peu de précision, il paraît certain que le calcaire à Dicérates des environs de Tolosa et Saint-Sébastien appartient au Néocomien moyen; il renferme en effet à sa partie supérieure, des petits polypiers coniques qui paraissent être les Orbitolines si communes à ce niveau; je ne vois pas d'autre passage qui puisse se rapporter au Néocomien.

De Verneuil (2) alors, annonce qu'il a reconnu plusieurs étages dans le terrain de craie des environs de Santander et de Bilbao; un calcaire à Hippurites forme la base, puis viennent des calcaires à Spatangues surmontés directement par les couches à Nummulites. Mais il n'indique pas encore à quelle subdivision du terrain crétacé se rattachent les zones qu'il a

(1) Des caractères particuliers du terrain de craie sur la partie méridionale des Pyrénées, 1832.

(2) Crétacé de Santander et Bilbao, 1849.

mentionnées. Dans un autre mémoire (1), il comble cette lacune. Les couches à *Diceras, Requienia, Caprotines* et *Orbitolines* coniques appartiennent au Cénomanien, comme le prouve la présence de la *Requienia lævigata;* elles ont pourtant une grande ressemblance avec le terrain néocomien des Pyrénées. Au-dessus viennent des couches à Orbitolites, puis à *Hemiaster bufo* et enfin la zone à *Micraster*. Tout cela appartient encore au Cénomanien qui atteint de cette façon une puissance énorme, sauf peut-être les couches à *Micraster* qui représenteraient la craie blanche. Les mêmes couches se continuent jusqu'à Columbres, mais au delà c'est un autre bassin qui commence, et les caractères du terrain crétacé y sont bien différents.

Collette, quelques années plus tôt (2), avait fait connaître la Biscaye dans un travail important; malheureusement, je n'ai pu me procurer ce volume qui est épuisé et n'existe dans aucune des bibliothèques de Paris.

Les analyses qui en ont été données par divers auteurs, montrent seulement que Collette rapportait, lui aussi, au Cénomanien, tous les calcaires à *Requienia* des environs de Bilbao.

M. Noblemaire (3), décrivant la vallée du Segre, indique comme nummulitiques, les couches des environs d'Organya.

Puis Sullivan et O'Reilly (4), dans un travail sur les provinces de Madrid et de Santander, pensent que le terrain crétacé n'occupe que le rivage de l'Atlantique, et que la plus grande partie de la province de Santander est jurassique ; ils divisent le terrain crétacé en trois étages : *Néocomien, Céno-*

(1) Terreno cretaceo en España, 1853.

(2) D.-C. Collette. Reconocimiento geologico del Señorio de Bizcaïa, 1848.

(3) Noblemaire. Sur le district minier de la Seo de Urgel, 1858.

(4) Sullivan et O'Reilly. Notes on the Geology and Mineralogy of the spanish provinces of Santander and Madrid, 1863.

manien, *Turonien*; mais à l'inverse de M. de Verneuil, ils donnent une grande extension au premier de ces étages, et y comprennent toutes les couches à *Orbitolina concava*.

C'est ensuite Amalio Maëstre (1), qui, dans un travail important, donne quelques notions plus précises sur le terrain crétacé, le plus étendu de tous dans la province, d'après lui. Il se sépare donc de Sullivan et O'Reilly qui regardaient comme jurassiques la plus grande partie des couches dont veut parler Amalio Maëstre.

Il admet trois divisions : 1° Groupe Néocomien ; 2° Grès vert ; 3° Craie proprement dite ; mais il n'y a pas de discordance entre ces trois groupes. Le Néocomien, qui contient des dépôts de lignite en plusieurs points, présente comme fossiles des *Requienies* et de petites *Orbitolites;* il est facilement limité à sa partie supérieure par un banc à grosses *Orbitolites*. Maëstre termine par une liste des fossiles recueillis, mais il ne sépare pas les divers étages du terrain crétacé.

Puis M. Hébert (2), d'après les renseignements que lui avait transmis de Verneuil, et d'après les fossiles rapportés par cet explorateur, appuie sur des preuves solides, l'opinion de Maëstre, et donne des notions plus exactes sur l'âge des diverses formations. Les calcaires à Rudistes appartiennent au Néocomien moyen ; ils sont surmontés par les couches à *Ostrea aquila*. Le Cénomanien vient au-dessus avec l'*Orbitolina concava*, puis l'*Hemiaster bufo*.

Leymerie (3), dans sa coupe de la vallée du Segre, regarde comme appartenant au grès vert les couches des environs d'Organa, antérieurement décrites comme nummulitiques.

---

(1) Descripcion física y geologica de la provincia de Santander, 1864.

(2) Le terrain crétacé des Pyrénées. — 1867.

(3) Leymerie. Exploration de la vallée du Segre (*Bul. Soc. Géol de France*, 2° série, t. XXVI, p. 604, 1869).

M. L.-M. Vidal (1), rápporte au terrain Aptien non seulement les mêmes couches d'Orgaña, mais aussi celles de Montsec de Vilanova qui leur sont identiques.

Un auteur anonyme (2), voulant indiquer l'âge des minerais de fer de Bilbao, rapporte de nouveau, à l'étage cénomanien les calcaires à Rudistes de la Biscaye; c'est encore l'opinion de M. Francisco Gascue (3), qui place de même toutes les couches des environs de San Vicente dans le Crétacé supérieur.

M. Charles Barrois (4), étudiant la province d'Oviédo, revient à des notions plus justes en rapportant au Néocomien, les couches à Rudistes et à Orbitolines des Asturies.

Dans l'Aragon, M. Mallada (5), indique quelques couches à Orbitolines et à Plicatules qu'il considère comme aptiennes; et enfin M. Jaime Almera (6), signale un gisement de *Chama Lonsdalei* et *Orbitolina lenticulata* sur la rive droite du Llobregat, auprès de Barcelona ; il le rapporte à l'Urgo-aptien.

Résumé du terrain Néocomien. — Je vais, dans ce paragraphe, réunir mes observations personnelles à ce qui était déjà connu, pour donner une idée générale de la composition du terrain néocomien dans le Nord de l'Espagne.

Le Néocomien inférieur paraît manquer de la façon la plus complète ; il faut se rendre aux Iles Baléares pour en trouver un représentant, suivant la découverte récente d'Hermite (7),

(1) Vidal. Geologia de la provincia de Lérida, Madrid, 1875.

(2) D.-A. H. Minerales de hierro de España (Bol. de la Com. del Mapa Géol. de España, vol. 3, 1876.)

(3) Francisco Gascue. Nota acerca del grupo nummulitico de San Vicente de la Barquera, 1877.

(4) Ch. Barrois. Le terrain crétacé de la province d'Oviédo. (*An. des Sc. géologiques*, t. X), 1879.

(5) Mallada. Geologia de la provincia de Huesca. (Bol. de la Com. del Mapa Géol. de España, 1878.)

(6) Almera. De Monjuich al Papiol, Barcelona. 1880.

(7) Hermite. Géologie des Iles Baléares, Paris. 1879.

ou descendre au Sud jusqu'à Valence, d'après de Verneuil et Collomb (1). On sait d'ailleurs que dans les Pyrénées françaises, la même lacune à été observée.

Le Néocomien moyen, au contraire, est largement développé; dans la province d'Oviédo, il se montre déjà, puis dans environs de Santander, Bilbao et Tolosa (2), il forme la plus grande partie du sol; dans toute cette région, il se présente sous l'aspect d'un calcaire gris ou noir, compact, de 500 mètres de puissance; il renferme des fossiles abondants mais mal conservés dont les plus répandus sont les Orbitolines et les Requienies. L'identité avec les couches de la Clape et du Rimet en France, est telle, comme apparence et comme faune, qu'il ne peut s'élever un doute sur leur assimilation.

Vers l'Est, nous ne retrouvons pas d'affleurement signalé de l'Urgonien avant la province de Huesca, où M. Mallada (3) indique sous le nom d'Aptien des couches à Orbitolines, évidemment plus anciennes.

En Catalogne, les gisements de Montsec et d'Orgaña, successivement regardés comme *Nummulitique* (4), *Urgo-aptien* (5) puis *Aptiens* (6), sont également du Néocomien moyen, mais l'épaisseur de ces dépôts est loin d'être aussi forte que dans les parties occidentales de l'Espagne.

Bien que manquant aux Baléares (7), le Néocomien moyen

(1) De Verneuil et Collomb. (*Bul. Soc. Géol. de France*, 2ᵉ série, t. XIII, p. 674, 1856.)

(2) Dufrénoy. Mémoires sur le terrain de craie du Sud de la France et des Pyrénées. Paris, 1834.

(3) Mallada. Geologica de la provincia de Huesca, 1878.

(4) Noblemaire. Sur le district minier de la Seu de Urgel. (Annales des Mines, 5ᵉ série, t. XIV), 1858.

(5) Leymerie. Exploration de la vallée du Segre. (*Bul. Soc. Géol.*, 2ᵉ série, t. XXVI, p. 604), 1869.

(6) Vidal. Geologia de la provincia de Lérida, Madrid, 1875.

(7) Hermite. Géologie des Iles Baléares. Paris, 1879.

se voit jusqu'au bord de la Méditerranée, soit à Begas, au
·S.-O. de Barcelona (1), soit auprès de Segura et de Montal-
ban (2), soit auprès de Tortosa, où M. Landerer (3) a montré
que ce terrain possédait une faune très riche. Ce dernier auteur croit devoir réunir sous le nom de *Tenencien* les couches
urgoniennes et aptiennes, mais nous avons montré plus haut
que son travail même permet au contraire de distinguer très
bien les couches à Requienies ou *Néocomien moyen*, des assises
supérieures à *Ostrea aquila*.

Le Néocomien supérieur n'a qu'une faible puissance au
Nord-Ouest de l'Espagne où je ne le connais pas au delà d'Urdiales ; dans toutes les provinces basques et le Haut-Aragon,
il paraît manquer complètement ; mais en Catalogne il apparaît de nouveau à Organa pour se développer beaucoup, plus
au Sud, dans la province de Tarragona, d'après M. Landerer. Dans la province de Teruel enfin, à Utrillas, des lignites
très fossilifères et recouvrant l'Urgonien, sont le représentant du Néocomien supérieur (4).

(1) Almera. De Monjuich al Papiol. — Barcelona, 1880.

(2) De Verneuil et Lartet. (*Bul. Soc. Géol.*, 2ᵉ série, t. XX, p. 690), 1863.

(3) Landerer. El piso tenencico (o urgo-aptico) y su fauna (An. Soc. Esp.
Hist. Nat., t. III, part. 3. 1874.)

(4) De Verneuil et de Lorière. Description des fossiles du Néocomien supérieur
d'Utrillas et ses environs (province de Teruel), 1868.

Coquand. Description géologique de la formation crétacée de la province de
Teruel, 1868.

§ II. — GAULT.

Le Gault parait manquer complètement dans le Nord de l'Espagne ; non seulement je n'en ai pas rencontré moi-même, mais je crois qu'il n'a jamais été signalé par aucun auteur, car les couches à *Plicatula radiola* indiquées par M. Vidal, dans la province de Lérida, sont encore de l'Aptien.

§. III. — CÉNOMANIEN.

Le Crétacé supérieur que je vais à présent examiner est représenté d'une manière très complète dans le Nord de l'Espagne ; toutefois, chaque étage est loin de se montrer dans toutes les provinces. C'est ainsi que le Cénomanien n'est bien développé que dans les provinces basques ; aussi est-ce là que je l'étudierai d'abord.

§ I. *Cénomanien inférieur*. — J'ai déjà plusieurs fois indiqué, à propos du Néocomien, des affleurements cénomaniens ; c'est ainsi qu'en se reportant à la coupe de Traslavina à Ramalès (p. 101) on peut voir directement au-dessus des calcaires à Rudistes, des marnes jaunes, micacées, en très petits bancs se séparant facilement les uns des autres et se succédant sur une très grande épaisseur ; elles se continuent ainsi sur plus de 25 kilomètres de longueur vers l'Est, jusqu'à mi-chemin de Valmaseda à Arceniega ; elles disparaissent là sous des couches plus récentes, pour se relever seulement à Amurrio (Voir pl. I, fig. 3) ; on peut suivre alors ce nouvel affleurement jusqu'auprès de Sarria, à quelques kilomètres avant Murguia. Le caractère minéralogique de ces marnes est d'une constance très remarquable ; c'est à peine si l'on rencontre de temps à autre quelques bancs de grès ou quelques lits de concrétions ferrugineuses qui viennent rompre l'uniformité de l'ensemble. Les fossiles, très abondants comme individus, sont au contraire très peu nombreux comme espèces. L'*Orbitolina concava* est la seule espèce commune, mais aussi elle se retrouve dans tous les points où se montrent ces marnes ; je ne puis citer en outre que l'*Holaster margi-nalis*, Ag. provenant des environs de Sarria et une huître très abondante mais que je n'ai pu recueillir en bon état de conservation.

Je n'ai pas vu de Cénomanien inférieur à l'Ouest de Ramalès, mais au Nord, le long du rivage de l'Océan, il en existe en différents points dans le fond des dépressions du calcaire néocomien ; c'est ainsi qu'on en voit auprès de Beranga, puis à Barceña (fig. 15, p. 107) ; enfin il en existe encore entre Laredo et Oriñon ; tous ces points se trouvent sur la coupe de Solarès à Bilbao (pl. 1, fig. I) ; partout l'aspect est le même et l'on n'y voit d'autres fossiles que l'*Orbitoline*. L'épaisseur de cette zone n'est pas moindre de 150 à 200 mètres.

Au-dessus, dans certains points, se voient des calcaires marneux, bleuâtres (pl. I, fig. 3), surtout remarquables entre Amurrio et Arceniega ; j'y ai trouvé, auprès de Menagaray, de nombreux *Hemiaster bufo*, Desor ; leur puissance est d'environ 30 mètres et ils sont directement recouverts par les marnes bleues à *Micraster*, comme on peut le voir entre Arceniega et Valmaseda, comme auprès d'Orduña.

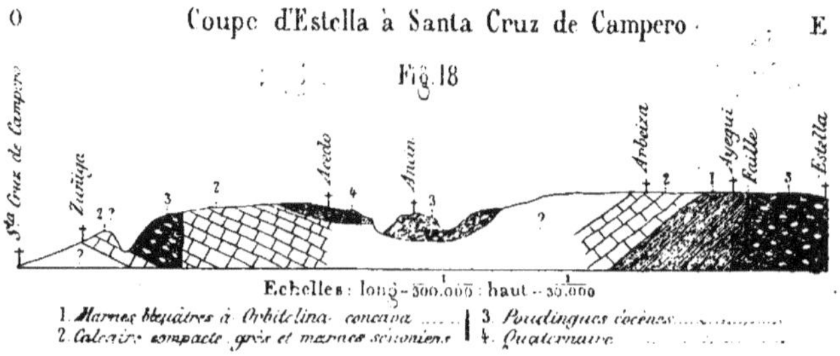

Dans la Navarre, entre Ayegui et Arbeyza, auprès d'Estella, on rencontre des marnes bleuâtres un peu micacées, à rognons ferrugineux et *Orbitolina concava* ; il est facile de reconnaître dans ces couches l'analogue de celles que nous avons indiquées ci-dessus, mais leur affleurement n'a que peu d'importance, car elles disparaissent à l'Ouest sous un calcaire crétacé plus récent, tandis qu'elles buttent par faille du côté opposé contre les poudingues éocènes (fig. 18) ; quant à leur limite méridionale, je ne sais où elle doit être placée.

Telles sont les couches cénomaniennes que j'ai observées moi-même. Elles se rapportent très bien au Cénomanien inférieur de la Sarthe et de l'Aquitaine, et se divisent, comme on l'a vu, en deux horizons :

1° Marnes de Traslavina à *Orbitolina concava.*
2° Calcaire de Menagaray à *Hemiaster bufo.*

Historique. — On a vu, par le résumé que j'ai fait à propos du terrain Néocomien, que toutes les couches des provinces de Santander et de la Biscaye avaient été rapportées par la plupart des auteurs au Cénomanien ; ce que je place dans ce terrain en formait, dans cette opinion, la partie supérieure.

De Verneuil (1) et ses collaborateurs soutenaient cette manière de voir, encore admise par M. Baills (2) dans une note toute récente ; M. Hébert (3) seul a placé les marnes à *Orbitolina concava,* à leur véritable niveau, tandis que tout récemment, M. Francisco Gascue (4) a voulu en faire du Turonien, plaçant seulement les calcaires à *Requienies* dans le terrain inférieur.

Plus à l'Ouest, les mêmes couches se retrouvent dans la province d'Oviédo, c'est le tuffeau de San Bartholomé de

(1) De Verneuil (*Bulletin Soc. Géol. de France,* 2ᵉ série, t. VI, p. 522).

(2) Baills. Note sur les mines de fer de Bilbao (*Annales des Mines,* 1879).

(3) Ed. Hébert. Le terrain crétacé des Pyrénées (*Bul. Soc. Géol. de France,* 2ᵉ série, t. XXIV, 1867).

(4) Francisco Gascue. Nota acerca del grupo nummulitico de San Vicente de la Barquera, 1877.

M. Ch. Barrois (1), mais son épaisseur paraît diminuer rapidement de ce côté.

Du côté opposé, au delà du lambeau que j'ai découvert auprès d'Estella, le Cénomanien disparaît rapidement ; dans la province de Saragoza, Donayre n'en indique que dans la partie méridionale, et encore sans en donner une description spéciale : il croit avoir reconnu le Néocomien, le Cénomanien et le Turonien.

Dans la province de Huesca, il n'y en a pas de trace, enfin dans la Catalogne, M. Vidal en cite deux lambeaux caractérisés par l'*Ostrea carinata* et l'*Ostrea conica*, à Boixols et dans la vallée de la Ribagorzana, mais je pense qu'il s'agit là de dépôts turoniens ; ils sont, en tout cas, bien différents des couches à *Orbitolina concava* de la Navarre.

Quant aux lignites de la Pla et de Lleona, en l'absence de fossiles, je ne crois pas devoir les admettre jusqu'à nouvel ordre comme cénomaniens.

Résumé. — L'extension du Cénomanien inférieur est maintenant facile à déduire de ce qui précède ; les provinces d'Oviédo, de Santander, la Biscaye, l'Alava et une partie de la Navarre formaient un vaste bassin communiquant librement par le golfe de Gascogne avec les dépôts absolument semblables de l'Aquitaine et de la Sarthe. Plus à l'Est, il n'existe aucun dépôt correspondant, et en supposant même que les couches de la province de Lérida soient réellement cénomaniennes, elles sont trop différentes de celles des provinces occidentales pour avoir été déposées dans le même bassin. Le Cénomanien paraît exister plus au Sud ; dans la province de Cuenca il est indiqué par de Verneuil et Collomb, puis par M. Jacquot ; mais les fossiles y sont peu abondants. Dans la province de

(1) Ch. Barrois. Terrain crétacé d'Oviédo, Paris, 1879.

Teruel, de Verneuil et Lartet (1) n'ont pas indiqué de terrain cénomanien entre le Néocomien et les calcaires à *Lychnus ;* M. Vilanova (2), au contraire, croit avoir rencontré dans cette région, au-dessus du Trias, presque tous les étages du terrain crétacé : *Néocomien, Gault, Cénomanien, Turonien et Sénonien ;* mais d'après ses listes de fossiles, le *Néocomien* existe seul d'une manière indiscutable ; le *Cénomanien*, en particulier, me paraît y faire complètement défaut.

§ 2. *Cénomanien supérieur.* — Je n'ai rien vu qui pût représenter le Cénomanien supérieur et je ne crois pas qu'il existe. Pourtant, de Verneuil (3) avait indiqué des couches à *Caprina adversa,* aussi bien à Santander qu'à Portugalete ; mais je pense qu'il y avait là confusion de la part du célèbre géologue, car, dans bien des points, j'ai pu voir le contact du Cénomanien avec les zones supérieures sans constater de couches à Caprinelles. D'un autre côté, M. Francisco Gascue (4) indique des couches à Ostracés, dont la faune rappellerait celle du niveau supérieur des grès du Maine ; seulement ces fossiles se rencontrent sur la limite de la province d'Oviédo et doivent alors très probablement se rapporter au Tuffeau de Castiello à *Periaster Verneuili* et *Ostrea columba* que M. Barrois (5) a rapporté avec raison au Turonien.

---

(1) De Verneuil et Lartet (*Bul. Soc. Géol. de France*, 2ᵉ série, t. XX, p. 690, 1863).

(2) Vilanova. Descripcion geognostica de la provincia de Teruel, 1863.

(3) De Verneuil (*Bul. Soc. Géol. de France*, 2e série, t. VI, p. 522, 1849).

(4) Francisco Gascue. Nota acerca del grupo nummulitico de San Vicente de la Barquera (*Bol. Com. Mapa Geol. de Espana*, t. IV, 1877).

(5) Ch. Barrois. Terrain crétacéde la province d'Oviedo, 1879.

§ IV. — TURONIEN.

§ 1. *Turonien inférieur*. — Quoique cet étage, bien caractérisé par le *Periaster Verneuili* et l'*Inoceramus labiatus*, ait été indiqué par M. Barrois (1) dans la province d'Oviédo, il ne paraît pas dépasser sensiblement les limites de ce pays. Rien, dans les provinces basques ni dans la région pyrénéenne, ne peut être placé à ce niveau ; il faut donc admettre, par suite, que la mer qui couvrait alors la province d'Oviédo, communiquait directement avec l'Aquitaine par le golfe de Gascogne, laissant émergée la plus grande partie du Nord de l'Espagne.

§ 2. *Turonien supérieur*. — Il n'en a pas été de même à l'époque du Turonien supérieur ; les dépôts de cet étage, bien qu'occupant en général une faible surface d'affleurement, se sont effectués tout le long des Pyrénées. Les provinces basques seules paraissent en être dépourvues, de sorte que les couches analogues de la province d'Oviédo ne peuvent se rattacher directement à celles de l'Aragon et de la Catalogne. Dans la province de Huesca, le calcaire à Hippurites ne se montre pas seulement au Nord du terrain tertiaire, comme cela paraîtrait normal, puisque les couches se présentent généralement dans leur ordre de superposition, en allant du centre de la chaîne à la plaine de Saragosse ; mais il occupe aussi une bande fréquemment interrompue qui commence à peu de distance au nord de Huesca pour se retrouver de place en place vers l'Est jusqu'à la province voisine qu'elle traverse

____

(1) Ch. Barrois. Crétacé de la province d'Oviédo, 1879.

aussi presque entièrement. Mais les fossiles sont partout les mêmes : *Hippurites organisans, Hippurites cornuvaccinum, Cyclolites elliptica, Cyclolites gigantea,* contenus dans un calcaire dur, compact, gris-rosé, cédant rarement la place à des grès ou à des marnes. (Fig. 19.)

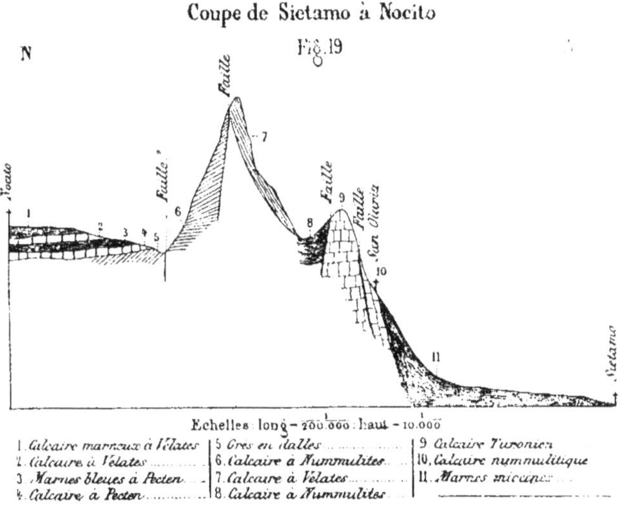

1. Calcaire marneux à Vélates
2. Calcaire à Vélates
3. Marnes bleues à Pecten
4. Calcaire à Pecten
5. Grès en dalles
6. Calcaire à Nummulites
7. Calcaire à Vélates
8. Calcaire à Nummulites
9. Calcaire Turonien
10. Calcaire nummulitique
11. Marnes micacées

Dans les trois provinces de Barcelona, Lérida et Gerona, les caractères de ces couches sont absolument les mêmes. Dans la vallée du Segre, c'est une autre espèce d'Hippurite qui se rencontre, *H. canaliculatus,* Roll., si commune à Rennes-les-Bains, mais le niveau ne paraît pas être bien différent de celui des *Hippurites organisans* et *H. cornuvaccinum.* (Fig. 20).

Comme on le voit par la coupe ci-dessous, le terrain turoronien est peu puissant et repose directement sur le Lias ; il est recouvert par le Sénonien, soutenant lui même les couches rouges dites garumniennes.

Résumé. — L'histoire du terrain turonien du Nord de l'Espagne est très courte ; les seules notions précises que l'on ait sur ce sujet sont dues à MM. Vidal (1) et Mallada (2). Le premier en Catalogne, le second dans l'Aragon, ont fait connaître les principaux affleurements de calcaires à Rudistes et en ont indiqué avec soin les fossiles ; M. Vidal a même cru devoir faire plusieurs divisions dans ces couches ; je ne le suivrai pas dans cette voie. Pour moi, les calcaires à *Hippurites* et à *Cyclolites* du Nord de l'Espagne représentent uniquement la zone la plus élevée du Turonien, celle qui est connue sous le nom de *zone à Hippurites cornuvaccinum ;* on pourra peut-être y faire des subdivisions, mais je crois qu'aucune d'elles ne doit être synchronisée ni avec les grès du Beausset ou de Mornas, ni avec l'horizon de *Radiolites cornupastoris.*

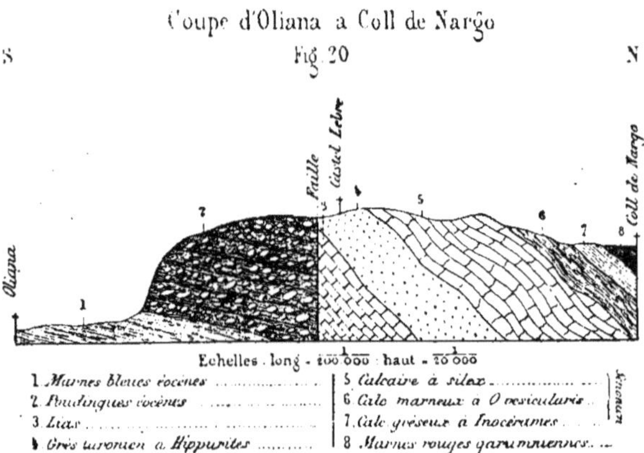

A plus forte raison, comme je le disais en commençant, rien ne représente le Turonien inférieur, et ce n'est pas là qu'il faut chercher la communication entre les deux bassins semblables à cette époque, de l'Atlantique et de la Méditerranée.

(1) Vidal. Nota acerca del systema cretaceo de los Pyreneos de Cataluña, Madrid, 1877.

(2) Mallada. Geologia de la provincia de Huesca, Madrid, 1878.

§ V. — SÉNONIEN.

Le terrain sénonien présente d'assez grandes difficultés ; en présence des opinions si diverses émises à l'égard des couches supérieures du crétacé du Midi de la France, on éprouve une certaine hésitation ; où doit s'arrêter la partie supérieure du terrain sénonien ? Faut-il admettre l'existence dans les Pyrénées, des trois étages *sénonien*, *danien* et *garumnien*, comme le veulent certains auteurs, ou au contraire avec d'autres, ne reconnaître que le seul étage de la *Craie blanche ?*

Je crois qu'il est démontré actuellement qu'une partie des couches du Midi appartiennent au Danien et je suivrai cette manière de voir dans l'exposé que je vais en faire.

C'est dans la province d'Alava que le Sénonien est à la fois le plus complet et le plus facile à étudier ; les environs de Vitoria, en effet, sont beaucoup plus réguliers que la région pyrénéenne et les failles y sont moins fréquentes ; toutefois nous commençons par en rencontrer une.

Les couches les plus inférieures se voient à Murguia ; redressées jusqu'à la verticale, elles viennent buter contre le Cénomanien à *Orbitolina concava* (1). C'est aux mines de Vitoriano que la base du Sénonien est le mieux visible. (Fig. 21.)

On y observe des marnes bleues à *Micraster Heberti* comprenant des bancs de lignite et des couches d'eau douce.

La succession est la suivante :

1. Marnes bleues sans fossiles . . . .
2. Lignite 20ᵐ00
3. Marnes grises sableuses à *Limnea, Planorbis,* graines de Chara. 1ᵐ00
4. Marnes bleues à *Micraster Heberti.* 1ᵐ50
5. Lignite 6ᵐ00
6. Calcaire marneux blanc à *Limnées* et *Charas* 2ᵐ50
7. Marnes bleues 200ᵐ00
8. Calcaire compact gris 30ᵐ00
9. Marnes bleues à *Micraster brevis,* Desor, et *Micraster Larteti,* Mun. Chalm. 100ᵐ00

La succession des couches entre Puebla et Vitoria vient ajouter quelques termes à la série. (Fig. 22.)

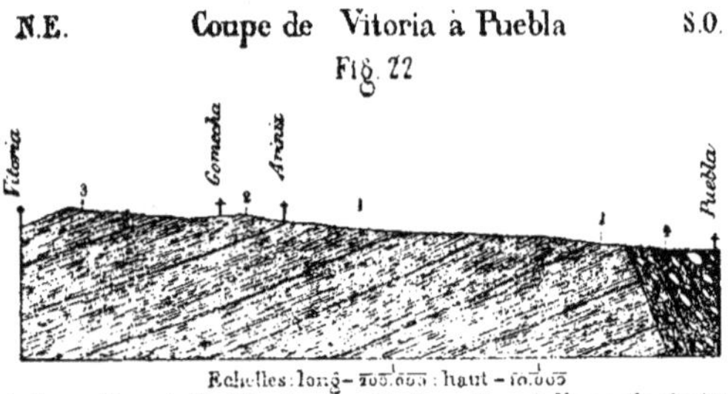

On y voit une longue suite de marnes bleues plus ou moins calcaires, très uniformes, à peine traversées par quelques

(1) La coupe donnée par de Verneuil, Collomb et Triger indique une succession normale du Sénonien au Cénomanien. (*Bul. Soc. Géol. de France,* 2ᵉ série, t. XVII, p. 333.)

bancs plus résistants et plongeant régulièrement au Nord-Est
vers la capitale. A la base, entre Puebla et Ariniz, les fossiles
que l'on rencontre, sont ceux de Vitoriano : *Micraster Heberti,
Micraster* n. sp., *Ostrea* (petite espèce s'attachant aux *Micraster*). — Un peu plus loin entre Ariniz et Gomecha, les fossiles
que j'ai recueillis sont :

> *Micraster corcolumbarium*, Desor.
> *Cyphosoma radiatum*, Sorignet.
> *Inoceramus Lamarckii*, d'Orb.
> *Serpula* (sur les *Micraster*).

En s'élevant encore un peu dans les couches, on trouve
entre Gomecha et Vitoria à peu près les mêmes fossiles ; c'est
encore le *Micraster corcolumbarium,* accompagné d'une autre
espèce inédite.

De l'autre côté de Vitoria, un peu à l'Est de Salvatierra,
des couches analogues offrent encore quelques fossiles; ce
sont :

> *Micraster coranguinum*, Klein sp., var. *Merceyi*, Mun. Chal. M. Munier
> Chalmas considère ce fossile comme constituant une espèce nouvelle;
> le type provient de la craie à *Mic. coranguinum* du Nord de la France.
> *Micraster corcolumbarium*, Desor.
> *Micraster*, n. sp.
> *Ostrea* (sur les *Micraster*).

Pour continuer la coupe, il faut prendre alors une autre
direction ; c'est sur la route de Vitoria à Santa Cruz que l'on
peut continuer les observations ; au départ l'on est encore
dans les couches à *Micraster corcolumbarium,* mais l'on ne
tarde pas à monter, et à rencontrer des grès gris entremêlés
de marnes avec les fossiles suivants (pl. I, fig. 2) :

> *Ostrea vesicularis,* Lk.
> *Ostrea plicifera,* Coquand.
> Mes échantillons sont beaucoup plus carénés que le type, mais ils ne peu-
> vent pourtant en être séparés.
> *Cyclolites crassisepta*, de From.

Au-dessus, des sables à petits galets de quartz sont recouverts par un banc de calcaire pétri de Polypiers et de Foraminifères indéterminables. C'est ensuite une nouvelle assise de marnes bleues qui se montre ; puis elle est surmontée par des calcaires compacts avec quelques bancs tendres qui se continuent jusqu'au village d'Azaceta et le dépassent même de deux kilomètres. Enfin, un sable blanc avec quelques grès vient terminer la série, car les couches se relèvent ensuite jusqu'à Virgala Mayor.

Telles sont les couches qui composent le Sénonien dans la province d'Alava dont elles occupent la plus grande partie.

Les marnes à *Micraster* se poursuivent ensuite à travers la Navarre et l'Aragon d'une façon interrompue et sur une faible largeur ; elles se montrent au Nord du terrain tertiaire, très près, surtout dans l'Aragon, du centre de la chaîne pyrénéenne.

En Catalogne enfin, le Sénonien présente une certaine extension dans la province de Lérida ; tandis que dans l'Alava, on ne pouvait voir sa superposition au terrain turonien puisque cet étage fait complètement défaut, il n'en est plus de même ici : la coupe de Boixols que M. Vidal (1) a citée le premier, montre de la façon la plus nette les couches à *Hippurites* surmontées par les marnes bleues à *Micraster brevis*.

Mais pour voir ces couches dans toute leur puissance, il faut se rendre un peu à l'Ouest dans la vallée de la Noguera Pallaresa ; les assises les plus inférieures se montrent à quelque distance auprès d'Eryña avec leur gros *Micraster* caractéristique, puis en descendant la vallée, on suit constamment les marnes sénoniennes jusqu'au delà de Salas ; elles alternent alors avec quelques bancs de grès qui prennent bientôt définitivement leur place et sont couronnés par une zone peu

(1) Systema cretaceo de los Pyreneos de Cataluña, Madrid, 1877.

épaisse de calcaire compact. Toutes ces assises, inclinées au
S.-O., nous ont amenés jusqu'au pied de la butte sur laquelle
est juchée la ville de Talarn ; des argiles rouges et des conglomérats inclinés au Sud, reposent alors sur le calcaire gris
qui forme les dernières assises du Sénonien : c'est la base du
Garumnien lacustre. (Fig. 23.)

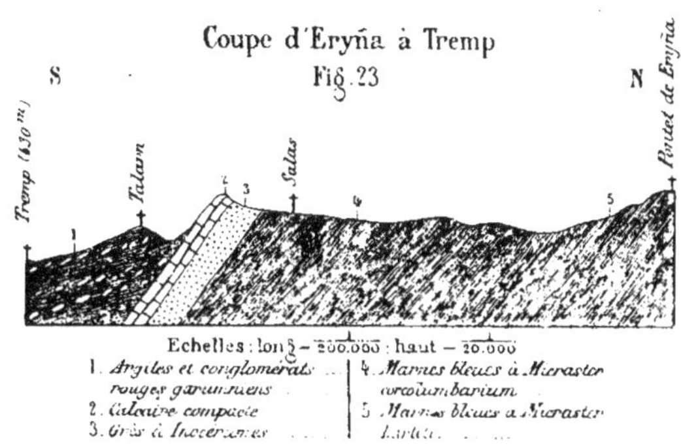

Mais c'est à peine s'il y a quelques rares fossiles dans toute
cette coupe ; sur la rive gauche de la Noguera, entre Pobla et
Isona, la récolte est plus facile ; à la base auprès de Pobla, se
trouvent des calcaires qui sont peut-être les dernières couches
turoniennes, mais les affleurements sont rares jusqu'à la rivière Ram ; on peut seulement constater la superposition
des marnes bleues au calcaire. C'est après la rivière que j'ai
commencé à voir quelques oursins ; ces sont les mêmes *Micraster* n. sp., que l'on trouve auprès de Vitoria dans la zone à
Mic. corcolumbarium ; on monte longtemps dans les mêmes
couches, puis on commence à rencontrer quelques grès argileux à tubulures très nombreuses, entremêlés de marnes
bleues ; enfin le grès seul continue sur 25 mètres, contenant
de nombreux *Inocérames* analogues à ceux de Tercis.

Le village de Montesquiu est construit sur cette assise

(fig. 24) ; puis viennent encore quelques marnes bleues peu épaisses et le *Garumnien* se présente avec ses *conglomérats fleuris* et ses *argiles rutilantes*, pour se poursuivre jusqu'à Isona.

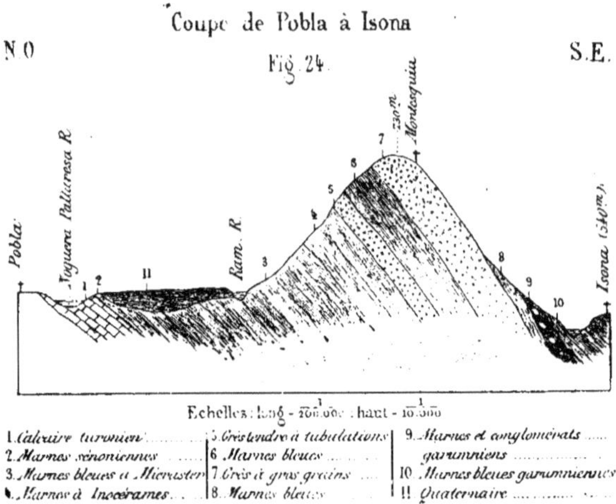

On voit que le Sénonien de la Catalogne ne le cède pas aux couches plus occidentales pour la puissance, mais que les fossiles y sont beaucoup plus rares. D'ailleurs, il ne se borne pas aux couches que nous avons étudiées jusqu'à présent ; si les marnes de Salas et le grès de Montesquiu sont directement surmontés par les couches garumniennes, on voit celles-ci reposer, en d'autres lieux, sur des assises différentes.

Dans la vallée du Segre, entre le Coll de Nargo et Oliana (1), existent au-dessus du Turonien des couches puissantes, surtout composées de grès et de calcaires (ci-dessus, fig. 21) ; la plus grande partie en est formée par un calcaire à silex, contenant très peu de fossiles, principalement des Orbitolines, puis vient un calcaire marneux à *Ostrea vesicu-*

(1) Voir Leymerie. Exploration de la vallée du Segre (*Bul. Soc. Géol. de France*, 2e série, t. XXVI, 1869.)

— Vidal. Geologia de la provincia de Lérida, Madrid, 1875.

laris, Lk. (même variété que dans l'Alava), *Pecten Epaillaci,*
d'Orb., *Lima* sp., *Cidaris* sp., etc. ; au-dessus encore se voient
des grès à *Inocérames* et à *Rhynchonelles* que vient directement
recouvrir le Garumnien à Collde Nargo. On voit qu'il n'existe
pas dans la vallée du Segre de représentant des marnes à
Micraster, et que les couches diverses que l'on y rencontre ne
sont que la partie supérieure des grès de Montesquiu bien
plus développés ici.

Après avoir ainsi donné une idée générale de la succession
des couches sénoniennes, je vais indiquer une série d'affleurements où l'on ne peut que constater la présence de fossiles
de cet âge, sans que la stratigraphie puisse aider à les placer
dans la série.

Et d'abord, sans quitter la vallée du Segre, je noterai
auprès de Peramola un calcaire compact à Terebratules et
Rhynchonelles qui représente la partie supérieure du Sénonien. Pris entre deux failles, ce lambeau vient buter à l'Est
contre les marnes éocènes, et à l'Ouest contre les poudingues
supra-nummulitiques ; au Nord il ne tarde pas à disparaître
de la même manière, mais du côté de Camarassa je ne connais
pas son extension. (Pl. I, fig. 6.)

La route de San Salvador à Artésa marche à partir du
point culminant, dans une faille dont l'une des lèvres est
formée par les poudingues nummulitiques, et l'autre,
celle de l'Ouest, par des calcaires rouges à Rhynchonelles
(*Rhynchonella compressa,* d'Orb.), quelquefois aussi pétris de
Foraminifères et de Polypiers ; c'est encore un dépôt du
Sénonien supérieur, qui se prolonge à l'Ouest jusqu'au
Montsec (col de Rubies), où il forme un escarpement à pic
encaissant profondément la rivière entre deux murailles de
plusieurs centaines de mètres de hauteur ; à la base se trouve
en abondance l'*Alveolina compressa,* d'Orb., bien connue
dans le terrain crétacé des Martigues.

Le même calcaire crétacé traverse la vallée d'Ager pour se terminer à l'Ouest de Pennés. (Fig. 25.)

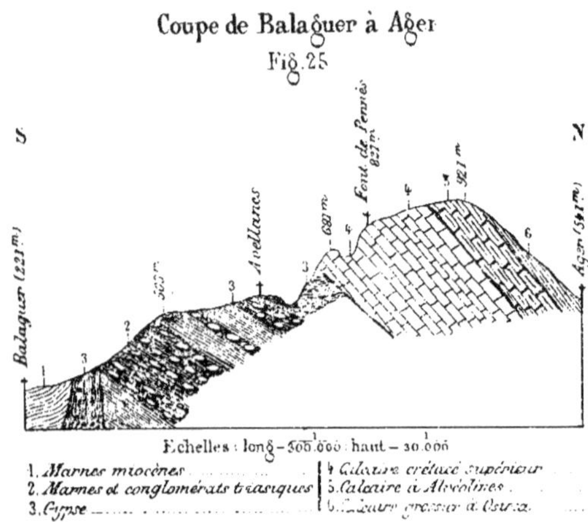

Dans la même province, je ne connais qu'un autre affleurement des mêmes couches ; entre Berga et la mine de lignite appartenant au Garumnien, on rencontre d'abord des poudingues éocènes, puis après une faille se montrent des calcaires compacts gris ou rougeâtres avec *Rhynchonella difformis*, d'Orb., *Rhynchonella compressa*, d'Orb., etc. Inclinés au Nord, ils ne tardent pas à être recouverts par les couches plus récentes dont nous aurons à nous occuper plus tard.

Quant aux marnes à *Micraster* de Salas et de Montesquiu, j'ai déjà indiqué qu'elles se continuaient à l'Est jusqu'à Boixols, bien qu'avec quelques interruptions ; elles y renferment des *Ananchytes ovata*. Du côté opposé, je les ai suivies pendant très longtemps ; le sentier qui va de Talarn à Aren passe en effet sur tout son trajet à la limite des deux formations sénonienne et garumnienne.

Tandis que les argiles rouges occupent le côté Sud pour venir bientôt disparaitre sous les couches les plus inférieures

de l'Eocène, les marnes bleues, au contraire, se montrent du
côté du Nord toujours couronnées par un banc de grès de
20 à 30 mètres. Le pont d'Aren a été édifié sur un défilé occa-
sionné par la présence de ces couches plus résistantes.
Tandis que les marnes bleues sénoniennes et les argiles
rouges garumniennes ont été facilement enlevées par les
différents agents de dénudation et ont permis à la vallée de
prendre une certaine largeur, le grès du Sénonien a, au contraire, résisté et n'accorde qu'un étroit passage à la Ribagorzana. La figure suivante donne une idée de l'inclinaison et
des rapports des couches dans cette vallée, où se voient les
dernières zones crétacées, recouvertes par les strates tertiaires. (Fig. 26.)

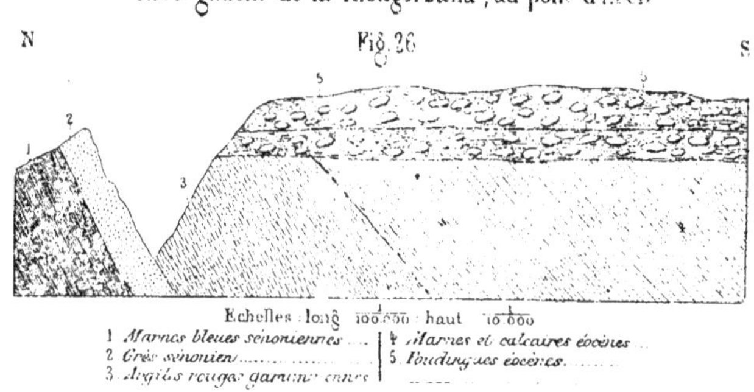

Beaucoup plus au Nord, j'ai retrouvé des calcaires sans
fossiles à silex tellement semblables à ceux du Coll de Nargo
que je n'hésite pas à les y assimiler ; ces couches commencent
auprès de Cercue pour se continuer par Vio et Buerba jusqu'à
Gallisue, où les marnes bleues tertiaires les recouvrent ; au
Nord-Ouest également, elles disparaissent sous des couches
nummulitiques.

Dans la Navarre et l'Alava, en dehors des localités que j'ai
mentionnées pour faire connaitre la succession générale des

couches sénoniennes, il faut encore signaler plusieurs points importants.

De Pamplona à Alsasua, les marnes bleues éocènes se continuent pendant 10 kilomètres environ, puis elles recouvrent des calcaires compacts de 50 mètres de puissance, surmontant eux-mêmes les marnes bleues à *Micraster* ; ces dernières commencent à se montrer à Irurzun et se continuent sans interruption jusqu'à Vitoria en suivant la vallée de l'Arga par Alsasua et Salvatierra ; les montagnes qui forment le côté Nord de cette vallée sont probablement constituées par les calcaires à Rhynchonelles que j'ai indiqués auprès d'Irurzun ; du côté du Sud, les calcaires du Sénonien supérieur constituent aussi la plus grande partie de la Sierra de Andia et vont rejoindre les couches de même âge que j'ai signalées auprès d'Arbeyza, Santa Cruz et Virgala Mayor. La coupe suivante montre la superposition des couches entre Pamplona et Alsasua. (Fig. 27.)

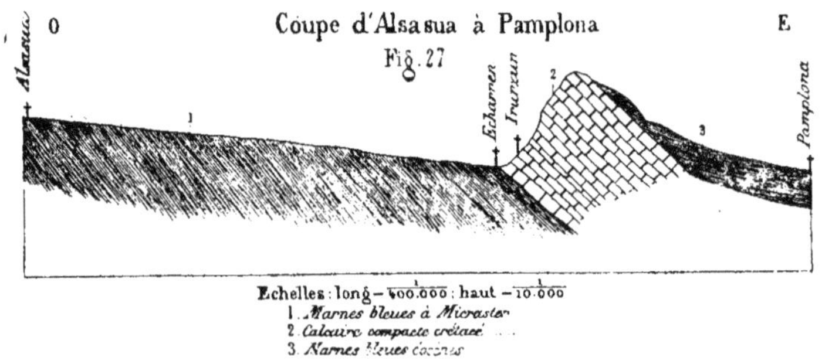

Encore plus à l'Ouest, j'indiquerai le lambeau de marnes à *Micraster*, rencontré entre Arceniega et Valmaseda, et figuré pl. I, fig. 3 ; les fossiles que j'y ai recueillis étaient abondants mais tous écrasés ; ils paraissent se rapporter au *Micraster Larteti*, Mun. Chalmas. Je crois, sans en avoir la certitude, que ce dépôt d'Arceniega se relie directement et sans inter-

ruption aux couches de Puebla et de Murguia par Orduña ;
je suis passé trop rapidement dans cette partie pour avoir une
opinion arrêtée sur ce sujet, mais ce qui est certain, c'est
qu'il existe au Sud et à l'Est d'Orduña des marnes bleues très
puissantes qui sont supérieures aux couches cénomaniennes
d'Amurrio et se continuent fort longtemps jusqu'auprès de
Pobes sur le chemin de fer de Bilbao à Miranda.

Résumé. — Le terrain sénonien, comme on l'a vu dans les
longues explications que je viens de donner, est l'un de ceux
qui ont le plus d'importance dans la constitution du Nord de
l'Espagne ; il s'étend tout le long de la chaine pyrénéenne depuis Valmaseda à l'Ouest jusqu'à Berga dans la province de
Barcelona ; je ne le connais pas dans la province de Gerona,
bien que M. Vidal ait cru devoir y rapporter provisoirement
des couches sans fossiles ; le Sud de la province de Barcelona
n'en présente pas et je ne sache pas qu'il ait été signalé dans
d'autres provinces de l'Espagne (1).

L'épaisseur totale du Sénonien peut être évaluée approximativement à 400 mètres dont 300 mètres pour les marnes
bleues et 100 mètres pour les grès et calcaires supérieurs. La
grande analogie de composition de l'Eocène et du Crétacé a
souvent fait commettre des erreurs, en l'absence des fossiles
toujours rares à ces niveaux ; c'est ainsi que de Verneuil avait
d'abord considéré comme tertiaires les marnes bleues de Vitoria et celles de Salas en Catalogne ; il a lui-même introduit
plus tard dans le terrain crétacé les couches de l'Alava, et
M. Vidal a de même opéré la rectification pour l'autre région.

(1) Du moins avec quelque apparence de vérité. J'ai déjà indiqué, en effet,
que M. Vilanova croyait avoir rencontré dans la province de Teruel, tous les
étages du terrain crétacé à l'exception du gault et du danien ; mais je répète ici
ce que je disais pour le cénomanien : les fossiles cités par M. Vilanova ne permettent pas de croire à l'existence du terrain sénonien dans cette région. Voir
Vilanova, Géologie de la province de Teruel, 1863.

La composition du terrain sénonien du Nord de l'Espagne est donc de haut en bas la suivante :

Supérieur

1. Calcaires et grès à *Rhynchonelles* et *Ostrea vesicularis* (Coll. de Nargo, Berga, Santa Cruz).
2. Calcaire à *Silex* (Coll. de Nargo, Buerba).
3. Grès à *Inocérames* (Montesquiu).

Inférieur

4. Marnes bleues à *Mic. corcolumbarium* et *Mic. coranguinum*, Var. (Vitoria. — La Pobla à Montesquiu).
5. Marnes bleues à *Micraster Larteti* et *Micraster brevis*. (Salvatierra, Apodaca, Eryña, Boixols).
6. Marnes bleues à *Micraster Heberti* (Puebla, Vitoriano).

La plupart des superpositions que j'indique ici ne sont pas douteuses : pourtant je ne sais si le grès de Montesquiu doit réellement être placé au-dessous des *Calcaires à Silex ;* en outre j'ai omis dans ce tableau les couches à *Alveolina compressa* et les calcaires qui les surmontent dans la vallée de la Noguera Pallaresa, au col de Rubies, parce que je ne sais pas quel est leur véritable niveau.

Quant aux dénominations de *supérieure* et *d'inférieure* que je donne aux deux subdivisions du terrain sénonien, elles n'impliquent aucun rapport avec les coupures analogues adoptées dans le Nord de la France; j'indiquerai d'ailleurs dans un résumé général du terrain crétacé les rapports avec les couches de même âge de la France.

§ VI. — DANIEN

Les difficultés qui se présentaient pour limiter la partie supérieure du Sénonien, reparaissent ici , plus grandes encore, car la question si souvent débattue de l'âge du terrain garumnien est loin d'être définitivement tranchée, et ne parait pas susceptible d'une solution directe.

Si, en effet, pour les couches marines, il est déjà fort difficile de reconnaître l'équivalence des différentes zones dans le Nord et le Midi de l'Europe, on comprend l'impossibilité qu'il y a, de retrouver dans les dépôts marins du Nord, l'analogue des couches lacustres ou saumâtres du Garumnien.

Laissant d'ailleurs l'examen de cette question pour le résumé général, je donnerai le nom de *Danien* à toutes les zones crétacées, supérieures aux couches décrites dans le chapitre précédent.

1° Zone à *Otostoma ponticum*. Je ne connais cette première couche qu'en deux points, mais ils sont fort éloignés l'un de l'autre et indiquent par cela même que des localités intermédiaires seront découvertes probablement plus tard dans l'Aragon.

Le premier est situé en Catalogne entre Baga et Berga ; chacune de ces villes est entourée de couches éocènes, mais entre les deux, se montre un affleurement crétacé assez important; j'y ai déjà constaté des calcaires sénoniens dans la partie méridionale; c'est maintenant à l'autre extrémité tout près de la faille qui sépare le Crétacé du Tertiaire, que se montrent les calcaires marneux à *Otostoma ponticum, Ostrea larva,* accompagnés d'un grand nombre de bivalves indéterminables.

Le second point où j'ai constaté la présence de ces couches est à Antoñana dans la province d'Alava; là, au-dessus des calcaires à Rhynchonelles, se montrent des calcaires marneux assez semblables à ceux de Baga, et renfermant de même l'*Otostoma ponticum;* mais un fait curieux se présente : dans ces couches que je rapporte au Danien et qui sont sans aucun doute de la partie tout à fait supérieure du terrain crétacé, se montre en extrême abondance, une huître cénomanienne *Ostrea vesiculosa* (1); mais on sait d'ailleurs que cette espèce se rencontre également dans les dépôts plus élevés de diverses régions de la France.

Rien de plus récent ne se montre dans l'Ouest de l'Espagne, aussi faut-il retourner à Baga pour voir la succession des autres couches.

2° Zone à *Hemipneustes.* Au-dessus des *Otostoma ponticum,* se montre une masse épaisse de calcaire compact à *Hemipneustes;* les fossiles y sont rares et difficiles à extraire, aussi ne hasardè-je même pas une détermination spécifique, mais l'épaisseur est considérable. C'est dans la même région que la première zone au Nord de Berga que cette assise se rencontre, je ne la connais pas ailleurs.

Plusieurs auteurs ont pourtant cité des *Hemipneustes* dans les provinces occidentales. Sullivan et O'Reilly, par exemple, indiquent l'*Hemipneustes radiatus* dans une couche dont ils font la première assise du terrain tertiaire à la limite des provinces de Santander et d'Oviédo; mais ce fait important aurait besoin d'une confirmation que je n'ai pu lui donner (2).

(1) Je lui conserve ce nom, car je considère comme très fâcheuse la tendance qu'ont souvent les paléontologistes à distinguer les espèces d'après le gisement dans lequel elles ont été rencontrées.

(2) Sullivan et O'Reilly. Notes on the geology of the Spanish provinces of Santander and Madrid, 1863.

3ᵉ Zone. **Marnes et argiles à** *Cyrènes* **et à** *Lychnus.*

Cette assise est de beaucoup la plus répandue; elle occupe, surtout en Catalogne, une grande extension, contrastant avec ce que viennent de nous offrir les zones précédentes.

Sa composition minéralogique n'est pas uniforme comme celle des horizons que nous venons de décrire; les argiles rouges, les grès, les conglomérats, les marnes bleues, les lignites, les calcaires se superposent les uns aux autres en couches minces et sans ordre déterminé; toutefois un caractère général du dépôt est sa couleur rouge à peine interrompue par quelques bancs d'une coloration différente. C'est dans la Catalogne auprès de Tremp et d'Isona que les *argiles rutilantes*, pour employer l'expression des géologues du Midi, se montrent avec leur maximum d'épaisseur et d'extension. Plusieurs coupes permettent de voir leur superposition sur le Sénonien : c'est ainsi qu'en allant de Pobla à Isona (voir ci-dessus fig. 24), on rencontre d'abord les marnes à *Micraster*, puis les grès à *Inocérames* appartenant à l'étage de la craie blanche; et au-dessus sont d'abord des poudingues à coloration vive, puis les argiles rutilantes et enfin les marnes bleues à bancs calcaires et assises de lignites, renfermant une faune assez riche, et en particulier la *Cyrena luletana,* Vidal, qui forme de véritables lumachelles, ainsi qu'un banc de Rudistes dénommés par M. Vidal, *Hippurites Castroi.*

En continuant vers le Sud, on retrouve de nouvelles argiles rouges qui se continuent jusqu'à San Salvador et même un peu plus haut; c'est ce que montre la coupe de Llordana à San Salvador (fig. 28). On voit que directement au-dessus de ces argiles commencent les grès calcarifères à Alvéolines qui constituent la base du terrain tertiaire.

Entre Isona et Llordana, on retrouve la même succession que nous venons de voir auprès de Montesquiu ; mais entre les poudingues qui forment la base (Couche 1 de la fig. 28), et les

marnes à *Cyrènes*, se développent des grès et des calcaires
avec de nombreuses huîtres ; c'est surtout au contact du poudingue que l'*Ostrea Verneuili,* Leym. forme un véritable banc
dans un calcaire bleu assez peu épais d'ailleurs. (Couche 2 de
la fig. 28).

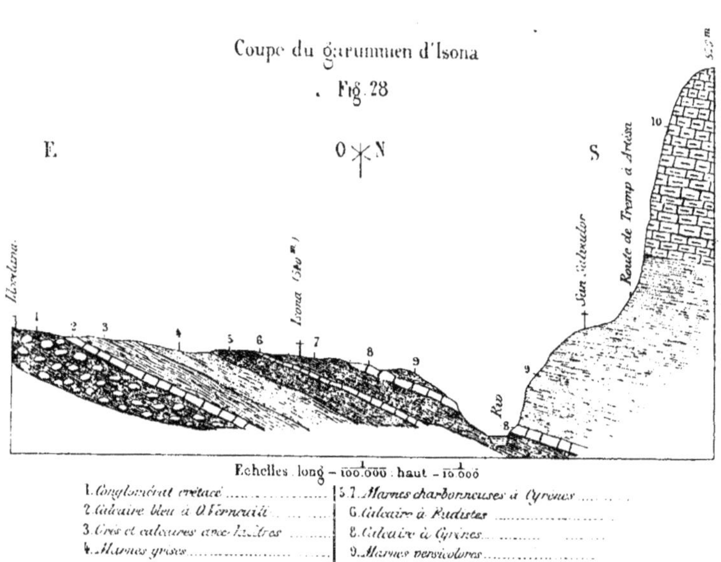

Ce petit bassin de Danien se trouve limité à l'Est avant
Benavente, par une faille qui le met en contact avec les
couches les plus élevées de l'Eocène ; au Nord il s'appuie vers
Montesquiu sur les grès sénoniens, et au Sud enfin, à San
Salvador, il est recouvert par les calcaires à *Alvéolines*. C'est
donc seulement du côté de Tremp et de Talarn que les argiles
rouges se prolongent ; ces deux villes sont, en effet, bâties
l'une et l'autre sur des escarpements formés par les *argiles
rutilantes* et les *poudingues fleuris* qui, à Talarn surtout, ont
bien les caractères habituels des couches garumniennes françaises d'après les descriptions de Leymerie. De là, les argiles

rouges se continuent, toujours comprises entre les grès sénoniens et les calcaires éocènes, jusqu'à la Ribagorzana qu'elles traversent même pour pénétrer quelque peu dans l'Aragon et dépasser le village d'Aren ; elles ne tardent pas ensuite à disparaître. De Talarn à Aren, les marnes rouges sont habituellement à découvert ; mais à l'Est d'Esplugafreda, elles sont surmontées pendant quelques kilomètres, par les poudingues éocènes qui les recouvent en stratification discordante ; elles ne renferment dans tout ce parcours aucun fossile.

Au Sud de la Conca, les couches ne tardent pas à quitter l'inclinaison générale au Midi pour plonger en sens inverse ; aussi, voit-on bientôt apparaître de nouveau les argiles rutilantes au Monsech, dans un affleurement d'ailleurs peu important (1).

Dans la vallée du Segre, entre Organya et le Coll de Nargo, après quelques couches néocomiennes, une faille amène des argiles rouges et des poudingues inclinés au Nord ; leur aspect les fait immédiatement assimiler aux couches de la Conca, dont quelques assises ligniteuses de la base renferment d'ailleurs les fossiles. Immédiatement au-dessous viennent les calcaires gréseux à Rhynchonelles du Sénonien supérieur qui terminent cet affleurement.

Il faut retourner à Vallcebre, auprès de Berga, pour voir au-dessus des calcaires à *Hemipneustes,* de nouveaux représentants de notre troisième zone danienne. Deux mines de lignite ont été ouvertes à quelques kilomètres de distance, dans une couche de combustible qui a le plus souvent de 0,60 à 1 mètre d'épaisseur ; elle repose sur des argiles bleues foncées et des calcaires, et présente fréquemment au contact des argiles un banc de calcaire noir de 0^m30 pétri de Cyrènes

(1) Une exploitation de lignite a été ouverte dans ces couches de Monsech.

(*Cyrena laletana,* Vidal) et d'*Unios.* Le lignite extrait contient beaucoup de sulfure de fer et exige une certaine surveillance pour ne pas s'enflammer spontanément ; il n'est que le développement des traces de combustible que l'on voit au Coll de Nargo et auprès d'Isona, où l'on a tenté inutilement une exploitation. Des marnes rouges souvent entremêlées de calcaires et de grès, couronnent les lignites dans cette région comme à Isona ; les calcaires sont ici plus fréquents, mais il ne me semble pas nécessaire pour cela de faire une division spéciale, des couches supérieures de Vallcebre.

C'est à l'autre extrémité de l'Aragon qu'il faut se transporter maintenant pour rencontrer encore les assises lacustres du Danien. A la limite des provinces de Huesca et de Saragoza, dans le sauvage défilé de la Peña, se montre un calcaire gris compact à *Lychnus,* de 10 mètres de puissance, compris entre deux assises d'argiles rouges. L'inférieure, dont la base est invisible, peut être évaluée à 50 mètres ; la supérieure qui a 25 mètres, supporte les calcaires à *Alvéolines,* premiers sédiments tertiaires dans la plus grande partie de l'Espagne. (Fig. 29.)

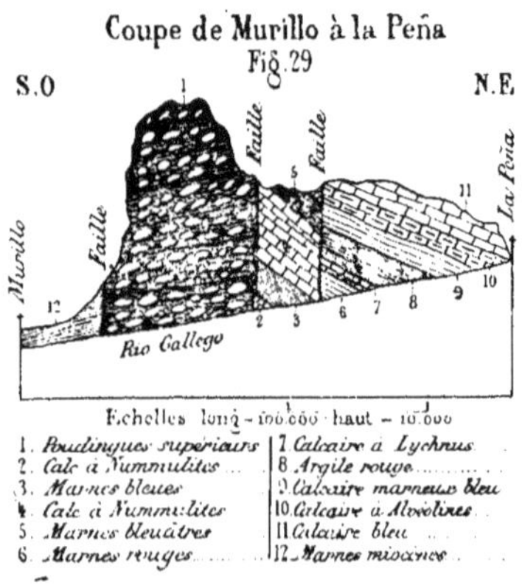

Quant aux fossiles que l'on peut à grand'peine extraire du calcaire, ils sont rarement déterminables ; cependant les *Lychnus* se rapportent certainement à l'espèce des environs de Segura, décrite par M. de Verneuil *(Lychnus Pradoanus)*. Bien que cette même espèce n'ait pas été rencontrée en Catalogne, je n'hésite pas à considérer, avec M. Mallada, les couches de la Peña comme d'un âge très voisin de celui des couches d'Isona et de Berga.

Aucun dépôt de cette époque n'existe dans les provinces occidentales.

Résumé. — Le Danien se divise en Espagne en trois zones : 1° Calcaire marneux à *Otostoma ponticum,* d'Arch., visible entre Baga et Berga (Catalogne) et à Antoñana (Alava) ; — 2° Calcaire à *Hemipneustes* au Nord de Berga ; — 3° Argiles rutilantes avec couches à *Cyrena laletana* et à *Lychnus* et dépôts de combustible. (Nord de Berga, Monsech, Conca de Tremp dans la Catalogne. La Peña dans l'Aragon.)

RÉSUMÉ GÉNÉRAL

DU TERRAIN CRÉTACÉ

Le résumé que j'ai présenté à la suite de l'étude spéciale du
terrain néocomien me dispense d'entrer dans de nouveaux
détails à son sujet ; on se souvient qu'il est représenté d'une
extrémité à l'autre de la région que j'ai visitée, depuis le
rivage de la Méditerranée jusqu'à la limite de la province
d'Oviédo ; le travail de M. Barrois a montré qu'il s'étendait
encore davantage vers l'Ouest. On se rappelle également que
les dépôts inférieurs de l'étage manquent absolument dans le
Nord de l'Espagne et que les couches à *Requienies* et à *Ostrea
aquila* représentent seulement le Néocomien moyen et supérieur.

Quant aux comparaisons avec le Midi de la France, j'ai déjà
fait remarquer qu'elles étaient d'une extrême facilité, et que
l'identité des couches espagnoles était absolue avec les calcaires de la Clape, du Rimet et des autres points de la zone
pyrénéenne, si bien décrits par D'Archiac (1), puis par
M. Hébert (2).

(1) Les Corbières (*Mém. Soc. Géol. de France*, 2ᵉ série, t. VI, 1859.)
(2) Le terrain crétacé des Pyrénées (*Bul. Soc. Géol. de France*, 2ᵉ série,
t. XXIV, p. 323, 1867).

On peut donc maintenant se faire une idée assez précise de l'étendue de la mer néocomienne à ses trois principales époques. Pendant le dépôt du Néocomien inférieur, toute la région occupée aujourd'hui par les Pyrénées était émergée ainsi que les deux tiers de l'Espagne; la partie méridionale de la Péninsule contient seule quelques traces incontestables des niveaux à *Térébratules trouées* et à *Bélemnites plates*.

La carte que donnait M. Hébert en 1867, à la suite de sa communication, ne doit par conséquent subir pour ce premier sous-étage aucune modification.

Il n'en est pas de même pour les limites assignées par le savant professeur à la mer du Néocomien moyen ou *urgonien*. N'ayant pas visité lui-même l'Espagne, et ne possédant pas d'autres renseignements que ceux qui lui avaient été transmis par de Verneuil, M. Hébert croyait que la plus grande partie du Nord de la Péninsule était émergée à l'époque urgonienne et que, seule, la province de Santander présentait du Néocomien moyen. Les détails que j'ai donnés ci-dessus, montrent qu'il en est autrement, et que la mer urgonienne, couvrant l'emplacement actuel des Pyrénées espagnoles s'étendait sur toute la Catalogne, sur le Nord de l'Aragon, la Navarre et la Biscaye; quant à son rivage méridional, il est impossible de le tracer actuellement par suite du manque de documents certains sur le terrain crétacé des provinces centrales de la Péninsule.

Pour le sous-étage *aptien*, les considérations que j'aurais à exposer ne seraient que la répétition textuelle de ce que je viens de dire pour le Néocomien moyen; il faut de même admettre l'extension de la mer du Néocomien supérieur sur toutes les provinces septentrionales de l'Espagne.

Mais, après le dépôt des *Ostrea aquila*, une longue période d'émergement commence pour la région pyrénéenne : le *Gault*, le *Cénomanien* et le *Turonien* inférieur font absolument défaut dans toute la partie montagneuse (1). La mer du Cénomanien inférieur recouvrait seulement la province de Santander, la Biscaye, l'Alava et une partie de la Navarre, sans pourtant que sa limite méridionale puisse être fixée avec plus de certitude que pour le Néocomien. En effet, les observations publiées par M. Donayre ne sont pas assez précises pour permettre de synchroniser les couches crétacées du Sud de la province de Saragoza avec la zone à *Orbitolina concava.*

Qnant au Turonien inférieur, il ne s'est déposé que plus à l'Ouest; connue dans la province d'Oviédo par le beau travail de M. Ch. Barrois, la zone à *Periaster Verneuili* ne semble pas en avoir sensiblement dépassé les limites du côté de Santander. La mer avait alors abandonné toute la région que j'ai explorée.

Il semble, par conséquent qu'il s'est produit vers le milieu de l'époque turonienne, un mouvement fort important, puisque nous trouvons maintenant les calcaires à Hippurites dans la contrée dont nous venons de constater l'émergement pendant les premiers dépôts turoniens. Par contre, les Rudistes ne se rencontrent pas dans la Navarre, la Biscaye, l'Alava ni la province de Santander.

Nous voici arrivés à la base des couches que je considère comme *Sénoniennes,* parce qu'elles sont plus récentes que la zone à *Hippurites cornuvaccinum* et *H. organisans ;* mais comme l'un des fossiles les plus abondants est généralement regardé comme plus ancien que les Hippurites dans les Corbières, aux environs de Rennes-les-Bains, je dois m'arrêter un instant pour discuter cette question importante.

---

(1) Je renouvelle pourtant les réserves que j'ai faites à propos du lambeau à *O. carinata* et *O. conica,* indiqué comme Cénomanien par M. Vidal dans la province de Lérida, et que je n'ai pas visité.

L'étage Sénonien tel que je le comprends, se divise en Espagne en quatre niveaux principaux :

4. Zone à *Ostrea vesicularis*.
3. Zone à *Micraster coreolumbarium* et *Mic. coranguinum*.
2. Zone à *Micraster brevis*.
1. Zone à *Micraster Heberti*.

Pour la première zone, je ne puis affirmer qu'elle soit postérieure aux Hippurites puisqu'elle se montre uniquement dans l'Alava, où il n'existe aucune trace de couches turoniennes ; mais précisément pour celle-là, il semble ne pas y avoir de doute en France. Le travail de M. de Lacvivier (1), dans lequel le *Micraster Heberti* a été créé, indique d'une façon certaine, la superposition de ce nouveau fossile aux calcaires à Hippurites ; il est vrai qu'il ne sait pas ce qui vient au-dessus du *Micraster Heberti*, et qu'il pourrait exister un second niveau à Rudistes.

Quant à la zone à *Micraster brevis*, en Espagne, il est hors de doute qu'elle n'est jamais recouverte par des couches à *Hippurites cornuvaccinum*, tandis que l'on peut voir dans quelques points, rares à la vérité, la superposition inverse des *Micraster* sur les Hippurites. Enfin les marnes bleues qui renferment le *Micraster brevis*, passent à la troisième zone à *Mic. coranguinum* et *M. corcolumbarium*, sans modification dans la nature du dépôt et sans aucune trace d'interruption ni de discordance.

En France, la position du *Micraster brevis* a divisé longtemps et passionné les géologues du Midi ; mais il semble bien démontré aujourd'hui qu'il existe deux niveaux à *Hippurites cornuvaccinum*, entre lesquels se développent les calcaires à Echinides. Les travaux récents de MM. Peron et Toucas (1),

(1) *Bul. Soc. Géol. de France*, 3° série, t. V, p. 537, 1877.
(2) Peron. Note sur les calc. à Echinides de Rennes-les-Bains (*Bul. Soc.*

qui viennent corroborer par des preuves nouvelles et positives, une opinion anciennement émise par d'Archiac, ne permettent plus le doute à cet égard. Mais il ne me paraît pas aussi certain que *toutes* les couches à *Micraster* soient inférieures au niveau à Hippurites; si l'on se reporte en effet à la coupe des bords de la Sals au Moulin-Tiffou (coupe n° 6 de M. Toucas), on voit que les couches à *Micraster* sont directement recouvertes par les grès et marnes de Sougraigne et du Moulin-Tiffou, puis par le grès d'Alet. Et ce ne sont pas là des faits exceptionnels; plusieurs coupes données autrefois par d'Archiac montraient déjà une succession semblable.

Ce qui existe au Moulin-Tiffou représente par suite exactement ce qui se voit en Espagne; le *Micraster brevis* occupe la base dans les deux régions; puis viennent d'une part, les marnes à *Micraster coranguinum*, *M. corcolumbarium* et grosses *Ananchytes*, et de l'autre les marnes du Moulin-Tiffou, correspondant au niveau de Tercis à *Mic. corcolumbarium* et grosses *Ananchytes*. Par-dessus, viennent en Catalogne les grès de Montesquiu et en France les grès d'Alet.

L'absence des Hippurites au-dessus des *Micraster brevis*, aussi bien dans quelques localités françaises que dans toute l'Espagne, peut être expliquée de deux manières : ou bien par une lacune correspondant au niveau supérieur des Hippurites qui ne se serait déposé que dans quelques points privilégiés, ou bien, au contraire, par une récurrence du *Micraster brevis* qui aurait continué à vivre après le dernier horizon de Rudistes. M. Toucas n'hésite pas à admettre la première de ces hypothèses; quant à moi, je pencherais plutôt vers la deuxième explication, au moins pour l'Espagne, parce qu'il y a continuité absolue entre les couches à *Micraster brevis* et celles qui

Géol. de France, 3ᵉ série, t. V, p. 469, 1877). — Toucas. Du terrain crétacé des Corbières (*Bul. Soc. Géol. de France*, 3ᵉ série, t. VIII, p. 39, 1879).

contiennent le *Micraster corcolumbarium,* et que, de plus la
zone supérieure des Hippurites (*Hippurites canaliculatus*) existe
en Espagne. Je ne l'ai jamais vue en relations avec le *Micraster brevis,* mais je crois qu'elle lui est inférieure parce que
toutes les couches qui surmontent les Echinides, sont parfaitement visibles d'un bout à l'autre de la chaîne des Pyrénées
sans que l'*Hippurites canaliculatus* s'y montre jamais, tandis
que le substratum des marnes bleues à *Micraster* est beaucoup
plus difficile à examiner.

Je rappellerai enfin que les deux auteurs qui ont étudié
avec le plus de soin le terrain crétacé de la Catalogne et de
l'Aragon septentrional, MM. Vidal et Mallada, admettent sans
aucune hésitation la superposition constante des marnes à
Micraster sur les couches à *Hippurites cornuvaccinum,* telle que
je l'ai moi-même indiquée dans ce qui précède.

Le Danien ne nous arrêtera pas longtemps; le synchronisme est très facile à établir. L'*Otostoma ponticum* et les *Hemipneustes* à la base, puis les *argiles rutilantes* et les couches à
Cyrènes, telle est la composition de l'étage sur l'un et l'autre
versant des Pyrénées. Mais il faut remarquer l'absence bien
certaine en Espagne de l'horizon supérieur marin à *Micraster
tercensis,* et la présence de *Lychnus* avec les Cyrènes. Je ne
crois pas pourtant qu'il faille conclure de ce dernier fait, avec
M. Matheron (1), que le calcaire de Rognac est absolument
synchronique des couches d'Auzas; en Espagne, en effet,
aussi bien qu'en France il existe un calcaire à *Lychnus* différent des couches à *Cyrènes* (Segura, La Peña), et que j'incline
à croire plus récent, quoiqu'ils ne se voient jamais en superposition.

(1) Ph. Matheron. Note sur les dépôts crétacés lacustres et d'eau saumâtre du
Midi de la France (*Bul. Soc. Géol. de France,* 3e série, t. IV, p. 415, 1876).

TERRAINS TERTIAIRES

—

Bien qu'il soit assez difficile de tracer la limite exacte du crétacé et du tertiaire dans le Nord de l'Espagne, l'incertitude n'existe, en somme, que pour quelques couches peu puissantes et dépourvues de fossiles.

Nous avons vu, dans le chapitre précédent, que le terrain crétacé se termine par des argiles rouges se rattachant, par leur base, aux assises fossilifères garumniennes, et appartenant, par conséquent, avec certitude, aux terrains secondaires. Mais, comme les argiles rouges se montrent constamment à la base du tertiaire, recouvrant un emplacement tout différent de celui qu'occupe le terrain crétacé, nous aurons à examiner s'il n'y a pas lieu de faire une division au milieu même de ces assises et d'en rapporter la partie supérieure au terrain éocène.

Ce point éclairci, la distinction devient des plus nettes et ne donne lieu en aucun cas, à des difficultés sérieuses ; nous ne sommes plus, en effet, à une époque où le terrain nummulitique puisse être regardé comme une dépendance du terrain crétacé, ainsi que le soutenait Dufrénoy, il y a plus d'un demi-siècle ; il n'est pas permis non plus de soutenir aujourd'hui comme le faisait Collette, en 1848, que les couches à Nummulites alternent avec celles qui renferment les Rudistes caractéristiques du terrain crétacé, car tous les géologues aujourd'hui savent distinguer les Orbitolines des Foraminifères qui ont donné leur nom au terrain éocène du Midi de l'Europe.

Mais si les fossiles permettent toujours la distinction facile du Secondaire et du Tertiaire, il n'en est pas de même de la composition minéralogique : les marnes bleues et les calcaires compacts qui forment, comme nous l'avons vu, la plus grande partie du terrain crétacé supérieur, ne se distinguent en rien des couches qui composent l'Eocène dans toute la région pyrénéenne. Aussi, comprend-on facilement que dans un pays si déshérité au point de vue des fossiles, des auteurs consciencieux, comme l'étaient de Verneuil et ses collaborateurs, aient pu commettre des erreurs aussi graves que de considérer comme tertiaires les couches de Vitoria et de Salas.

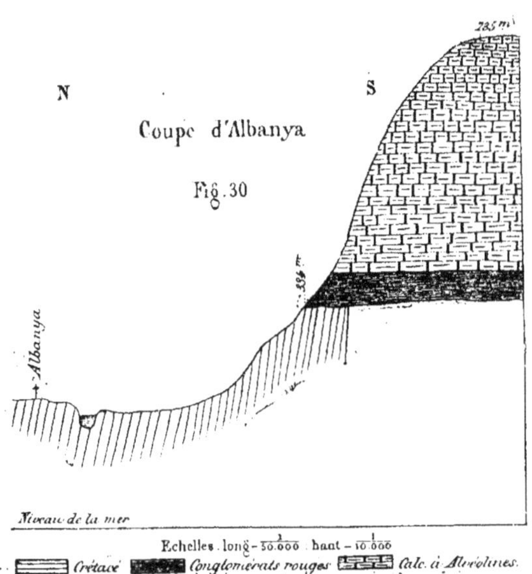

Il ne semble pas y avoir eu, dans les Pyrénées, à la limite inférieure du terrain tertiaire, de grands mouvements du sol qui permettraient par l'inclinaison différente des couches crétacées et des strates éocènes, de distinguer à première vue ces deux systèmes ; mais, au contraire, dans la plupart des points où j'ai étudié le contact du Crétacé et du Tertiaire, il y avait concordance absolue de stratification, ou tout au moins discordance très peu marquée ; c'est à peine si l'on peut trouver quelques rares exceptions, comme à Albanya par exemple (fig. 30). S'il arrive très fréquemment que les couches secondaires soient relevées jusqu'à la verticale, le même fait s'observe également pour le Nummulitique en maintes localités comme dans la Sierra de Guarra par exemple (voir ci-dessus fig. 19), ou bien entre Salvatierra et Sigues (fig. 31) ;

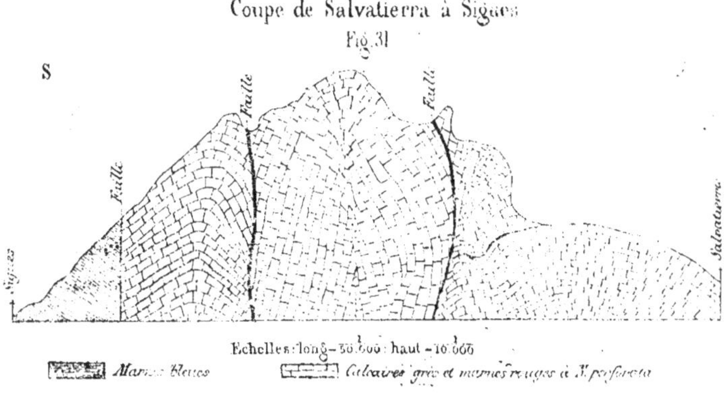

Coupe de Salvatierra à Sigues

la coupe du défilé entre ces deux villages montre une suite de plissements des plus remarquables. C'est donc pendant les derniers dépôts de la période éocène que se placent les plus grandes dislocations et le principal soulèvement des Pyrénées ; à la fin de la période crétacée, il n'y a eu que des mouvements sans importance considérable.

Les trois grandes divisions du terrain tertiaire sont représentées dans le Nord de l'Espagne, mais d'une façon fort inégale ; l'Éocène occupe la plus grande partie de la région pyrénéenne et s'étend par lambeaux à l'Ouest jusqu'à la limite de la province d'Oviédo ; il pénètre même quelque peu dans la région littorale de la Méditerranée, à Gérona, par exemple, de sorte qu'il occupe une surface de pays considérable. Son épaisseur est également très grande, **car** on peut l'estimer à plus de 2,000 mètres en restant encore certainement au-dessous de la vérité.

Le Miocène, à son tour, recouvre plus d'un tiers de l'Espagne ; dans la région que j'ai explorée, il occupe toute la plaine de l'Ebre, où les sédiments sont exclusivement lacustres et presque dépourvus de fossiles ; il compose aussi la majeure partie de la région littorale, présentant là un grand nombre de zones marines différentes.

Quant au Pliocène, il est bien moins étendu qu'on ne le croit généralement, c'est à peine s'il en existe quelques lambeaux auprès de Barcelona.

On voit que pour les subdivisions du terrain tertiaire, je suis rigoureusement la méthode de Lyell et que j'emploie seulement les termes d'*éocène, miocène* et *pliocène*, sans introduire dans la nomenclature l'*oligocène,* malgré la vogue dont jouit aujourd'hui cette quatrième subdivision. Comme plusieurs fois déjà pour d'autres bassins, l'on m'a reproché à ce propos de rester en arrière du mouvement scientifique et de chercher à entraver les progrès de cette partie de la géologie en maintenant l'ancienne classification, insuffisante aujourd'hui, je crois utile de montrer ici les raisons qui m'ont déterminé dans cette occasion.

En premier lieu, je considère tout changement de nomenclature en géologie comme funeste et contraire aux intérêts scientifiques ; ce n'est que lorsque la nécessité s'en fait impérieusement sentir que l'on doit modifier les appellations communément adoptées ; or, dans le cas présent, cette nécessité existe-t-elle ? Non seulement je ne le crois pas, mais encore l'introduction de l'oligocène me paraît présenter trop d'incertitudes et de difficultés pour que ce terme réponde vraiment à une grande division naturelle. Je ne puis ici, sortant de mon sujet, aller discuter la valeur de la classification nouvelle en dehors de l'Espagne ; je dois dire pourtant que dans tous les bassins tertiaires de la France, la distinction de l'éocène et du miocène m'a toujours paru des plus naturelles et des plus faciles, tandis que chacun de ces groupes pris isolément formait un ensemble uniforme et indivisible.

En Espagne, l'admission d'un terme intercalaire est d'une impossibilité absolue. Qui songerait, en effet, à placer une grande division au milieu de cet ensemble de dépôts auxquels on avait donné le nom de *nummulitique,* alors qu'on ne savait à quelles zones de l'Europe septentrionale ils devaient être rapportés ? N'est-ce pas là l'Éocène admirablement constitué et tellement distinct des couches qui le surmontent que jamais un auteur n'a hésité à les séparer ? Ce que j'ai déjà dit sur la distribution géographique de l'Eocène et du Miocène dans le Nord de l'Espagne, montre encore mieux que leur faune, la séparation absolue qui existe entre eux. Tandis que le terrain nummulitique occupe la région montagneuse et forme jusqu'aux sommets les plus élevés de la chaine, tels que le Mont-Perdu (3,331ᵐ) comme on le sait depuis longtemps déjà, le miocène (1), au contraire, n'existe que sur les rivages et à de faibles altitudes, montrant ainsi la discordance la plus complète avec les couches précédentes. Il ressort évidemment de cette différence de situation que le terrain

---

(1) Je ne parle ici que du miocène *marin ;* les couches lacustres ayant pu se former à des altitudes plus ou moins grandes, sans que nous ayons de moyen de le contrôler, ne sont d'aucune importance pour l'étude des oscillations du sol.

éocène est antérieur au soulèvement des Pyrénées, tandis que le Miocène lui est postérieur ; les couches les plus élevées du Nummulitique ont été disloquées, brisées, coupées de failles et portées à une altitude considérable ; au lieu que les strates miocènes soulevées de quelques cents mètres, par suite du mouvement général de relèvement de la Péninsule, n'en ont pas moins conservé une position fort voisine de celle de leur dépôt, sans montrer nulle part de ces grandes cassures si fréquentes auparavant.

On voit par là combien la limite entre les deux premières grandes divisions du tertiaire est nette et naturelle en Espagne, si l'on s'en tient à la classification de Lyell et combien, au contraire, la réunion de l'Éocène supérieur au Miocène inférieur détruirait à la fois les relations stratigraphiques et paléontologiques les plus évidentes.

Une autre question de nomenclature générale des terrains tertiaires se présente encore ; la distinction du Miocène et du Pliocène est souvent délicate comme le savent tous ceux qui se sont occupés du tertiaire supérieur, et il est quelquefois fort difficile de savoir à laquelle de ces deux divisions doivent se rapporter certaines couches dont les caractères sont peu tranchés. Aussi, l'un des savants qui étudient spécialement les terrains dont il s'agit ici, a-t-il proposé récemment d'intercaler le terme de *Mio-pliocène* pour grouper sous cette nouvelle accolade les couches de passage entre les deux anciennes divisions. Comme cette expression de Mio-pliocène a déjà été appliquée à certaines zones du Nord de l'Espagne, je dois faire connaître les motifs qui s'opposent, pour moi, à son adoption.

Je considère d'abord que c'est méconnaître le caractère de généralité que doivent avoir les premières divisions d'un grand ensemble, que de multiplier les coupures de premier ordre ; ce ne serait plus une classification que l'on aurait alors, mais une simple énumération des diverses couches, et le but de ces divisions générales, qui est précisément de grouper de vastes ensembles, se trouverait ainsi manqué. Certes, en présence de ces couches de passage si difficiles à classer, mais existant si fréquemment entre nos divisions factices, on comprend qu'un auteur soit tenté de mettre un terme à ses hésitations en créant une nouvelle dénomination.

Mais ce n'est là, j'ose le dire, qu'un expédient et non une solution réelle et philosophique ; la difficulté, d'ailleurs, restera la même pour séparer la nouvelle assise de celles qui la précèdent ou qui la suivent, et de nouveaux termes viendront encore s'intercaler à leur tour, surchargeant sans cesse la classification primitive. Aussi pensé-je que le *Mio-pliocène* n'est pas plus acceptable que l'Oligocène et que si l'on a des doutes sur la place que doivent occuper certaines zones dans la série stratigraphique, ce n'est pas la création d'une dénomination intermédiaire qui servira à éclairer sur les rapports réels des terrains.

I. — TERRAIN ÉOCÈNE

L'étendue du terrain éocène dans le Nord de l'Espagne est, comme je l'ai dit, considérable; en effet, commençant à l'Est, à quelques kilomètres de la mer auprès de Gérona, il se continue sans interruption à travers la Catalogne et l'Aragon jusqu'à la Navarre au delà de Pamplona; dans cette vaste contrée, les différentes couches se présentent avec une assez grande uniformité d'une extrémité à l'autre; mais il existe néanmoins quelques zones dont je n'ai rencontré de représentants que dans des régions restreintes. En dehors de ce grand bassin éocène, il existe encore plus à l'Ouest, quelques outliers dont le dernier se montre auprès de San Vicente de la Barquera; situés sur le rivage actuel de l'Atlantique, ils se rattachaient évidemment aux dépôts du même âge de Biarritz par l'Océan actuel; mais ils devaient aussi se relier directement aux couches de la Navarre et de l'Aragon bien que l'on ne connaisse pas de trace de dépôts tertiaires entre Pamplona et le golfe de Gascogne.

Nous n'aurons pas souvent à nous occuper, pour le terrain éocène, des travaux antérieurs; la plupart des auteurs qui ont laissé quelques notes sur la géologie du Nord de l'Espagne, se sont principalement occupés du terrain crétacé, et n'ont fait que signaler la présence du Nummulitique sans entrer dans aucun détail et sans faire connaître ni la faune ni la superposition des différentes zones qui le constituent. Seul, jusqu'à ces derniers temps, M. Vézian avait étudié une portion très limitée de la province de Barcelona (1), et avait cru y rencontrer toutes les assises des terrains tertiaires bien développées. C'est seulement au retour de mon deuxième voyage que me parvint un autre travail traitant du terrain nummulitique d'une façon sérieuse ; je veux parler du livre de M. Mallada sur la province de Huesca (2), dans lequel le terrain tertiaire fait l'objet d'un chapitre important.

Comme il n'y a pas de divisions naturelles dans le vaste bassin éocène que j'ai délimité ci-dessus, je suis obligé pour mettre un peu d'ordre dans l'exposé de mes recherches, de prendre successivement les diverses provinces de la Catalogne, puis de l'Aragon et de la Navarre et d'examiner chacune d'elles isolément.

CATALOGNE

Province de Barcelona. — Une montagne étrange, celèbre depuis plus de mille ans comme lieu de pèlerinage, attire les regards par sa haute taille et sa silhouette bizarrement découpée ; c'est le Mont Serrat que j'ai pu étudier à loisir, logé au couvent qui reçoit gratuitement les visiteurs. S'élevant subitement de plus de 1,000 mètres au-dessus des plaines ondulées et des collines qui l'entourent, le Mont Serrat paraît dans son isolement, d'une hauteur prodigieuse, bien que son sommet le plus élevé, le pic de San Hieronymo ne dépasse pas en réalité 1,241 mètres d'altitude. Du côté du Sud, ses flancs s'abattent à pic vers le village de Colbato où passe la bande silurienne que j'ai indiquée plus haut et qui se poursuit au pied du Mont depuis Bruch jusqu'à Olesa ; elle marque la limite de l'éocène vers le Sud. A l'Est,

(1) Vézian. Du terrain post-pyrénéen des environs de Barcelone, Montpellier 1856.

(2) Mallada. Geologia de la provincia de Huesca, Madrid, 1878.

les pentes, non moins abruptes, descendent jusqu'au Llobregat, tandis que vers le Nord, elles s'abaissent plus doucement sur Manressa. Du côté d'Igualada enfin, l'inclinaison relativement faible du sol permet de suivre facilement la série des couches jusqu'à la base de l'Eocène ; aussi est-ce par là que je commencerai l'étude de la province. Transportons-nous au village de Carma (fig. 32); dans le fond du ravin où

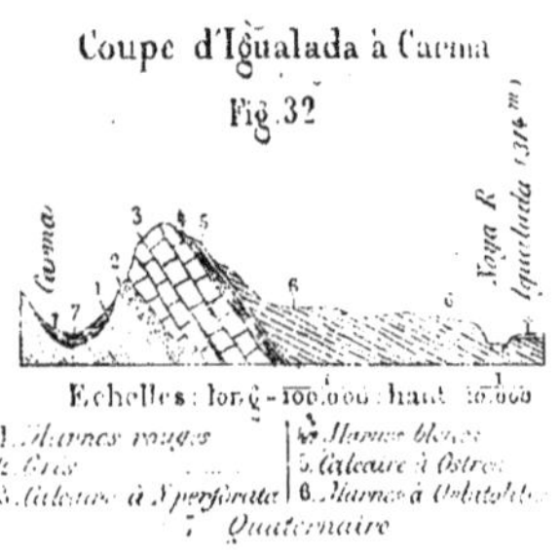

Coupe d'Igualada à Carma

Fig. 32

il est situé, se voient d'abord des marnes rouges qui forment les premières assises tertiaires en ce point ; entremêlées de bancs calcaires, d'une teinte uniforme et non bariolées, elles se distinguent encore assez bien des marnes du Crétacé supérieur. Directement au-dessus, se montrent des grès avec quelques conglomérats, puis en continuant à se diriger vers Igualada, on rencontre bientôt ces calcaires grossiers marneux si fréquents dans l'Eocène méditerranéen, qui commencent à offrir quelques fossiles. Ce sont surtout les Nummulites qui se présentent en nombre énorme, accompagnées seulement de quelques lamellibranches ; ces derniers se trouvent plutôt dans un second banc calcaire un peu plus élevé et séparé du premier par 20 mètres de marnes bleues. Je citerai :

Nummulites perforata, d'Orb.
Nummulites Lucasana, Defr.
Pecten solea, Desh.
Pecten subtripartitus, d'Arch.

Ostrea indét., très abondantes.
Mytilus sp.
Schizaster Studeri, Ag.

L'épaisseur des marnes et des grès est de 30 à 35 mètres et celle des calcaires à Nummulites de 50 mètres. L'ensemble de ces couches plonge très fortement au N.-N.-O., c'est-à-dire vers Igualada; l'inclinaison n'est pas de moins de 45°.

Arrivé alors à peu près à mi-chemin de Carma à Igualada, on rencontre des marnes bleues à peine inclinées, reposant par conséquent, en stratification franchement discordante, sur les calcaires à *Nummulites perforata;* elles offrent dès la base :

Schizaster rimosus, Desor.
Euspatangus sp.
Schizaster n. sp.
Schizaster ambulacrum, Ag.
Orbitolites radians, d'Arch.
Operculina granulosa, Leym.

Les mêmes marnes se continuent alors jusqu'à Igualada et forment le fond et les parois du cirque dont cette ville occupe le centre. Du côté de Monbuy, elle présente des fossiles plus abondants :

Schizaster rimosus, Desor.
Euspatangus sp.
Euspatangus elongatus, Ag.
Ostrea sp.
Nummulites Biarritzensis, d'Arch.
Orbitolites radians, d'Arch.
Orbitolites papyracea, d'Arch.
Orbitolites Fortisii, d'Arch.
Operculina granulosa, Leym.

Les mêmes marnes s'étendent aussi à l'Ouest jusqu'auprès de Pobla de Claramunt où elles présentent un facies spécial par suite d'une grande abondance de polypiers gigantesques, mais en dehors de cette anomalie le petit bassin d'Igualada est d'une uniformité complète depuis Odena jusqu'à Pobla et de Monbuy à Castel-Oli. En se portant d'Igualada, vers ce dernier village, on entre peu à peu dans des couches plus récentes (fig. 33), car l'on monte constamment, en même temps

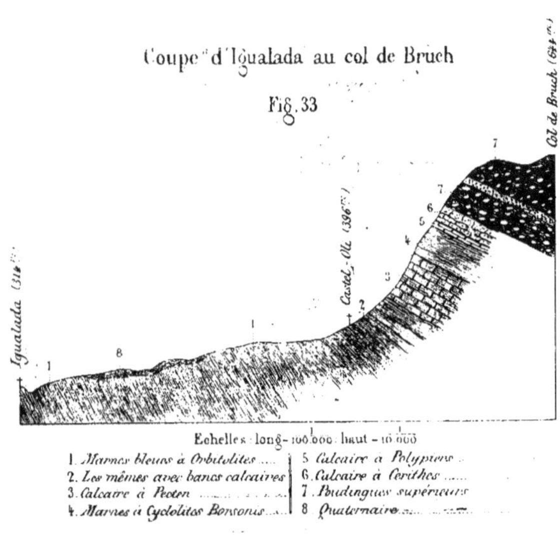

que les couches plongent légèrement dans le même sens. Mais on continue néanmoins à rencontrer les mêmes marnes bleues avec les mêmes fossiles, principalement les *Operculines,* la *Nummulites striata,* Def. et l'*Orbitolites radians.* Après avoir dépassé le village, j'ai pu recueillir de très nombreux moules de fossiles, surtout de lamellibranches, *Cytherea, Tellina, Cardium, Pecten,* etc ; il y a aussi quelques Gastéropodes tels que : *Voluta, Ficula, Fusus, Pleurotoma,* etc. ; leur état de conservation ne permet pas de les déterminer spécifiquement. Mais bientôt après le village, des bancs calcaires viennent s'intercaler au milieu des marnes ; c'est l'indice d'un changement qui va s'opérer, car on arrive alors à un assise de calcaire dur à *Pecten* et grandes Huîtres (*O. gigantea?*) *Spondylus cisalpinus,* Al. Brong., *Spondylus* sp., nombreuses Crassatelles, etc. Au-dessus de ce banc qui a 70 mètres de puissance viennent 52 mètres de marnes bleues à fossiles divers :

> *Voluta Bezançoni,* Bayan.
> *Natica sigaretina,* Desh.
> *Cyclolites Borsonis,* Mich.

Puis un calcaire à petites Nummulites se montre sur 10 mètres d'épaisseur; il contient des fossiles abondants, principalement des polypiers; ce sont :

> *Leiocidaris itala,* Laube sp.
> *Orbitolites papyracea,* d'Arch.
> *Trochocyathus Van den Heckei,* M. Edw. et Haime.
> *Placosmilia strangulata,* d'Achiardi.
> *Leptaxis bilobata,* Mich. sp.
> *Stylocænia lobato-rotundata,* Mich. sp.
> *Stylophora pulcherrima,* d'Achiardi.

C'est surtout dans une butte, au Nord de la route, que se montrent les fossiles de cette zone; au-dessus vient un autre calcaire gris très dur de 20 mètres de puissance, renfermant une quantité de Cérithes énormes, qui tout en ayant conservé le test sont trop profondément engagés dans la roche pour pouvoir en être séparés; ils sont surtout réunis dans une bande de 1 mètre environ d'épaisseur; plus grands que le *Cerithium giganteum,* ils sont beaucoup plus renflés et plus larges à la base; ils ne se rapportent à aucune espèce connue. Quelques galets se montrent déjà avec les Cérithes puis immédiatement au-dessus, commencent des poudingues à gros éléments qui se continuent jusqu'au col de Bruch et de là jusqu'au sommet du pic de San Hyeronimo.

Ces poudingues sont très importants à la fois par leur grande puissance (plus de 1,000 mètres), et par leur étendue

puisqu'ils se retrouvent dans toute l'Espagne ; aussi est-il nécessaire de s'y arrêter quelque peu. Ils ont une teinte générale rougeâtre, surtout à la base, soit du côté de Castel-Oli,
soit sur les rives du Llobregat entre Esparraguerra et Monistrol ; ils sont formés de galets très roulés qui ont jusqu'à
1 mètre de diamètre, mais dont le plus grand nombre ne dépasse pas $0^m,10$; ces cailloux sont agglutinés par une sorte de
grès grossier mêlé quelquefois de calcaire qui présente une
grande résistance ; aussi la roche est-elle fort tenace et peu
désagrégeable.

La provenance de ces cailloux est très variée. La plupart
des terrains préexistants s'y trouvent représentés ; toutefois
les calcaires compacts crétacés dominent ; ils sont accompagnés de silex noirs du même âge, de schistes siluriens, enfin
de quelques roches éruptives, granite, porphyre, rarement
ophite.

Le sens de la stratification serait le plus souvent impossible
à découvrir dans cet amas informe, s'il n'existait de distance
en distance des couches discontinues d'argile rouge qui peuvent servir de points de repère, bien qu'elles n'aient en
général que peu d'étendue ; on les voit en effet se terminer
soit brusquement, soit en biseau pour être remplacées latéralement par le poudingue.

La masse proprement dite du Mont-Serrat est entièrement
formée par ces couches puissantes ; leur extrême dureté et
leur résistance inégale aux agents atmosphériques leur font
prendre l'aspect de tours gigantesques superposées les unes
aux autres et surmontées de pics aigus qui donnent à la montagne son aspect saisissant.

Nous venons de voir la suite des couches que l'on rencontre
en allant d'Igualada au Mont-Serrat ; mais si l'on prend une
autre direction et que l'on se rende d'Igualada à Manressa par
Odena, la succession est quelque peu différente ; après avoir

monté jusqu'à Odena dans les marnes bleues renfermant toujours les mêmes fossiles, on commence à voir de petits bancs
de gypse qui viennent s'intercaler entre les assises de marne,
puis une masse de gypse se présente, de 25 à 30 mètres
d'épaisseur ; elle est surmontée par les poudingues entremêlés de marnes rouges analogues à ceux qui se voient immédiatement au-dessus des gros Cérithes, sur la route de
Castel-Oli ; ils se continuent sur 90 mètres de hauteur et se
poursuivent ensuite jusqu'à Manressa ; mais en descendant sur
cette ville, on retrouve la base du poudingue, occupée par un
banc épais d'un grès gris-bleuâtre qui représente la couche à
Cérithes de Castel-Oli (fig. 34).

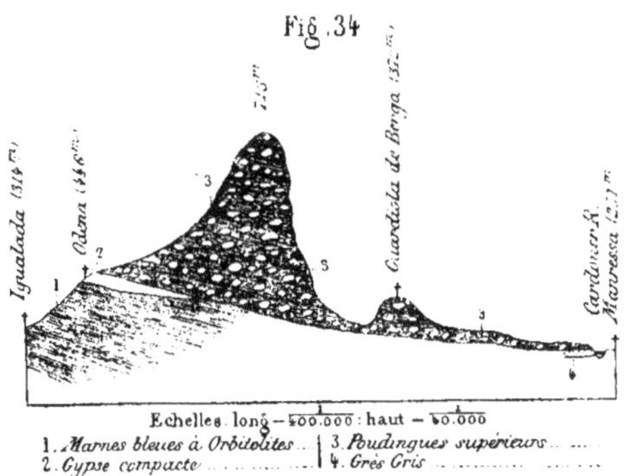

Le gypse d'Odena est compact et très finement cristallisé ;
on ne peut y distinguer les cristaux à l'œil nu ; il ne se poursuit pas du côté de Bruch où il est promptement remplacé par
des poudingues rouges ; mais du côté opposé, il se continue
pendant une vingtaine de kilomètres jusqu'à Clariana ; il
forme toujours la séparation des marnes bleues et des poudingues, soit auprès de Rusella, soit à la descente du chemin
de Calaf (fig. 35) ; auprès de Jorba il paraît diminuer, car les
poudingues avec les argiles rouges reposent directement sur

les marnes bleues, et les assises de sulfate de chaux ne sont
que peu épaisses et disséminées. La petite butte à l'Ouest de
Jorba présente quelques exploitations de grès ; ce sont des
bancs dépendant de l'assise des poudingues qui donnent ici
une assez bonne pierre de construction. En se dirigeant de là
vers Clariana, on ne tarde pas, en descendant quelque peu
dans les couches, à retrouver le gypse beaucoup plus épais
qu'à Odena ; il constitue la plus grande partie des collines qui
entourent le vallon de Clariana, dont le fond est formé par les
marnes bleues. Entre Clariana et Tous, le gypse atteint jusqu'à cent mètres d'épaisseur, il est moins compact et plus
translucide qu'à Odena ; sa superposition aux marnes
d'Igualada est encore bien visible dans cette localité.

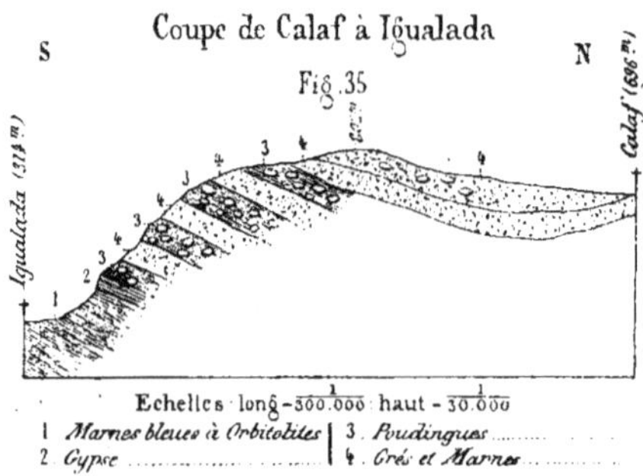

Le Mont-Serrat ne présente aucune couche fossilifère dans les
poudingues, soit du côté de Castel-Oli, soit du côté de Colbato
et d'Esparraguerra ; vers Monistrol, il n'en est pas de même ;
plusieurs bancs avec Nummulites, Oursins, Huîtres, Peignes
se montrent dans la moitié inférieure de la montagne. La
coupe suivante énumère les différentes couches que l'on peut
y distinguer de haut en bas (fig. 36).

1. Poudingue homogène à peine traversé par quelques
   bancs d'argile rouge (de San Hyeronimo au cou-

vent . . . . 530^m

2. Poudingue à éléments plus fins avec nombreux bancs d'argiles rouges atteignant jusqu'à 2 mètres d'épaisseur. . . . . 80^m

3. Alternances de poudingues, de calcaires marneux à traces charbonneuses, d'argiles jaunâtres et de calcaire bleu avec très nombreuses *Ostrea*, *Pecten*, *Lima*, *Crassatelles*, etc. — *Nummulites* de petite taille très abondantes (*N. striata*, d'Orb. — *Num. contorta*, Desh.) . . . . 90^m

4. Poudingues, grès et argiles rouges . . . . . . 25^m

5. Calcaire bleu et grès jaunâtre avec baguettes d'Oursins, *Ostrea* (1), *Pecten*, *Nummulites striata* . . . . 15^m

6. Grès tendres à tubulations, calcaires bleus et poudingues sans fossiles à l'exception de quelques très rares Pectens . . . . 25^m

7. Poudingues et argiles rouges . . . . 110^m

8. Calcaire bleuâtre dur à cassure plate . . . 10^m

9. Argiles rouges ou bariolées avec quelques poudingues (jusqu'au Llobregat) . . . . . 25^m

On pourrait distinguer plusieurs centaines de couches dans la masse puissante du Mont-Serrat, car les alternances de grès, de calcaire et de poudingue se renouvellent un nombre incalculable de fois ; aussi ce que j'indique ici, n'est pas autre chose que le groupement des différentes zones de la manière qui m'a paru la plus rationnelle. Il est bon d'ailleurs de se rappeler que les couches représentées dans cette coupe ne forment qu'un seul ensemble et sont toutes supérieures aux marnes à Orbitolites. Entre Monistrol et Manressa, on

(1) Espèce plissée voisine de l'*Ostrea flabellula*, Lk.

retrouve une partie des couches qui constituent le Mont-Serrat ; l'inclinaison se porte, en effet, vers Manressa, mettant ainsi au jour des couches de plus en plus récentes.

A Monistrol, les rives du Llobregat sont formées, comme nous venons de le voir, par des marnes rouges avec quel-

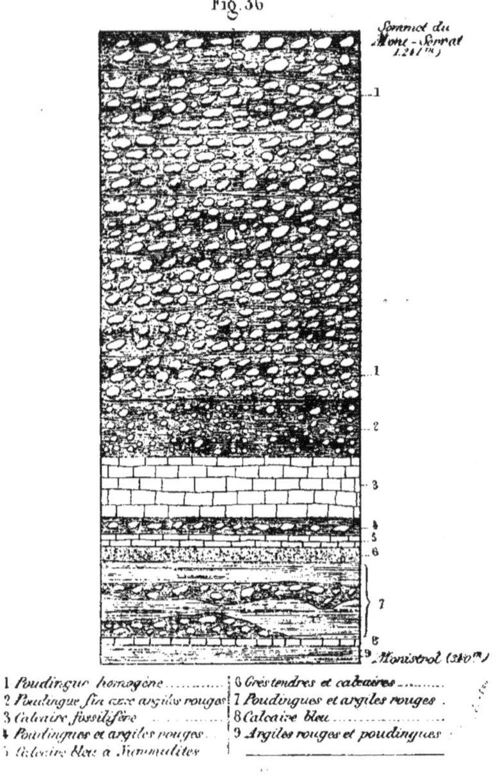

1 Poudingue homogène ....
2 Poudingue fin avec argiles rouges
3 Calcaire fossilifère ....
4 Poudingues et argiles rouges ..
5 Calcaire bleu à Nummulites

6 Grès tendres et calcaires ....
7 Poudingues et argiles rouges .
8 Calcaire bleu ....
9 Argiles rouges et poudingues

ques poudingues ; on les suit d'abord pendant quelque temps, puis elles commencent à plonger de façon à disparaître bientôt pour faire place à une puissante série de calcaires et de grès toujours entremêlées de poudingues. L'épaisseur de ces couches atteint au moins 150 mètres ;

elles renferment à la base des Orbitolites abondantes (*Orbitolites papyracea ??*) avec quelques *Nummulites striata*, d'Orb. *Num. Boucheri?* de la Harpe et des radioles d'Oursins ; puis vient une zône où les Echinodermes sont très abondants ; la plupart appartiennent au genre *Euspatangus*, mais il est difficile de les déterminer spécifiquement, peut-être doivent-ils être rapportés à l'*Euspatangus elongatus*, Ag. Au-dessus, il n'y a plus guère que la *Nummulites striata*, d'Orb , avec quelques *Pecten* et *Ostrea*. Cette dernière couche enfin est recouverte par les grès gris-bleuâtres que nous a déjà montrés la coupe d'Igualada à Manressa.

Manressa est entourée de tous côtés par les poudingues ; j'ai indiqué déjà ce qui existe au Sud depuis Castelfullit jusqu'à Esparraguerra et Monistrol de Mont-Serrat ; dans la direction de Calaf, on reste constamment jusqu'à la limite de la province dans les marnes rouges et poudingues formant la base du Mont-Serrat, composés d'une alternance de bancs peu puissants, et à petits éléments ; il en est de même des environs de Rubio et de Gravalosa. Si maintenant nous nous dirigeons vers le Nord, il en est absolument de même ; jusqu'à Caserras et Berga, l'on ne quitte pas ces couches ; enfin sur la route de Vich on observe les argiles rouges jusqu'à San Fructuoso de Bagès. Dans toute cette vaste étendue de terrain, les fossiles sont excessivement rares, ce n'est qu'à 1 kilomètre environ au Nord de Manressa que j'ai constaté la présence d'un banc d'huîtres, dans une petite butte s'élevant à 50 mètres environ au-dessus de la plaine environnante. Le sommet, occupé par une tour, est formé de diluvium caillouteux, puis viennent des marnes et des calcaires marneux gris, de 10 mètres de puissance ; à la base se trouve un banc de petites huîtres mal conservées ; et enfin on rencontre au-dessous, les argiles rouges, grès et poudingues qui se joignent à ceux de la plaine environnante (fig. 37).

Nous venons de voir que de Manressa à San Fructuoso de Bagès, on ne sortait pas des poudingues ; mais à l'entrée de ce village, se montrent des calcaires marneux avec *Cardium, Lucina, Cerithium, Turritella, Turbo, Ostrea, Schizaster, Nummulites striata*, d'Orb. ; ils disparaissent promptement sous le diluvium pour se montrer de nouveau sur la rive du Llobregat. Bien que les fossiles (Mollusques, Radioles d'Oursins) soient abondants, aucun ne peut être déterminé, aussi est-ce avec doute que je place ces couches situées entre San Fructuoso et le Llobregat, au même niveau que celles qui constituent la base du Mont-Serrat (couche 5 de la coupe ci-dessus).

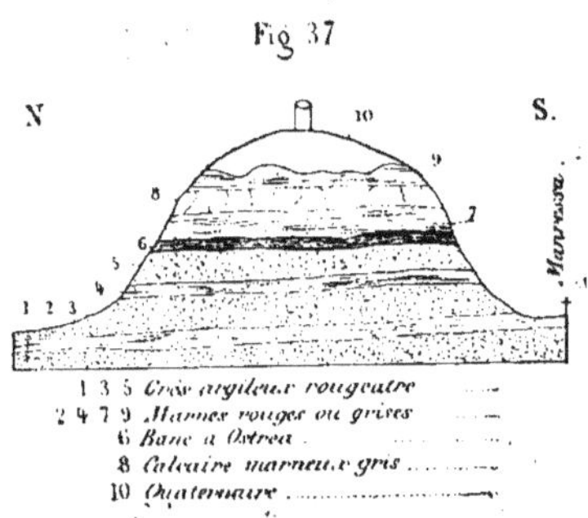

Fig. 37

Après le passage du Llobregat, les couches sont bien différentes, et il me semble nécessaire d'admettre qu'il existe une faille dans le lit même de la rivière ; on rencontre d'abord des calcaires compacts et des marnes à *Velates Schmidelliana*, Chem. sp., puis un banc uniquement formé de polypiers ; cet ensemble peut avoir 25 mètres ; au-dessus sont des calcaires bleus et des marnes contenant encore quelques *Velates* et *Salmacis Van den Eckei*, Ag. (24 mètres), puis des calcaires à *Velates Schmidelliana* gigantesques sur 2 mètres d'épaisseur ; ils deviennent jaunes et friables à la partie supérieure, renfermant toujours le même fossile, mais de

taille moyenne pendant 12 mètres. Dès lors, la montée cesse
d'être rapide et suit à peu près l'inclinaison des couches
pendant sept kilomètres jusqu'au village de Caldès où les
calcaires grossiers jaunes à *Velates* continuent à se montrer,
à 280 mètres au-dessus du pont de San Fructuoso (fig. 38).

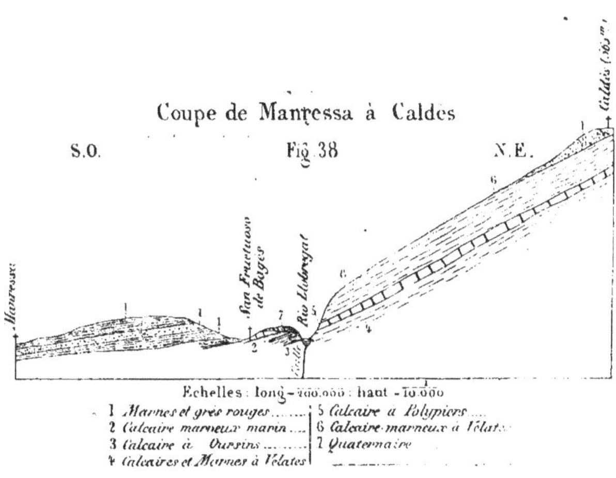

Au Sud de Caldès s'ouvre un ravin à pic de 150 mètres de
profondeur, permettant de voir une belle superposition. Le
village même est situé sur des argiles et grès rouges, mais
presque aussitôt se montrent les calcaires à Nummulites
comme l'indique la coupe suivante (fig. 39).

1. Marnes et grès rouges . . . . , .   12^{m}
2. Calcaire à *Velates Schmidelliana* et à polypiers
    à la fois nombreux et volumineux . . . .   65^{m}

> *Spondylus Caldesensis*, L. Carez.
> *Mytilus Almeræ*, L. Carez.
> *Echinolampas n. sp.*
> *Schizaster Studeri*, Ag.

3. Calcaires et marnes à petites Nummulites

(*N. striata*) et à grands Cérithes. (Espèce très voisine du *Cer. Lachesis*, Bayan, mais les tours sont encore plus étroits et les dents pariétales sont extrêmement rapprochées ; elles sont au nombre de 5, dont 3 inférieures et 2 supérieures). . . . . 15^m

4. Calcaire à polypiers . . . . 35^m

5. Calcaire à *Nummulites perforata* et *Nummulites Lucasana* . . . . $1^m,50$

> *Spondylus cisalpinus*, Al. Brongniart.

6. Calcaires et grès passant au conglomérat. . . 17^m

7. Calcaire à petites Nummulites (*N. Lucasana*) . 2^m

8. Marne bleue sans fossiles 0,80

9. Calcaire à grandes *Orbitolites*, *Operculina granulosa*, Leym., *Nummulites Lucasana*, Def. 8^m

10. Calcaire à petites Nummulites (*N. Lucasana*). 12^m

> *Natica cœpacea*, Lk.
> *Natica* sp.
> *Turitella* sp.
> *Spondylus cisalpinus*, Al. Brong. ?
> *Pecten subtripartitus*, d'Arch.
> *Ostrea* (grande espèce plissée).
> *Montlivaultia Jacquemonti*, d'Arch ?

11. Calcaire gréseux tendre sans fossiles . . . . 15^m

12. Marnes bleuâtres à polypiers rares . . . . . 30^m

13. Conglomérat rouge formé de blocs non roulés, principalement de schistes, dans une sorte de grès grossier rouge brun . . 25^m

14. Calcaire compact bleuâtre (âge inconnu) visible sur . . . . 30^m

Les quatre dernières couches ne se voient pas directement au-dessous des autres, mais s'étagent dans le ravin en se

dirigeant sur·Monistrol de Caldès, qui est situé sur le nᵒ 14 ;
aussi l'épaisseur de ces couches est-elle fort douteuse ; quant
à la dernière, elle pourrait bien ·appartenir au terrain crétacé, je n'ai réussi à y découvrir aucun fossile.

Caldès est entouré de failles; en effet, en se dirigeant sur
Artès, village situé à 5 kilomètres au N.-O. de Caldès, on
voit pendant quelque temps les argiles rouges, puis dans la
vallée du Riusech, apparaissent des marnes calcaires bleues
bien homogènes, et qui ne sont autres que les couches à
Serpula spirulæa que nous allons retrouver bientôt dans la
grande vallée de Vich. Or, le fond de la vallée du Riusech est
à plus de 200 mètres plus bas que Caldès, de sorte qu'il faudrait une inclinaison considérable pour permettre aux calcaires à *Velates* de venir passer sous les marnes bleues.
Comme la pente est presque nulle pour les couches du ravin
de Caldès dans la direction d'Artès, il est nécessaire d'admettre l'existence d'une faille comme je le représente sur la

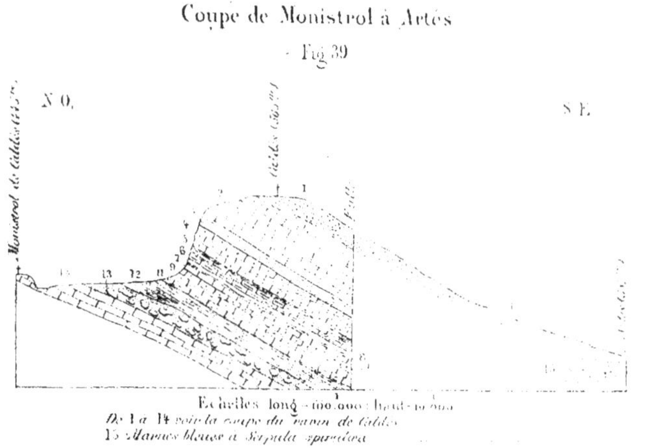

figure un peu théorique ci-dessus (fig. 39). Il en est de même
dans la direction de Moya. Au sortir de Caldès, la route suit

les calcaires à *Velates*, puis une descente brusque conduit au
village de Moya; c'est probablement là que passe la faille,
bien qu'il soit difficile de s'assurer de sa position exacte. En
effet, à partir de Moya, on ne voit pendant quelques kilomètres
que de rares affleurements de marnes et grès rouges qui n'indiquent rien, mais après avoir passé Collsuspino, on rencontre les marnes bleues à *Serpula spirulœa* qui forment tous
les flancs de la grande vallée entre Vich et Centellas, vallée
dont le fond est à plus de 300 mètres au-dessous du point culminant entre Caldès et Moya (alt. 733ᵐ.); la figure 40 don-

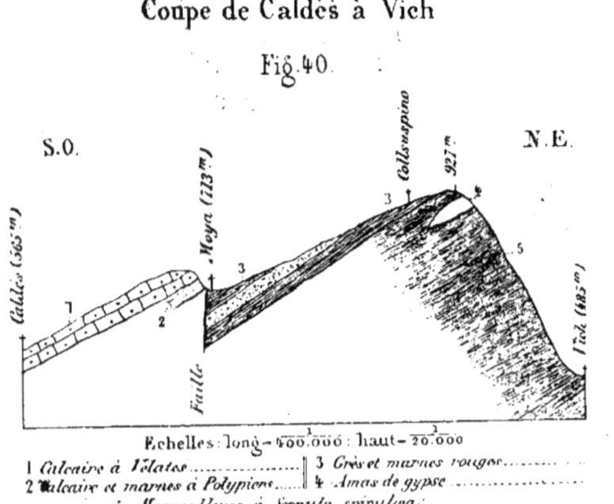

Coupe de Caldès à Vich

Fig. 40

nera une idée de la disposition des couches et montrera combien le rejet est considérable; je ne crois pas devoir l'estimer
à moins de 400 mètres. La vallée de Vich dans laquelle nous
venons ainsi de pénétrer est l'une des plus importantes de la
Catalogne pour les terrains tertiaires et mériterait une étude
plus approfondie que celle que j'ai pu en faire. Elle s'étend
depuis Figuero jusqu'à San Filio de Torrello; au delà ce
n'est plus qu'un étroit défilé. Mais dans l'étendue que je lui
assigne ici, la vallée de Vich n'a pas une pente constante;

vers Centellas se trouve le point culminant de sorte que les eaux se portent d'un côté sur Vich et Manlleu et de l'autre vers Granollers. Les couches sont régulièrement inclinées au Nord ; aussi est-ce auprès de Figuero qu'il convient de commencer la série. (Fig. 41). Le granite qui constitue la plus

Coupe de la vallée de Vich

Fig. 41

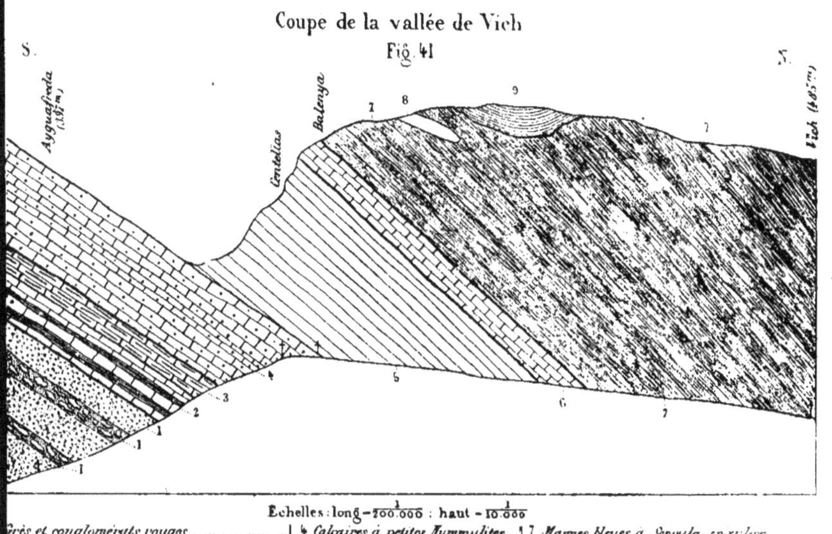

Grès et conglomérats rouges .... | 4 Calcaires à petites Nummulites | 7 Marnes bleues à Serpula spirulea
Calcaires et marnes sans fossiles . ... | 5 Marnes à Schizaster .... | 8 Amas de Gypse
Calcaires à Nummulites perforata .... | 6 Calcaires à Orbitoides .... | 9 Marnes rouges miocènes

grande partie du massif du Mont Seny, se continue jusqu'à ce petit village et sert de base à l'éocène qui le recouvre directement. Les premières assises se composent de grès très grossiers rouge-brun, présentant de temps à autre des conglomérats; ces derniers d'ailleurs ne diffèrent des grès que par l'existence de blocs anguleux de schistes, car la pâte qui les réunit est formée de même de grains de quartz rubéfiés. L'épaisseur de ces couches rouges est d'environ 250 mètres, dont la base est surtout occupée par les conglomérats et la partie supérieure par des grès et marnes rouges. La coupe suivante (fig. 42), qui traverse la vallée, montre de quelle manière les couches rouges s'appuient sur les contreforts du Mont Seny; le même fait est encore indiqué sur la fig. 2,

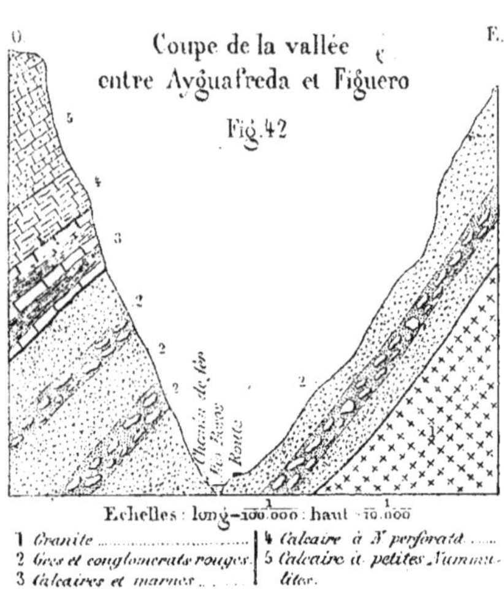

pour les environs de Miramberch. Au-dessus de ces grès qui paraissent dépourvus de fossiles dans cette vallée, se montrent encore quelques calcaires sans débris organiques, puis viennent les calcaires à *Nummulites perforata* et *Nummulites Lucasana* sur trente à quarante mètres. De là on peut monter encore pendant une centaine de mètres dans des calcaires assez mal visibles, qui forment le sommet de la montagne à pic, enserrant le défilé de Figuero. A la partie supérieure, ces calcaires contiennent des Nummulites de petite taille (*N. Lucasana*) des *Pecten* et quelques *Schizaster;* régulièrement inclinés au Nord, ils se poursuivent sans être recouverts, pendant six kilomètres. Puis se montrent des marnes bleues à *Schizaster*, et au-dessus des calcaires à petites *Nummulites* (*N. Lucasana*), entremélés de quelques poudingues; d'autres calcaires les surmontent encore, avec *Orbitoides maxima,* Héb. et Mun. Chalm., *Echinolampas,* etc.; et mènent jusqu'au droit de Balenya. Là commencent les marnes bleues qui présentent dès la base, sur la route de Moya à Vjch, quelques *Serpula spirulœa;* certaines couches renferment d'abondants Polypiers et Bryozoraires, quelques *Ostrea* et le *Pecten solea*, Desh. Continuant toujours au Nord, on ne tarde pas à atteindre la base du Mont Gurb où un polypier remarquable, *Guettardia Thiolati*, d'Arch. est extrêmement abondant; au-dessus viennent quelques grès à *Pecten* puis de nouveau les marnes bleues renfermant toujours de rares *Serpula spirulœa*. Le Mont Gurb présente encore une assise de gypse de 3 à 4 mètres et se termine par un grès tendre; un autre banc de gypse se remarque aussi à la descente de Collsuspino. Les fossiles sont assez abondants au Mont Gurb; je citerai :

A la base,

> *Crassatella*, sp.
> *Arca Genei*, Bell.
> *Pecten subtripartitus*, d'Arch.
> *Ostrea gigantea*, Dub.
> *Guettardia Thiolati*, d'Arch.
> *Polypiers et Bryozoaires*.

A la partie moyenne,

> *Orbitolites radians*, d'Arch.
> *Orbitolites stellata*, d'Arch.
> *Orbitolites Fortisii*, d'Arch.
> *Operculina granulosa*, Leym.
> *Serpula spirulæa*, Lamk.

Enfin au sommet,

> *Serpula spirulæa*, Lamk.

Un peu peu plus au Nord, à la descente de San Bartolomeo de Grau, on trouve la même succession. A la base, abondent *Guettardia Thiolati*, d'Archiac, avec les *Pecten*, les

Arca, etc., et des Polypiers très nombreux. Un peu plus haut, on rencontre :

> *Orbitolites radians*, d'Arch.
> *Orbitolites stellata*, d'Arch.
> *Orbitolites Fortisii*, d'Arch.
> *Operculina*, sp.

Enfin à la partie supérieure, auprès de San Bartolomeo, les *Serpula spirulæa* se montrent en extrême abondance, avec *Terebratulina tenuiplicata*, Leym.

Suivant encore un peu la vallée, on voit jusqu'au delà de Manlleu les marnes bleues avec les mêmes fossiles, mais après ce village il n'y aucune régularité ; soit par faille soit par plissement, les couches sont inclinées au Sud jusqu'à San Filio de Torello ; elles ont d'ailleurs changé de nature, ce sont des calcaires noirâtres à fossiles très rares ; je n'y ai trouvé qu'une seule espèce en bon état de conservation ; c'est un *Echinolampas* qui ne se rapporte malheureusement à aucune espèce connue.

Peu après le village de San Filio, les calcaires deviennent verticaux puis, changeant encore une fois de direction, ils s'inclinent de quelques degrés au N.-O. jusqu'à San Quirse de Besora ; dans ce trajet j'y ai encore rencontré :

> *Euspatangus elongatus*, Ag.
> *Schizaster* sp.
> *Spondylus cisalpinus*, Al. Brongn.
> *Guettardia Thiolati*, d'Arch.
> *Orbitolites radians*, d'Arch.
> *Orbitolites stellata*, d'Arch.
> *Nummulites Biarritzensis*, d'Arch.
> *Operculina* sp.

espèces indiquant que l'on est toujours dans le même ensemble de couches qui constitue toute la vallée.

De San Quirse à la limite de la province de Gerona sur la

route de Ripoll, ce'sont toujours les mêmes calcaires, mais tellement bouleversés et disloqués qu'il est impossible de suivre la superposition ; tantôt les couches sont repliées sur elles-mêmes (fig. 43), tantôt par suite de failles nombreuses elles se coupent à angle droit cinq ou six fois de suite.

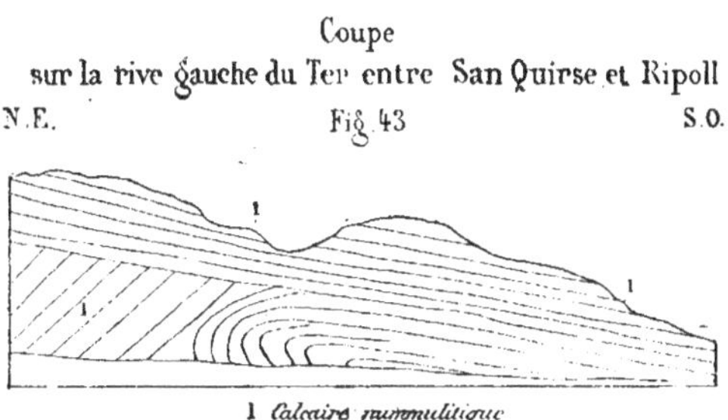

Un bel exemple de ces fractures se voit auprès de la borne-limite des deux provinces.

D'autres cassures dignes d'être remarquées se voient à l'Est de Vich entre Roda et Santa Maria de Corcos ; l'assise des marnes bleues se poursuit dans cette partie, mais en prenant un peu plus de consistance ; inclinées à l'Ouest de quelques degrés, ces couches se montrent à nu pendant plusieurs kilomètres ; on peut donc facilement observer les nombreux joints suivant deux directions perpendiculaires l'une à l'autre, qui découpent le sol avec autant de régularité que le montre la figure 44.

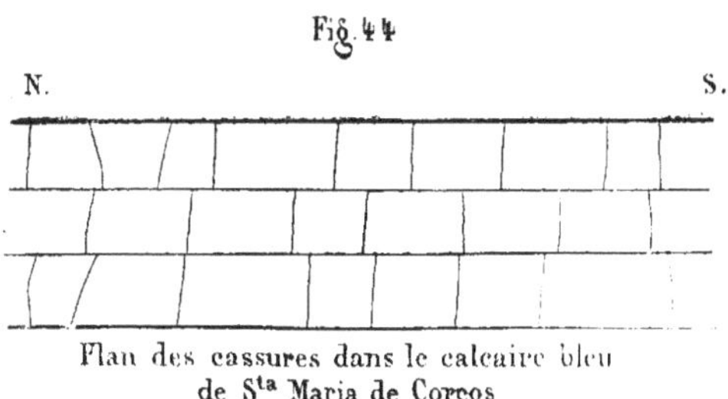

Les fentes principales sont dirigées exactement suivant la ligne Nord-Sud et espacées le plus souvent d'environ deux mètres. Les fentes secondaires, très sensiblement perpendiculaires aux premières, ne dépassent que rarement l'espace contenu entre deux de celles-ci. Les deux lèvres du joint présentent un rebord figuré sur la coupe ci-contre (fig. 45).

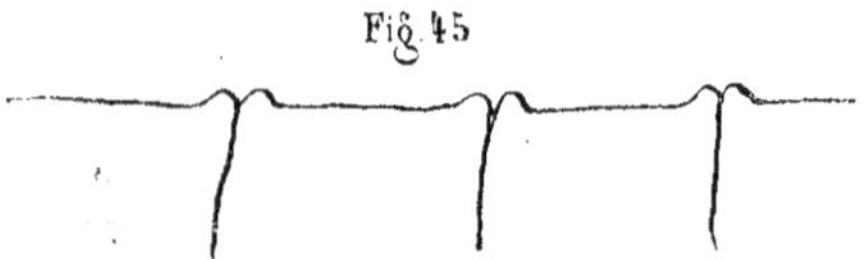

Coupe des cassures du calcaire bleu de Sta Maria de Corcos

Avant de quitter la vallée de Vich, je ferai remarquer les particularités que présentent la coupe de Vich au Monseny (voir ci-dessus, fig. 2). Directement au-dessus des schistes anciens, se montrent des grès grossiers micacés rouge-brun avec quelques conglomérats formés de schistes et de blocs de granite anguleux, sur 150 mètres d'épaisseur; c'est l'analogue parfait des couches de Figuero qu'il est d'ailleurs facile de suivre sans interruption depuis ce village jusqu'auprès de Miramberch où nous nous trouvons en ce moment; mais tandis que la coupe de Figuero à San Filio montre au-dessus des couches rouges, des calcaires à *Nummulites perforata* et plusieurs centaines de mètres d'assises diverses, avant d'arriver aux marnes bleues; à Miramberch, au contraire, les grès rouges sont immédiatement recouverts par les couches à *Serpula spirulœa;* il y a en même temps une discordance de stratification très nette à ce contact.

Entre la vallée de Vich et le ravin de Caldès, existe une troisième coupure du terrain éocène, sorte de vallée très étroite permettant de monter de Riells à San Fructuoso de Castelltersol. Par suite d'une erreur sur la longueur du trajet, j'ai dû passer trop rapidement dans cette intéressante vallée, et je ne puis donner sur elle que des renseignements incomplets.

De Granollers à Riells, les différents affleurements qui se rencontrent, montrent soit des granites soit des porphyres très variés. C'est seulement à 1 kilomètre avant Riells que commencent des alternances de calcaires gris et de marnes rouges qui ne tardent pas à faire place à des grès grossiers avec quelques bancs de calcaire concrétionné, les uns et les autre de couleur rouge et inclinés au Nord-Ouest. Sous le village même, l'un des bancs calcaires renferme en abondance le *Bulimus gerundensis*, Vidal, que de Verneuil avait trouvé, il y a longtemps, entre Monmany et Figuero. Au-dessus, les grès rouges et conglomérats à éléments non roulés se continuent pendant 30 à 40 mètres, identiques à ceux de Monistrol, de Caldès, de Figuero et de Miramberch. Parmi les cailloux que renferment ces conglomérats, j'ai distingué, au milieu des schistes, des granites et des porphyres, un calcaire gris ayant absolument l'apparence de ceux qui forment le crétacé supérieur. Ce fait pourra entrer en ligne de compte dans la discussion sur l'âge des grès rouges, mais il est facile de s'apercevoir dès maintenant qu'ils se montrent avec une parfaite régularité à la base des terrains tertiaires sur une grande étendue.

Au-dessus des grès, viennent des calcaires marneux à *Velates Schmidelliana*, *Nummulites Lucasana*, Turritelles Pectens, Natices, etc., surmontés par des marnes calcaires bleues à Polypiers et Bryozoaires et Nummulites (*Eschara* sp. abondantes); la première de ces assises a environ 3 mètres et la seconde 30 mètres. Plus haut sont des calcaires compacts à débris d'Oursins (50^m), puis des calcaires marneux bleuâtres à *Schizaster Studeri*, Ag., et Cérithes énormes (45^m), et enfin des calcaires grossiers jaunes à *Orbitoïdes* de grande taille et *Num-*

mulites (*N. Ramondi ?* Def.) (25ᵐ) ; j'y ai trouvé aussi un *Echinolampas* et un *Euspatangus elongatus*, Ag. Ce sont alors des grès et des poudingues pendant 50 à 60ᵐ, avec quelques rares bancs d'huîtres ou d'autres fossiles marins, comme des Cérithes de grande taille.

Je citerai de cette zone :

> *Turritella carinifera*, Desh.
> *Natica sigaretina*, Desh.
> *N. sphœrica*, Desh.
> *Natica*, sp.
> *Voluta*, sp.
> *Cytherea*, sp.
> *Nummulites striata*, d'Orb.

On arrive ainsi à San Fructuoso de Casteltersol. En se dirigeant alors vers Monistrol de Caldès, on ne tarde pas à trouver de nombreux *Euspatangus*, puis dans des marnes bleues, *Turritella carinifera*, Desh..? *Schizaster*, sp., *Cœlopleurus equis*, Agass., *Orbitolites papyracea*, d'Arch. ; c'est la base des marnes à *Serpula spirulœa*. Plus loin, vers Monistrol, doit exister une faille qui permet de se trouver sans descendre au-dessous des couches à *Nummulites perforata*.

Si l'on cherche à comparer la coupe de Vich à celle de San Fructuoso, on verra que la ressemblance est complète pour la plus grande partie ; cependant il faut noter l'absence de la couche à *Nummulites perforata* entre Riells et San Fructuoso ; elle devrait se trouver vers la base, un peu au-dessus des grès rouges. Comme cette couche est l'une des plus constantes dans toute l'Espagne, sa disparition ici serait un fait anormal ; aussi est-il possible qu'avec le peu d'épaisseur qu'elle atteint dans cette région elle ait échappé à mes recherches.

J'ai indiqué la présence des poudingues assez loin vers le Nord, en marquant leur extension jusqu'à Berga ; ils se continuent encore un peu plus. En suivant le sentier qui mène de

Berga à Ripoll, on marche constamment dans les poudingues, dont la composition uniforme rappelle ceux qui forment le sommet du Mont-Serrat; pas de marnes ni de grès intercalés. Les poudingues s'élèvent à pic surtout du côté du Sud à 300 ou 400^m de hauteur et se continuent ainsi jusqu'à 6 kilomètres au delà de Santa Maria de Borreda; la vallée qu'ils forment ainsi, se trouve sur un bombement; toutes les fois qu'un petit vallon transversal permet d'observer l'inclinaison de ces murailles, on voit que les couches s'abaissent des deux côtés, aussi bien vers le Nord que vers le Sud. Ce fait est d'ailleurs fréquent dans les vallées pyrénéennes.

Santa Maria de Borreda est la limite des poudingues supérieurs vers l'Est; il n'en existe plus que quelques lambeaux dans la province de Gerona. Il en est de même vers le Nord; dans la vallée du Llobregat, entre Baga et Berga les poudingues cessent à 3 kilomètres environ de cette dernière ville; ils viennent buter par faille contre le crétacé et ne reparaissent pas plus près de la frontière.

Entre Santa Maria de Borreda et Ripoll, c'est encore du nummulitique qui occupe le terrain, mais il est à peu près impossible de rencontrer des fossiles ni de suivre une coupe; aussi me bornerai-je à citer un affleurement de la zone à *Nummulites perforata* et *Nummulites Lucasana* situé à peu près à mi-chemin des deux villes et renfermant *Cyphosoma Blangyanum*, Desor.

Pour terminer ce qui est relatif au terrain éocène de la province de Barcelona, il ne me reste plus à parler que des environs de Baga et de Pobla de Lillet; mais j'ai à faire ici la même observation que pour les environs de Santa Maria et la vallée du Ter entre San Quirse et Ripoll. A mesure que l'on se rapproche du centre de la chaîne pyrénéenne, les couches deviennent de moins en moins régulières, les failles, les dislocations deviennent habituelles; aussi est-il impossible bien souvent de suivre la succession des couches dans les environs de San Christobal de Camp de Vanel, de Baga et de Pobla de Lillet : cette dernière localité n'est pas à 10 kilomètres en ligne droite, de la frontière française.

De San Christobal à Pobla de Lillet, on chemine sur des marnes bleues contenant du gypse multicolore vers cette dernière ville ; dans la première moitié du trajet, je n'ai pas pu ramasser un seul fossile ; plus loin je trouvai des petites huîtres que je n'ai pu déterminer, et enfin des Nummulites appartenant à une espèce inconnue dans le Sud de la province, *N. spira*, de Roissy. J'ai rencontré ensuite la même espèce à Pobla, puis à diverses reprises entre cette ville et Baga où l'on continue à marcher dans des marnes bleues. A l'Ouest de Baga, sur la rive droite du Bascareny, les couches à *Nummulites spira* forment une montagne de 300 mètres, très pauvre aussi en fossiles ; c'est d'ailleurs la limite du tertiaire dans cette direction, car le Crétacé commence presque aussitôt.

Résumé. — L'exposé que je viens de faire est, par sa nature même, un peu chargé de détails et difficile à suivre ; je vais indiquer ici d'une façon brève, la succession des couches éocènes dans la province de Barcelona, en inscrivant en regard les principales localités qui présentent chacune d'elles :

9. Poudingues supérieurs (1,000^m). — Mont-Serrat, Manressa, Berga.

8. Calcaire à grands Cérithes et à *Nummulites* (30^m). — Castel-Oli.

7. Marnes bleues à Operculines, Orbitolites et *Serpula spirulœa* (500^m). — Igualada, Vich, Vallée du Riusech.

6. Calcaire à *Orbitoïdes maxima* (30^m). — Centellas.

5. Marnes et calcaires à *Schizaster Archiaci* et *Nummulites*

    striata (150ᵐ). — De Figuero à Centellas, San Miguel del Fay.

4. Calcaire à *Velates Schmidelliana, Salmacis van den Eckei* et à Polypiers (60ᵐ). — Caldès, San Fructuoso de Bagès.

3. Calcaire à *Nummulites perforata* et *Nummulites Lucasana* (40ᵐ). — Carma, Caldès, Figuero, de Ripoll à Santa Maria de Borreda.

2. Calcaire à *Orbitolites* (de grande taille) (8ᵐ). — Caldès.

1. Grès et conglomérats rouge-brun à *Bulimus gerundensis* (150ᵐ). — Monistrol de Caldès, Riells, Monmany, Miramberch.

Enfin il faut citer les couches à *Nummulites spira*, de Baga et Pobla de Lillet, dont rien ne permet de marquer la place dans la série ci-dessus ; mais les autres provinces nous renseigneront sur ce sujet.

Province de Gerona. — La province de Gerona ne présente pas une étendue de terrain nummulitique comparable à celle que nous venons d'étudier dans la province de Barcelona ; cependant l'Eocène se poursuit depuis Gerona jusqu'à Ripoll de l'Est à l'Ouest sur plus de 50 kilomètres et du Nord au Sud sur 35 kilomètres environ.

A une faible distance à l'Est de la capitale, se montrent des grès grossiers rouges passant à un conglomérat schisteux, qu'il est facile de reconnaître pour l'équivalent de ceux de Riells et de Miramberch. Les dépôts miocènes et quaternaires ne m'ont pas permis de constater sur quel terrain ils reposent en ce point ; mais après une épaisseur visible de 40 mètres, ils disparaissent, en plongeant au Sud-Ouest, sous des calcaires compacts, bleuâtres lorsqu'ils ont été fraîchement cassés. Ces couches constituent les collines qui entourent Gerona et sur lesquelles sont bâtis les anciens forts, ainsi que le sol même de la ville. Elles sont exploitées de tous côtés comme pierres de construction, et certains lits sont même susceptibles d'acquérir un beau poli et de donner un marbre qui a servi à décorer la cathédrale. Un seul fossile déterminable se rencontre dans ces calcaires, mais il y est d'une abondance prodigieuse : c'est la *Nummulites perforata* ; quelques bancs présentent aussi de nombreuses *Ditrupa* ; l'épaisseur du côté du fort de Montjuich atteint 50 mètres.

Sur la rive gauche du Ter, entre Sarria et Mediña, on peut observer une autre coupe des mêmes terrains (fig. 46). A la

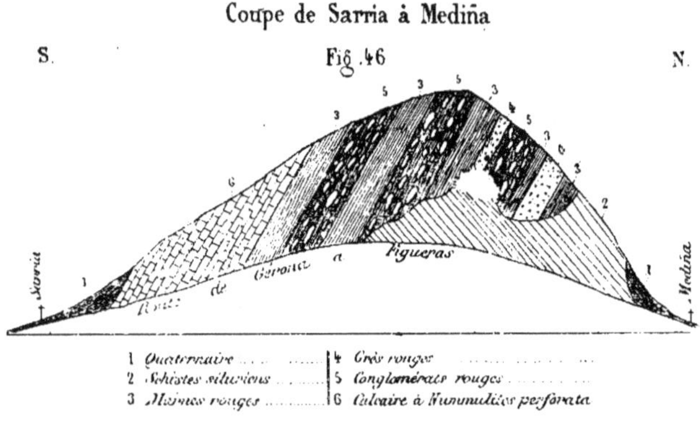

Coupe de Sarria à Mediña

base du côté de Mediña, se présente un affleurement de schistes anciens que je range dans le Silurien ; ils sont inclinés vers le Nord. Au-dessus viennent avec une inclinaison de 15° au Sud-Ouest, les grès, marnes et conglomérats rouges que nous sommes habitués de rencontrer toujours à la base du tertiaire ; ils n'ont pas ici plus de 20 mètres et supportent en stratification concordante les calcaires bleuâtres à *Nummulites perforata* qui se poursuivent jusqu'à une petite distance de Sarria, où ils sont recouverts par le terrain quaternaire. Au Nord-Ouest de Sarria, les calcaires à *Nummu-*

lites perforata sont recouverts par des calcaires marneux bleus sans aucun fossile, qui se montrent dans de nombreux affleurements jusqu'à Besalu et Castelfollit.

Un autre gisement des couches à *Nummulites perforata* et *Nummulites Lucasana* se voit auprès de Santa Pau dans la direction d'Olot ; au milieu des laves et des produits volcaniques les plus variés, l'Eocène forme quelques buttes qui n'ont pas été recouvertes par les déjections des volcans ; il y présente les fossiles que je viens d'indiquer.

Plus au Sud auprès d'Amer, la ressemblance avec les environs de Gerona est complète : au-dessus du Silurien, se montrent en stratification discordante, les grès rouges qui se trouvent auprès du village d'Amer et inclinés vers l'Ouest. Ils ont au moins 70 mètres de puissance et disparaissent bientôt dans la direction de Las Planas sous des calcaires à *Nummulites perforata* et *Nummulites Lucasana*, eux-mêmes recouverts bientôt par des marnes bleues sans fossiles. A partir de là, les éboulements et les coulées de lave rendent l'étude très difficile ; pourtant les couches à *Nummulites perforata* passent évidemment sous la grande masse des Grau chich et Grau gros dont le pied est formé par des grès calcarifères à *Velates Schmidelliana, Schizaster Studeri* Ag. et *Schizaster* n. sp. du coté de San Feliu et de San Estevan den Bass ; au-dessus viennent 500 à 600 mètres de couches mal définies dont le sommet n'est autre que la base des marnes à *Serpula spirulaea* des environs de Santa Maria de Corcos. On voit donc que la succession normale existe dans le massif des Grau.

Lorsque j'ai décrit la vallée de Vich, je me suis arrêté à la limite de la province un peu au Nord de San Quirse ; c'est encore le nummulitique qui se montre jusqu'à Ripoll. On se rappelle que les calcaires bleus à Nummulites et Orbitolites se continuent après San Quirse, mais avec de nombreuses failles ; à quelque distance après la limite des provinces, ils disparaissent pour faire place à des marnes, grès et poudingues rougeâtres qui paraissent être de l'âge de ceux de Montserrat ; ces derniers continuent avec une inclinaison presque constante au Nord, jusqu'à 1 kilomètre de Ripoll ; ils sont néanmoins très peu développés.

Les mêmes poudingues se retrouvent encore auprès d'Olot où ils forment la charpente du cratère de Montolivet à l'Ouest de la ville, se reliant probablement aux couches que je viens de citer auprès de Ripoll. On les observe encore entre Olot et Riudaura ; aussitôt que l'on a quitté l'espace occupé par les laves, on commence à monter sur les poudingues et les grès qui se continuent jusqu'auprès de San Andrès del Coll ; puis de là jusqu'à Riudaura et ensuite de ce village à Ripoll, s'étendent des marnes bleuâtres avec quelques bancs de grès tendre et plusieurs amas de gypse compact blanc, l'un entre San Andrès et Riudaura, l'autre sous ce village même. Ces couches ne renferment que des traces de fossiles sans aucun intérêt ; dans des bancs de grès, beaucoup d'empreintes charbonneuses dues probablement à des plantes aquatiques. La constitution du sol est encore semblable au Nord de Ripoll, si l'on se porte vers San Juan de las Abadesas. Les poudingues et les grès se présentent d'abord avec quelques marnes rouges et fortement inclinés au Sud : les grès très grossiers mais fort durs, sont exploités pour les constructions et pour les travaux du chemin de fer. Au-dessous paraissent les marnes bleuâtres fissiles avec bancs de grès tendre, dont nous venons de voir un exemple auprès de Riudaura : les empreintes de plantes y sont extrêmement abondantes. Il en est de même jusqu'à San Juan où commencent les terrains anciens dont nous avons donné plus haut la description ; on peut voir les strates éocènes venir buter contre les terrains primaires, soit auprès des mines de San Juan soit entre Ogasa et Ripoll.

De Ripoll à San Christobal, nous trouvons encore les poudingues et les grès avec marnes rouges inclinés au Sud et surmontant les marnes bleues dont la position relativement aux poudingues supérieurs est par là bien établie. Enfin un dernier vestige des poudingues se retrouve encore entre Olot et Castelfollit; du milieu des laves qui couvrent la plus grande partie du sol, émergent plusieurs collines qui sont composées de grès et de poudingues et qui recouvrent les marnes bleues citées plus haut entre Castelfollit et Besalu.

Tout à fait au Nord de la province, le nummulitique est encore bien développé. Si l'on va, par exemple de Figueras à San Lorenzo de la Muga, on marche d'abord assez longtemps dans le terrain quaternaire laissant affleurer seulement de temps à autre de très petits lambeaux éocènes; mais à partir de Llers, il n'en est plus de même; les calcaires et les marnes se montrent constamment à découvert et renferment en abondance le *Nummulites spira,* de Roissy; un peu avant d'arriver à San Lorenzo, ces couches font place à des calcaires schisteux sans fossiles : je ne sais s'ils appartiennent au Crétacé ou au tertiaire.

Au delà de San Lorenzo de la Muga, dans la direction d'Albanya, le sol est constitué par des calcaires marneux bleus qui ne m'ont offert rien de déterminable; aussi suis-je quelque peu embarrassé pour leur assigner une place dans la série chronologique. Toutefois comme il ne me paraît pas y avoir de faille entre San Lorenzo et Albanya, je considère toutes ces couches comme crétacées puisqu'auprès de ce dernier village, on les voit très nettement surmontées par les zones tertiaires les plus inférieures (fig. 47).

La coupe ci-contre prise au Sud d'Albanya, sur la rive opposée de la Muga, montre en effet à la base des marnes et des calcaires bleus en couches verticales pendant 200 mètres environ; puis des grès, marnes, et conglomérats rouge-brun se placent horizontalement au-dessus du crétacé. Cette assise de conglomérats, de schistes non roulés et de grès grossiers a une puissance de 40 mètres ; elle se rapporte exactement aux couches que nous avons déjà rencontrées si souvent.

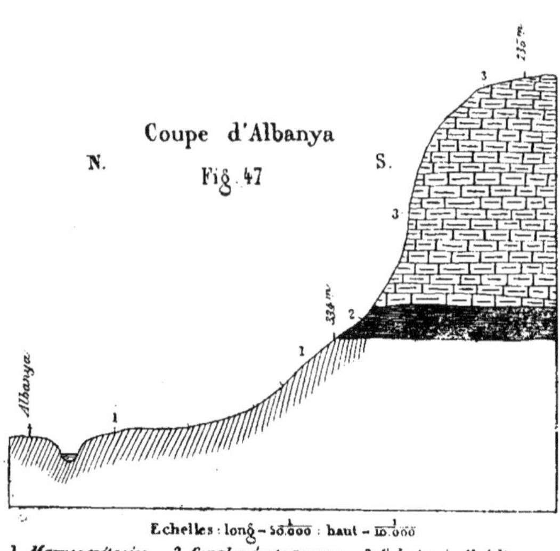

Mais les calcaires qui viennent après, nous sont jusqu'à présent inconnus ; sur une épaisseur de 350 mètres, un calcaire gris compact, bien homogène se dresse au-dessus des grès rouges et en stratification concordante ; il est pétri d'un Foraminifère unique, l'*Alveolina melo*, Ficht. et Moll. sp., qui se montre jusqu'au sommet de la montagne. Malheureusement, la coupe s'arrête là, car dès que l'on descend du côté opposé, on n'observe que des marnes bleues dont les rapports avec les couches précédentes m'ont échappé ; je ne connais pas leur âge.

En continuant vers Tortilla, une faille met bientôt en présence de calcaires compacts à Nummulites plates (*N. spira*, de Roissy), et à Oursins (*Conoclypeus,* n. sp.), qui se poursuivent jusqu'au bas de la montagne ; là, une nouvelle cassure amène des marnes bleues avec gypse analogues à celles de Riudaura et qui se poursuivent jusqu'à Tortilla sur une longueur de 5 à 6 kilomètres. Au delà de ce village, les dépôts quaternaires recouvrent tout et limitent les recherches.

Tels sont les renseignements que j'ai pu réunir sur l'Eocène de la province de Gerona ; ils sont malheureusement bien imparfaits, ce qui tient surtout à deux causes : d'abord les failles extrêmement nombreuses engendrent une grande confusion ; et, en second lieu, le terrain tertiaire est très souvent recouvert soit par les dépôts quaternaires, soit, et surtout, par les laves et autres produits volcaniques d'origine récente.

Résumé. — Pour classer les différentes assises tertiaires que j'ai énumérées dans la province de Gerona, les coupes relevées dans la région même seraient souvent insuffisantes : aucune, par exemple, n'indique la position relative des calcaires à Alvéolines et de la couche à *Nummulites perforata*, non plus que les rapports de cette dernière avec les poudingues supérieurs.

Aussi le tableau suivant est-il en partie formé à l'aide des documents fournis par les autres provinces :

8. Poudingues supérieurs (50 mètres). — Ripoll, Olot.
7. Marnes bleues et grès à végétaux (100 mètres). — De Ripoll à San Juan, San Christobal, Riudaura, Tortilla, Grau gros.
6. Marnes et calcaires (150 mètres). — Les Grau.
(Analogues des couches à *Schizaster*?)
5. Grès à *Velates Schmidelliana* (70 mètres). — San Estevan den Bass, San Feliu.
4. Calcaire à *Nummulites perforata* et *Nummulites Lucasana* (25 mètres). — Gerona, Sarria, Santa Pau, Amer.

3. Calcaire à *Nummulites* plates (*N. spira*) (30 mètres?) — Llers, Tortilla.
2. Calcaires à Alvéolines (350 mètres). — Albanya.
1. Grès et conglomérats rouges (10 mètres). — Albanya Gerona, Mediña, Amer.

Province de Lérida. — La Conca de Tremp nous a montré les derniers dépôts du terrain crétacé, ces assises vivement colorées du garumnien catalan ; c'est sur ses bords que nous chercherons les premières couches tertiaires. Mais ici se présente la difficulté que j'ai signalée précédemment : où faut-il placer la limite exacte du Crétacé et du Tertiaire? On se souvient que le garumnien fossilifère d'Isona se maintient au fond du petit bassin appelé *Conca de Tremp*, et que, au-dessus, du côté du Sud et de l'Ouest existent plus de 100 mètres de couches sans fossiles ; ce sont des marnes rouges ou versicolores qui renferment, surtout à la partie supérieure, quelques bancs calcaires un peu résistants. Faut-il rattacher cette zone au garumnien sous-jacent, ou bien, au contraire, la mettre au même niveau que les couches rouges des provinces de Barcelona et de Gerona, pour en faire la base de l'Eocène?

Je crois devoir m'en tenir au premier parti ; en effet, il est impossible de voir ni ravinement ni discordance dans ces marnes rouges ou à leur base, car elles sont absolument identiques aux couches qui sont recouvertes par les derniers dépôts fossilifères crétacés ; à leur partie supérieure, au contraire, la limite avec les calcaires éocènes est assez nette. En outre, les marnes qui s'étendent autour d'Isona, ne ressemblent pas, pour leur composition, aux grès grossiers, qui forment l'élément principal des couches rouges tertiaires.

Je considère, par conséquent, toutes les argiles rouges d'Isona, de Tremp, de Talarn et de San Salvador comme secondaires, et je crois que les grès grossiers à *Bulimus gerun-*

densis, Vidal, font défaut dans la province de Lérida, puisque les premières couches que nous allons rencontrer sont les calcaires à Alvéolines. (Fig. 48.)

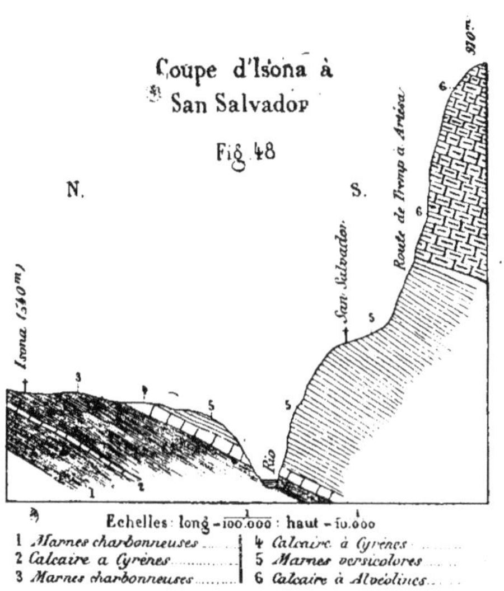

Il faut dépasser quelque peu le village de San Salvador en montant, pour rencontrer la partie supérieure des argiles rouges. Directement au-dessus, sont des calcaires gris compacts contenant en abondance des Alvéolines rondes (*Alveolina melo*, Ficht. et Moll.); un peu plus haut une autre espèce du même genre se montre, d'abord en petit nombre puis de manière à supplanter presque entièrement la première (*Alveolina subpyrenaïca*, Leym.); il y a aussi quelques huîtres accompagnant les Foraminifères.

Ces calcaires à Alvéolines se poursuivent ainsi jusqu'au sommet de la montagne, sur une épaisseur de 280 mètres, en présentant la plus complète ressemblance avec les couches d'Albanya ; je ne sais par quoi ils sont recouverts.

Les mêmes dépôts existent encore dans d'autres localités de

la province; c'est ainsi qu'en allant de Balaguer à Ager, on les suit sur une assez grande distance. Après avoir marché pendant longtemps sur des couches triasiques, on entre, à mi-chemin d'Avellanes à Font de Pennés dans des calcaires que je considère comme crétacés bien qu'ils ne renferment pas de fossiles déterminables (voir ci-dessus, fig. 25). Ils se continuent encore quelque peu après Font de Pennés, puis ils sont recouverts par d'autres calcaires à peu près semblables aux premiers, mais renfermant en abondance les Alvéolines rondes (*Alveolina melo*, Ficht. et Moll. sp.) et des *Térébratulines*.

Au-dessus, vient un calcaire marneux grossier avec de petites huîtres mal conservées, qui continue jusqu'au fond de la dépression où est situé le village d'Ager; on rencontre même encore des Alvéolines dans la colline qui termine à l'Ouest cette petite vallée.

Mais, par suite d'un accident dont je ne me suis pas suffisamment rendu compte, les couches comprises entre Ager et la vallée de la Noguera Pallaresa, qui sembleraient d'après l'inclinaison, devoir être supérieures au calcaire à Alvéolines, sont au contraire plus anciennes et appartiennent au terrain crétacé. Seulement ces calcaires secondaires s'inclinent au Nord, et après la traversée d'un long défilé, on rencontre de nouveau, au-dessus, les premières couches tertiaires, les calcaires à Alvéolines qui commencent un peu au delà de Santa Lucia, et offrent les fossiles suivants :

> *Lucina Corbarica*, Leym.
> *Velates Schmidelliana*, Chenn.
> *Porocidaris serrata*, d'Arch.
> *Euspatangus*, sp.
> *Alveolina melo*, Fitch. et Moll.

Mais on ne peut voir ce qui vient au-dessus, car les couches se relèvent promptement pour se terminer à une petite distance de Palau, où on les voit reposer sur les poudingues fleuris et les argiles rutilantes du terrain garumnien qui se continuent jusqu'à Tremp et Talarn.

Un gisement plus important à cause des nombreux fossiles qu'il renferme, est celui de Figols entre Tremp et Puente de Montañana (fig. 49). A la sortie de Tremp, on marche pen-

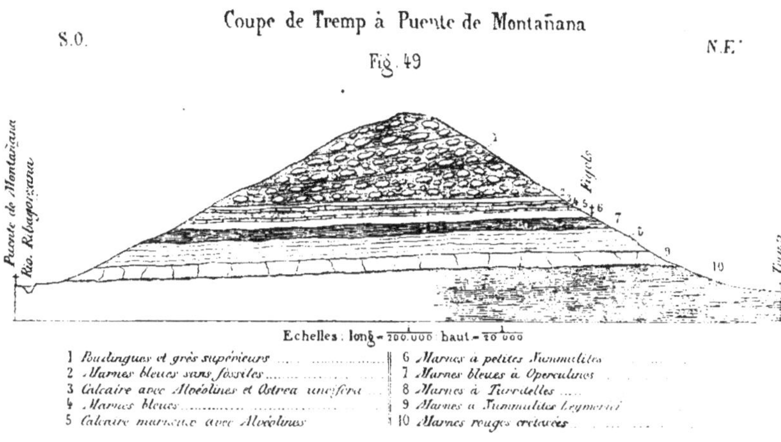

dant quelque temps dans les argiles rutilantes et les poudingues du Crétacé supérieur, qui se montrent surtout dans le ravin que suit le sentier ; mais dès que l'on commence à monter, les couches tertiaires apparaissent. Bien que ces dernières soient inclinées au Sud, comme les assises crétacées, il y a néanmoins une petite discordance de stratification ; la pente des argiles rouges est plus forte que celle des couches qui les surmontent.

Voici la coupe de la montagne de Figols :

1. Poudingues et grès supérieurs............... 250^m.
    Discordance.
2. Marnes bleues sans fossiles................. 20^m.

3. Calcaire marneux bleu avec :

> *Ditrupa*, sp.
> *Alveolina melo*, Fitch. et Moll. sp.
> *Alveolina subpyrenaica*, Leym.
> *Orbitolites*, sp.
> *Nummulites Leymerii*, d'Arch.
> *Operculina ammonea*, Leym.
> *Ostrea uncifera*, Leym..... .... 5^m.

4. Marnes bleues à fossiles rares................ 15^m.

5. Calcaire marneux bleu avec les mêmes fossiles
que le n° 3............................. 12^m.

> *Ostrea multicostata*, Desh,

6. Marnes à petites Nummulites (*N. Leymerii*).... 20^m.
et en outre :

> *Velates Schmidelliana*, Chemn. sp.
> *Euspatangus elongatus*, Ag.

7. Marnes bleues à Operculines................. 25^m.

> *Operculina ammonea*, Leym.

8. Marnes à Turritelles........................ 60^m.

> *Turritella Trempina*, L. Carez.
> *Turritella Figolina*, L. Carez.
> *Turritella Dufrenoyi*, Leym.
> *Ostrea multicostata*, Desh.
> *Terebratulina Venci*, Leym.
> *Terebratulina tenuistriata*, Leym.
> *Porocidaris serrata*, Desor.
> *Cidaris pseudo-serrata*, Cott.
> *Operculina granulosa*, Leym.
> *Trochocyathus sinuosus*, Al. Brongn. sp.
> *Trochocyathus Taramellii*, d'Arch.
> *Nummulites globulus*, Leym.
> *Nummulites Leymerii*, d'Arch.
> *Teredo Tournali*, Leym.
> *Ditrupa*, sp.

9. Marnes bleues à *Nummulites Leymerii*, puis sans
    fossiles...................................... 35^{m}.
10. Terrain crétacé........................... 50^{m}.

Comme on le voit, les couches de Figols sont encore nouvelles pour nous ; elles viennent s'ajouter vers la base de
celles que nous avons vues précédemment.

En effet, bien que ce soient les couches immédiatement
inférieures aux poudingues (n°s 2, 3, 4, 5), qui contiennent
les Alvéolines, je crois devoir placer les marnes à Turritelles
et Operculines au-dessus des calcaires à Alvéolines de Palau
et de San Salvador.

A la descente, du côté de Puente de Montañana, les poudingues s'abaissent par suite de leur inclinaison au Sud jusqu'à
une faible hauteur au-dessus du fond de la vallée ; aussi la
plupart des assises de la coupe précédente n'y sont pas visibles ; seules, les couches à *Ostrea uncifera* qui se trouvent au-
dessus de Figols se rencontrent également vers Puente de
Montañana.

L'étendue des couches nummulitiques fossilifères n'est pas
très grande dans la province de Lérida ; aussi n'ai-je pas
d'autres localités à citer parmi celles que j'ai explorées moi-
même. Mais je dois indiquer ici, pour compléter l'histoire du
nummulitique, un fait signalé par M. Vidal (1) dans le Nord-
Est de la province.

La sierra de Cadi montre auprès de Cornellana, les calcaires
à Alvéolines, surmontés par des marnes à *Nummulites exponens* (*N. spira*), d'après l'auteur espagnol ; or, on se souvient
que dans les provinces de Gerona et de Barcelona, je n'avais
pu voir la superposition effective de ces deux zones, tout en
ayant cependant de nombreux indices en faveur de la succes-

(1) L. M. Vidal, Geologia de la provincia de Lérida.

sion indiquée ici ; l'importance exceptionnelle du fait constaté par M. Vidal, m'a engagé à le rapporter ici, contrairement à la règle que je me suis tracée, de réserver pour le résumé final tous les travaux qui ne me sont pas personnels. On remarquera, en examinant la carte, que les marnes à grandes Nummulites de Cornellana sont le prolongement et la limite à l'Est des couches de Baga et de Pobla de Lillet. Il est bon de noter également l'absence de ces mêmes Nummulites dans toute la partie méridionale des dépôts éocènes de la province.

Voilà donc l'exposé des faits relatifs aux couches nummulitiques fossilifères ; mais il nous reste à étudier une assise, qui bien que dépourvue de tout corps organisé, n'en a pas moins une grande importance à cause de son extension vingt fois plus considérable que celle des couches dont nous avons parlé jusqu'à présent ; il s'agit des poudingues supérieurs.

La coupe de Tremp à Puente de Montañana nous les a montrés formant le sommet de la montagne de Figols (voir ci-dessus, fig. 49) ; ils ne continuent pas vers le Sud puisqu'on ne tarde pas à rencontrer à la hauteur d'Ager les couches à Alvéolines et bientôt après le Crétacé. Mais il n'en est pas de même vers le Nord, comme le montre la course de Talarn à Aren ; après quelques kilomètres effectués dans les argiles rouges du garumnien que l'on voit reposer au Nord sur les dernières assises sénoniennes, on arrive au pied d'une montagne élevée (1,300^m d'alt.) qui est presque entièrement composée par les poudingues reposant ici directement sur le garumnien comme le montre la fig. 50.

L'épaisseur des poudingues est d'au moins 300 mètres ; lorsqu'on est arrivé sur la crête étroite que suit le chemin pendant plusieurs kilomètres, on ne voit que cette assise aussi bien vers le Nord que vers le Sud ; car elle ne s'arrête pas sur les premières couches du terrain crétacé, mais recouvre aussi toute la série sénonienne. Esplugafreda marque la limite à

l'Ouest des poudingues qui se terminent brusquement au-
dessus du village, tout en se continuant, un peu plus au Sud,
jusqu'à la vallée de la Ribagorzana comme le montre la coupe
figurée sous le numéro 26.

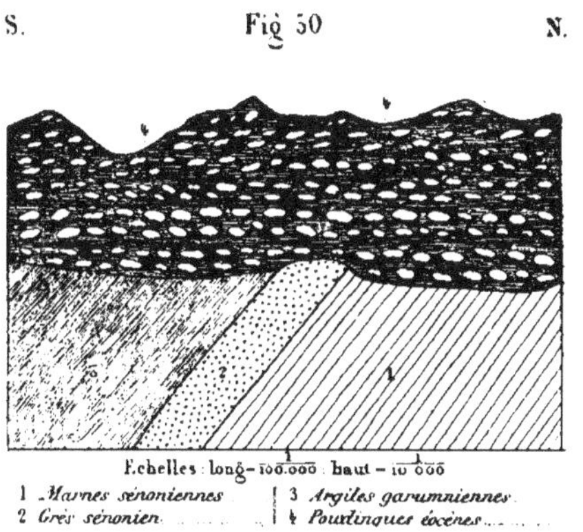

Une particularité distingue les poudingues des environs
d'Esplugafreda, c'est de contenir outre les roches habituelles,
un très grand nombre de blocs roulés d'ophite, qui est ordi-
nairement très rare à ce niveau. Néanmoins, l'âge de cette
assise n'est pas douteux ; son aspect seul suffit avec un peu
d'habitude à la faire distinguer des autres roches de même
nature qui sont pourtant bien fréquentes dans les autres terrains du Nord de l'Espagne. C'est ainsi qu'il n'y a aucune
difficulté à séparer les poudingues supérieurs des poudingues
crétacés avec lesquels ils se trouvent souvent en contact ainsi
que cela est figuré sur la coupe 50. Mais, ce qui ne peut laisser
planer aucun doute, c'est que les poudingues d'Esplugafreda
se continuent directement avec ceux de Figols, recouvrant
successivement tous les terrains depuis le Sénonien jusqu'au
Nummulitique inférieur.

Le même lambeau se continue sans interruption jusqu'au

sommet de la montagne qui domine Eryña vers le Sud ; bien que je n'aie pas parcouru cette suite de hauteurs, je crois pouvoir cependant l'indiquer avec certitude d'après ce que j'ai remarqué du sommet de la sierra de Orcau d'où l'on jouit d'une admirable vue d'ensemble sur le massif compris entre les vallées de la Noguera Pallaresa et de la Ribagorzana.

D'ailleurs le creusement seul de la vallée du Flamisel, empêche les poudingues de se continuer beaucoup plus loin ; en effet sur la rive gauche du rio, vis à-vis Eryña, on voit des marnes bleues sénoniennes très fortement inclinées, et directement recouvertes par les poudingues (fig. 51). Ceux-ci s'abaissent assez rapidement dans la direction de Pobla, et forment une partie du remarquable défilé, dans lequel passe le petit sentier, dit *camino real*, qui mène à Gerri.

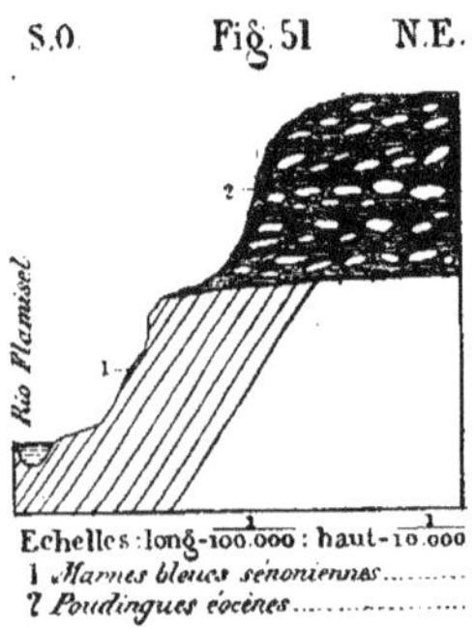

Les poudingues se poursuivent pendant huit kilomètres, puis une première faille amène en contact avec eux, un lambeau de calcaire crétacé qui cesse au bout de 500 mètres ; les poudingues reparaissent alors pour venir buter, à 1 kilomètre plus loin, contre une nouvelle muraille crétacée dont il est séparé par une troisième faille, qui est bien, cette fois, la limite du tertiaire vers le Nord.

Il faut donc revenir quelque peu en arrière pour retrouver

des dépôts de même âge ; du sommet de la sierra de Orcau, j'avais reconnu, dans la direction de Benavente à plus de 12 kilomètres de distance, l'apparence singulière de tours gigantesques que j'ai indiquée dans la description du Mont-Serrat et je soupçonnais dès lors que j'allais bientôt me trouver en présence de terrains de même âge que ceux de la célèbre montagne : c'est ce qui ne manqua pas d'arriver. Une faille passant entre Benavente et Covet (fig. 52) limite le garumnien pour faire place aux poudingues ; elle se prolonge fort loin vers le Sud, et suivant à peu près la même direction que la route qui descend sur Artésa, se trouve recoupée par cette voie à chacun de ses nombreux détours.

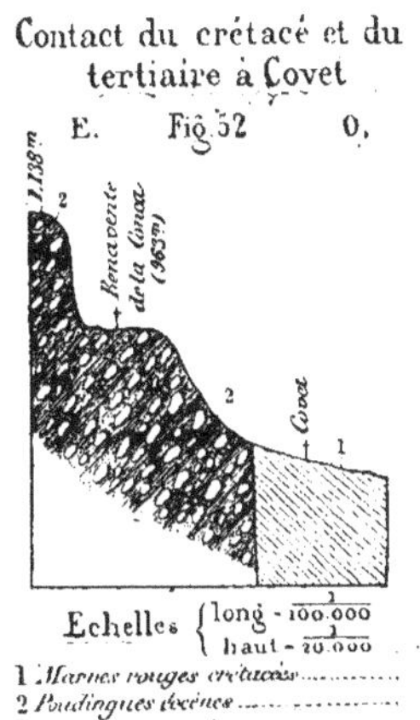

La lèvre orientale de la faille continue pendant tout ce trajet à être formée par les poudingues ; quant à la lèvre occidentale, d'abord constituée par les argiles rutilantes, elle présente à partir du col les calcaires à Rhynchonelles dont j'ai parlé à propos du Crétacé supérieur.

De Benavente les poudingues se continuent très loin vers l'Est (pl. I, fig, 6), avec une inclinaison constante dans ce sens ; on les retrouve formant les rives du Rio Segre entre

Castel Llebre et Oliana ; ils sont limités au Nord dans cette vallée par une faille qui les fait buter contre le lias et les terrains crétacés. Mais si l'on se rend directement de Benavente à Oliana, suivant la ligne de coupe, on rencontre à quelque distance avant Peramola, un lambeau de terrain crétacé, et ensuite de Peramola à Oliana des marnes tertiaires ; ce n'est toutefois qu'un accident d'une étendue très restreinte, et les poudingues reprennent de toutes parts, aussi bien au Sud où ils atteignent Valdoma, Artesa et Pons, qu'à l'Est où nous allons continuer leur étude.

En se dirigeant d'Oliana vers Solsona, on quitte de suite les marnes bleues et au-dessus de quelques assises de gypse, on entre dans les poudingues pour ne plus les quitter jusqu'à Solsona ; ils sont sur tout ce parcours, fréquemment entremêlés de couches de marnes ou de grès ; les cailloux qui les forment sont de petite dimension et l'ensemble prend une teinte légèrement rougeâtre ; tous ces caractères indiquent que l'on se trouve dans la partie inférieure de l'assise.

D'ailleurs l'épaisseur visible entre Oliana et Solsona n'est pas bien considérable, car d'une part il n'y a qu'une inclinaison insignifiante, et de l'autre, en place des montagnes élevées que nous venons de quitter, nous ne trouvons que des collines ne dépassant guère 300 mètres de hauteur.

Solsona est à peu près au centre du grand affleurement des poudingues ; que l'on se dirige vers Berga, vers Caserras, Cardona, Calaf ou Pons, on aura de tous côtés plus de trente kilomètres à faire avant de rencontrer un autre terrain ; et ce que je viens de dire sur la course d'Oliana à Solsona pourrait se répéter exactement pour toutes celles que l'on peut faire dans ce pays de petites collines et d'une composition si uniforme.

Il est toutefois quelques particularités d'un très grand intérêt et qu'il importe de relever avec détail.

En premier lieu, je citerai, entre Solsona et Pons, un nouvel exemple d'une vallée correspondant à un bombement comme celle de Berga à Santa Maria de Borreda. La coupe suivante (fig. 53) relevée à Vilanova de Aguda montre que le fond de la vallée est formé par des marnes bleuâtres et gypsifères en partie cachées sous les dépôts quaternaires ; puis les flancs des deux collines offrent à la base un banc de gypse, et au-dessus, des marnes, grès et conglomérats rouges, inclinés d'un côté au Nord, de l'autre au Sud d'environ 60°.

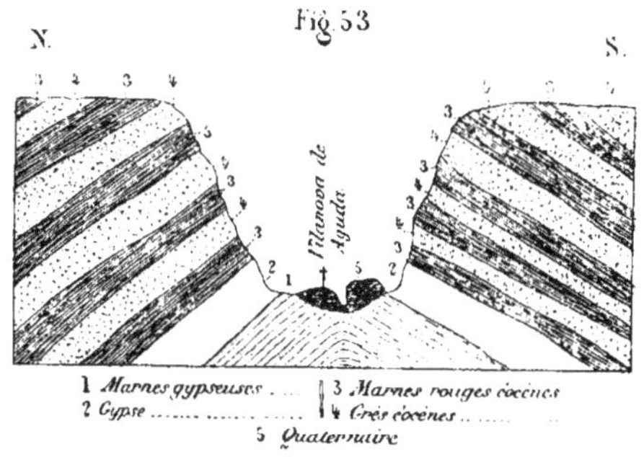

Un autre fait important est à noter auprès de Calaf ; c'est l'existence des mines de lignite d'un débit assez considérable, à San Palasas au milieu des grès et marnes rouges.

J'ai cru d'abord, d'après l'aspect des couches environnantes, que le dépôt charbonneux appartenait au terrain miocène inférieur (1), mais j'ai réuni depuis, des preuves plus positives, qui n'amènent à le considérer actuellement comme éocène.

En effet, si l'on se porte de Solsona à Calaf (fig. 54), on marche pendant très longtemps sur les marnes et poudingues à peine inclinés au Nord ; pendant plus de 20 kilomètres on

____

(1) L. Carez. Observ. sur un travail de M. Almera (*Bul. Soc. Géol.* 3e série, t. VIII, 1880).

reste donc à peu près dans les mêmes couches, tout en pénétrant toutefois dans des strates un peu plus anciennes.

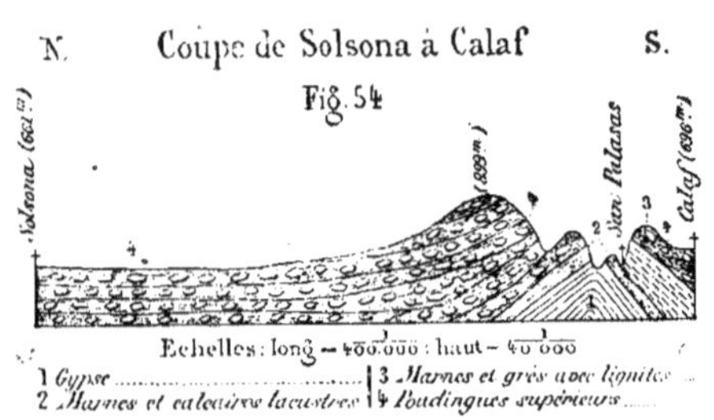

A ce moment l'inclinaison devient plus forte, mais se porte toujours vers le Nord ; puis une vallée se présente et montre au-dessous des poudingues et des grès quelques alternances de calcaire bleuâtre caverneux, de marnes feuilletées blanches et de petits bancs de gypse. Celui-ci forme le fond de la vallée qui présente sur son autre flanc exactement la même succession ; mais l'inclinaison a changé et se porte au Sud ; ces couches inférieures, qui ne peuvent d'ailleurs être séparées des poudingues, contiennent quelques traces de fossiles : *Potamides, Limnées, Charas,* mais rien n'est déterminable. En continuant à avancer vers le Sud, on rencontre presque aussitôt le vallon de San Palasas, et l'on commence à voir de tous côtés de petites excavations pratiquées pour retirer quelques trace du lignite qui forme çà et là des couches minces et discontinues. Il faut traverser le vallon et gravir en partie la colline opposée pour apercevoir les véritables mines de charbon.

Situées au Sud de San Palasas et 3 kilomètres environ de Calaf, les exploitations sont reliées au chemin de fer de Barcelona à Saragoza par une longue voie ferrée à traction de chevaux, coupant en plusieurs points les couches de la colline. Le lignite ne présente aucune régularité ; au moment

où j'ai visité les travaux, il formait deux couches de 0ᵐ,30
séparées par quelques marnes, à l'endroit où se trouvaient
les ouvriers ; mais à une très faible distance on le voit quelquefois s'épaissir, plus souvent diminuer de puissance ; il
disparaît même par places complètement pour se montrer de
nouveau un peu plus loin. On comprend que le produit de
pareilles mines ne peut être très considérable ; aussi est-ce
avec un certain étonnement que je constatai la hauteur que
l'on a donnée aux galeries et qui est en dehors de toute proportion avec l'exiguité de la couche productive ; il est vrai
que si l'administration semble avoir cherché à embellir ses
galeries, elle ne parait guère se préoccuper de les soutenir
et d'en étayer le toit peu solide ; les blocs éboulés que
je rencontrais à chaque pas, ne m'engageaient pas à pro-
longer ma visite dans les galeries de la mine. D'ailleurs elles
ne me présentaient guère d'intérêt, après que j'avais relevé
la position du charbon et que je m'étais assuré de l'absence
de tout fossile déterminable.

Le lignite renferme pourtant des traces de mollusques
lacustres et terrestres, Bithinies, Helix, etc., mais aucun n'a
conservé son test ; il contient beaucoup de sulfure de fer et de
veines marneuses qui lui retirent de sa qualité.

En poursuivant la coupe, de la mine vers Calaf, on rencontre au-dessus des couches charbonneuses, des calcaires
marneux à Limnées et graines de Chara ; ils renferment
aussi un autre fossile, une grande Mélanie qu'il est impossible de séparer de la *Melania albigensis*, Noulet, du terrain
miocène du Midi de la France, puis viennent quelques grès
et poudingues qui nous mènent jusqu'à Calaf.

On voit donc par la coupe de Solsona à Calaf, que les
lignites forment la base des poudingues qui constituent toute
la plaine de Solsona ; si maintenant, se reportant à la
figure 35, on continue à suivre les couches vers le Sud dans la

direction d'Igualada, le même fait se trouvera confirmé. En effet, les marnes à lignite plongeant au Sud s'enfoncent, comme on l'a vu, sous les premières assises de poudingues à Calaf même ; l'inclinaison continuant quelque temps dans le même sens, amène des bancs un peu plus élevés du même étage. Puis un plissement incline ensuite légèrement les couches vers le Nord de sorte que les poudingues continuent à se montrer jusqu'à une faible distance d'Igualada ; au-dessous viennent comme je l'ai dit plus haut, un banc de gypse et les marnes bleues à Orbitolites. Il ne peut donc y avoir de doute quant à la position des marnes à lignites de Calaf vers la base des poudingues du Mont-Serrat.

C'est encore au milieu des couches du même étage que se montre l'amas de sel de Cardona ; en effet de Solsona à Cardona, on ne cesse de marcher dans les grès et poudingues rougeâtres à peine inclinés au Nord. De Berga à Cardona la composition du sol est absolument la même ; de même aussi l'inclinaison est très faible et portée au N.-O. ; enfin dans la direction de Manressa, les poudingues et grès forment également ment des couches parfaitement régulières. On voit donc par là que la ville de Cardona est située dans l'étage des poudingues éocènes supérieurs, et que de plus, elle est entourée de tous côtés par ces mêmes couches parfaitement uniformes sur une étendue d'au moins 25 kilomètres et quelquefois beaucoup plus considérable. Aussi n'est-ce pas sans quelque étonnement que l'on voit les couches se redresser aux abords de la ville de Cardona, au point d'être inclinées de 60° environ au N.-E. sous la ville même, et d'une quantité à peu près égale au S.-O. de l'autre côté du petit vallon qui est situé au Sud du fort (1). Si maintenant, descendant au fond de ce vallon

---

(1) M. Maouretta a trouvé dans les grès de Cardona, un échantillon de *Melania Albigensis*, Noul., l'espèce si abondante à Calaf.

on recherche ce qui se trouve au-dessous de ces couches
soulevées, on arrive au milieu d'une vaste exploitation de
sel (fig. 55). Le fond du vallon est constitué par le sel dont

Coupe de la mine de sel de Cardona

Fig 55

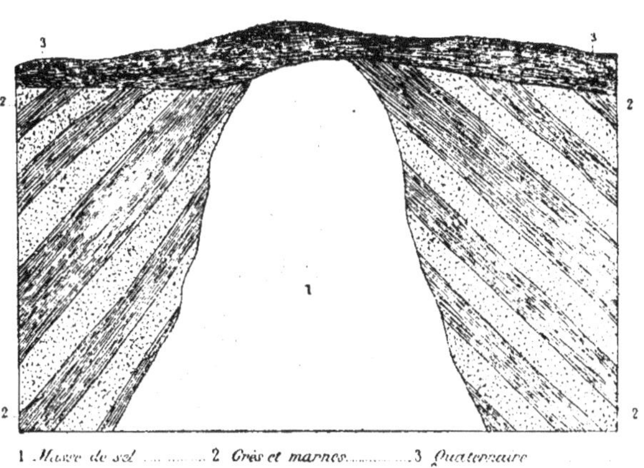

la partie supérieure a été soit dissoute soit exploitée ; mais si
l'on se porte jusqu'à la partie inférieure, on se trouve alors
en présence d'une masse de sel de plus de 50 mètres d'épaisseur contre laquelle viennent buter des deux côtés les poudingues et les grès ; le sel affecte les colorations les plus
variées : tantôt rouge et jaune, tantôt blanc et d'une trans-
parence parfaite, il présente le spectacle le plus singulier que
l'on puisse imaginer. Il n'est pas limité au niveau du sol
actuel, car dans les puits que l'on a poursuivis jusqu'à 40 et
50 mètres, on a constamment trouvé la même roche. On
n'aperçoit pas la moindre apparence de stratification. Enfin
l'étendue en longueur de l'amas, est assez grande, puisqu'il
se poursuit dans la direction de Calaf pendant huit kilomètres,
tandis que du côté opposé il se continuait autrefois jusqu'au

Cardoner, comme le montrent les traces que l'on en trouve encore à la base des flancs du vallon, par exemple au-dessous du castillo de Cardona (fig. 56) ; sa largeur au contraire ne dépasse pas 500 mètres.

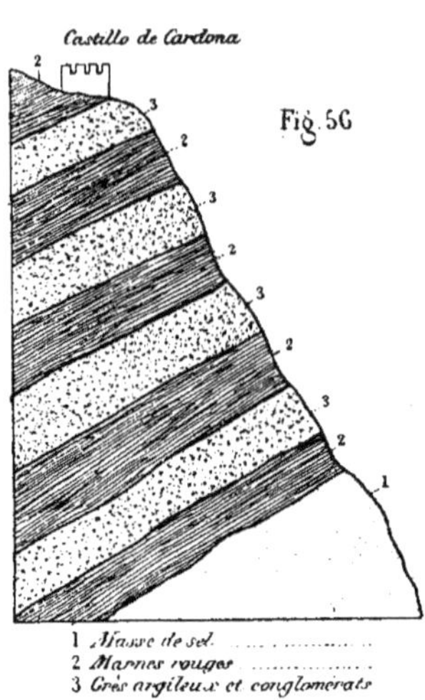

Quels sont et l'âge et l'origine de ce dépôt? Pour la première question, la réponse est facile : l'étage des poudingues étant le seul qui se montre dans un rayon considérable, il n'est pas possible d'hésiter à cet égard ; la masse de sel est éocène.

Sur le second point, au contraire, la solution est délicate : au premier abord il semble naturel de supposer que, vers la fin de la période nummulitique, il s'était formé à Cardona, un vaste lac dont les eaux, séparées de la mer, se seraient lentement évaporées, déposant ainsi le sel dont elles étaient chargées. Il se serait passé, en un mot, un phénomène analogue à celui que présente aujourd'hui sur les bords de la mer Caspienne, le golfe de Kara Boghaz, ou qu'offraient avant le percement du canal de Suez, les *Lacs amers*.

Mais cette explication ne peut être admise. L'aspect du sel lui-même défend de s'y arrêter : tandis que les blocs volumineux apportés à plusieurs reprises des Lacs amers, en France, et que tout le monde a pu voir, montrent une suite d'innombrables petites couches, alternant avec quelques minces lits sableux, et offrent ainsi les traces d'une stratification évidente, le sel de Cardona, au contraire, ne forme qu'une masse homogène et non stratifiée.

En outre, dans l'hypothèse d'un lac s'évaporant peu à peu, le dépôt devrait affecter la forme habituelle en lentille concavo-convexe, puisque les bords du bassin auraient été promptement abandonnés par l'eau qui se serait réunie peu à peu en s'abaissant, au centre de l'espace primitivement occupé. Or, il suffit de se reporter à la description et aux figures ci-dessus, pour s'apercevoir que l'amas de Cardona long, très étroit et s'élargissant à la base ne répond pas du tout aux conditions exigées.

Quelle solution faut-il donc proposer pour remplacer celle dont l'inexactitude est ainsi démontrée? Je n'en vois qu'une seule qui réponde assez exactement aux faits observés et que j'exposerai, quelque hardie qu'elle puisse paraître ; c'est celle de l'origine intérieure du sel. En effet, la position de la masse sur laquelle viennent s'appuyer les deux tronçons soulevés et disjoints des grès et poudingues, est exactement celle qu'occuperait une roche éruptive ; l'absence de stratification, et la continuation du sel en profondeur, aussi loin qu'on a pu atteindre jusqu'ici, paraissent confirmer entièrement cette manière de voir. Seulement, il faut l'avouer, le sel est peut-être de toutes les roches, celle qui semble se prêter le moins à une origine éruptive ; pourtant, il me parait possible d'admettre qu'un phénomène comparable aux éruptions thermales a donné naissance à la masse de sel de Cardona.

Résumé. — Le terrain éocène de la province de Lerida est

composé en majeure partie par les poudingues supérieurs, qui prennent en même temps une grande importance indus - trielle par la présence de lignite et de sel au milieu de leurs couches.

Quant aux assises fossilifères, peu étendues, elles sont pour la plupart situées dans le voisinage de Tremp; il faut citer pourtant un autre lambeau au Nord-Est de la province au- près de Cornellana. Les couches que l'on peut y distinguer, se rapportent généralement à des types que nous avons déjà vus dans les autres provinces; cependant il faut noter quel- ques horizons nouveaux, comme les couches à Turritelles de Figols. Enfin l'absence des *Nummulites perforata* qui n'ont jamais été rencontrées jusqu'à présent, est un fait surprenant puisque l'horizon qui les contient se montre aussi bien à l'Ouest dans les provinces de Huesca, de Saragoza, et dans la Navarre que dans les parties de la Catalogne que nous avons déjà étudiées.

Voici l'énumération des couches représentées dans l'Éocène de la province de Lérida :

7. Poudingues supérieurs (600ᵐ). — Pobla, Esplugafreda, Puente de Montañana, Benavente, Pons, Oliana, Sol- sona, Calaf, Cardona, etc.
6. Calcaire marneux à *Nummulites exponens* (d'après M. Vidal). — Cornellana.
5. Calcaire et marnes à *Ostrea uncifera,* Leym. et *Nummu- lites Leymerici* (70ᵐ). — Figols.
4. Marnes à Operculines (25ᵐ). — Figols.
3. Marnes à Turritelles (60ᵐ). — Figols.
2. Marnes sans fossiles, ou avec quelques *Nummulites Ley- merici.* (35ᵐ). — Figols.
1. Calcaire à Alvéolines (300ᵐ). — San Salvador, Ager, Palau.

ARAGON

Province de Huesca. — La province de Huesca est celle qui renferme la plus grande étendue de terrain nummulitique en même temps que le nombre et la complexité des couches deviennent plus grands.

C'est là également que l'Éocène se rapproche le plus du centre de la chaîne pyrénéenne, et qu'il atteint les sommets les plus élevés : le Mont-Perdu, la sierra de Guarra et nombre d'autres montagnes sont formées par des dépôts de cet âge.

Il est compris entre deux bandes crétacées, l'une au Nord, parfaitement continue ; l'autre au Sud, interrompue de place en place et servant à séparer l'Éocène et le Miocène.

C'est auprès de la limite de la province de Lérida que je commencerai l'étude des couches inférieures. On se rappelle quelle est la situation du village d'Aren ; construit sur les grès sénoniens qui se suivent si facilement depuis Montesquiu et Talarn, il se trouve par conséquent à la base du garumnien (fig. 57), mais les argiles rutilantes n'ont pas une très grande

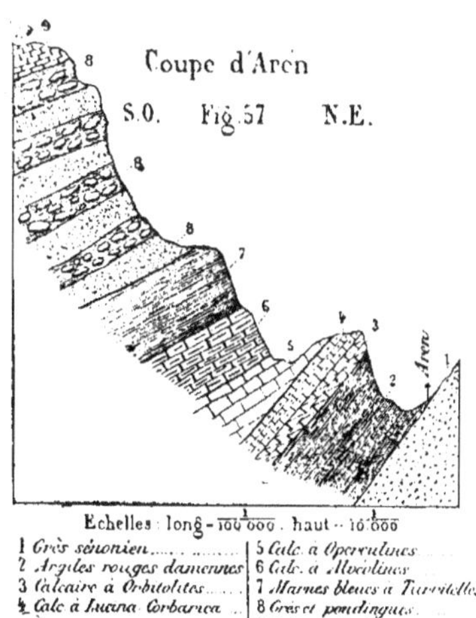

épaisseur et ne tardent pas à disparaître au Sud sous des couches éocènes. Voici la coupe qui se présente dans la direction de San Estevan den Mal :

1. Grès sénoniens à *Inocérames*.................. (40ᵐ.)
2. Argiles rouges garumniennes................. (90ᵐ).
3. Calcaire à Orbitolites....................... (15ᵐ.)
4. Calcaire à *Lucina Corbarica*, Leym............. (25ᵐ.)
   Velates Schmidelliana, Chemn. sp.
5. Calcaire marneux à Operculines (*Operc. granulosa*).............................. (40ᵐ.)
   Nummulites Leymerici, d'Arch. var. A.
6. Calcaire à Alvéolines (*Alv. subpyrenaïca*, Leym.) (55ᵐ.)
7. Marnes bleues à *Nummulites, Operculines, Orbitolites*, etc.............................. (80ᵐ.)
8. Grès et poudingues avec *Ostrea multicostata*..... (250ᵐ.)
9. Calcaire à Alvéolines (*Alv. subpyrenaïca*)........ (30ᵐ.)

Lorsqu'on a ainsi gagné le point culminant, on redescend quelque peu pour se trouver pendant tout le trajet qui reste à

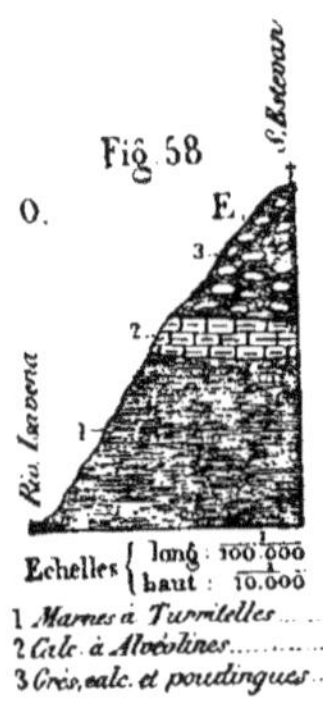

faire jusqu'à San Estevan dans la huitième zone, celle des grès et poudingues avec *Ostrea*. Puis, en descendant du village vers la rivière l'Isavena, on retrouve successivement quelques-unes des couches rencontrées entre Aren et San Estevan ; les grès, calcaires et poudingues (n° 8 de la coupe précédente), se montrent sur une épaisseur de 100 mètres, (fig. 58) ; puis viennent, en descendant des calcaires marneux à Alvéolines (*Alv. subpyrenaïca*, Leym.), Nummulites, Cérithes, Crassatelles, Oursins, etc., sur 30 mètres ; enfin, les marnes bleues (n° 7 de la coupe d'Aren) se retrouvent ici et se continuent jusqu'au fond de la vallée, contenant des fossiles identiques à ceux de Figols :

> *Natica Rodensis*, L. Carez.
> *Natica*, sp.
> *Turritella Dufrenoyi*, Leym.
> *Turritella Rodensis*, L. Carez (an eadem species, *Turr. subsulcifera*, d'Arch.)
> *Turritella Trempina*, L. Carez (*T. imbricataria* auctorum.
> *Turritella figolina*, L. Carez.
> *Turritella*, sp.
> *Cytherea*, sp.
> *Ostrea multicostata*, Desh. (*O. stricticostata*, Raulin.)
> *Schizaster vicinalis*, Ag.
> *Operculina ammonea*, Leym.
> *Trochocyathus Van den Heckei*, M. Edw. et Haime.
> *Nummulites striata?* Def.

De l'autre côté de la rivière, les mêmes couches se montrent encore depuis Puebla de Roda jusqu'à Roda, régulièrement inclinées au Sud d'environ 7° à 8° (fig. 59). Ce sont d'a-

1 *Marnes à Turritelles* . . . . 4 *Grès et poudingues à Ostrea*
2 *Grès* . . . . 5 *Marnes à Cérithes*
3 *Marnes à Ostrea multicostata.* . . 6 *Marnes bleues à Ostrea multicostata*

bord les marnes bleues à *Turritelles* qui s'étendent entre les deux villages et contiennent :

> *Natica sigaretina*, Desh.
> *Turritella Rodensis*, L. Carez.
> *Crassatella plumbea*, Desh. (variété.)
> *Ostrea multicostata*, Desh. (*O. stricticostata*, Raulin.)
> *Chama*, sp.
> *Spondylus.*
> *Schizaster ambulacrum*, Ag.
> *Trochocyathus*, sp.
> *Orbitolites*, sp.
> *Nummulites Leymeriei*, d'Arch.
> *N. striata ?* Def.

En approchant de Roda, quelques bancs de grès commencent à se montrer mais cependant les marnes bleues dominent encore ; on y trouve de véritables bancs de l'*Ostrea multicostata*, Desh., accompagnés de quelques autres fossiles parmi lesquels :

> *Nummulites Leymeriei*, d'Arch.
> *Lunulites punctatus*, Leym.
> *Echinolampas*, n. sp.

Au delà de Roda, les poudingues et les grès dominent, renfermant toujours des bancs nombreux d'*Ostrea multicostata*, accompagnées de *N. Leymeriei* et d'*Euspatangus elongatus*, Ag., leur épaisseur est considérable (300ᵐ). Puis ils sont surmontés par de nouvelles marnes bleues, remplies cette fois de Cérithes :

> *Voluta*, sp.
> *Fusus*, sp. (voisin de *F. polygonus* ; son état de conservation ne permet pas une détermination précise.)
> *Cerithium Rodense*, L. Carez.
> *Cerithium Almerae*, L. Carez.
> *Cerithium cinctum*, Brug.
> *Cerithium Solerense*, L. Carez.
> *Cerithium Malladæ*, L. Carez.
> *Cerithium*, sp.
> *Cerithium*, sp.

Les huîtres continuent à se montrer en extrême abondance jusqu'à Soler.

J'ai quitté alors la vallée de l'Isavena pour me porter à Benavente où les affleurements paraissaient plus nombreux.

Entre Soler et Benavente je recueillis d'abondantes Nummulites qui se continuèrent jusqu'au second de ces villages ; on peut y distinguer deux niveaux : à la base couche à *Nummulites spira*, de Roissy, *Num. Lucasana*, Def. var. *Mentonensis*, de la H., *Orbitolites papyracea ? Orbitolites*, sp., *Ostrea multicostata*, Desh., *Ostrea*, sp., *Cerithium Aragonense*, L. Carez., *Turritella edita*, Sow.. *Turritella imbricataria*, Lk., etc. ; au-dessus marnes à *Nummulites Biarritzensis,* d'Arch.

Enfin de Benavente à Graus, viennent encore quelques marnes surmontées de grès qui nous conduisent jusqu'au village de Graus ; les poudingues supérieurs commencent alors, inclinés comme les couches sous-jacentes de quelques degrés au Sud, et se poursuivent sur 200 à 300^m d'épaisseur jusqu'auprès du village de Castro où ils viennent s'appuyer sur des calcaires triasiques.

Une autre coupe importante se rencontre un peu plus à l'Ouest sur les rives de la Cinca (voir ci-dessus fig. 7.) Après avoir passé les affleurements triasiques et les dykes d'ophite qui se trouvent entre El Grado et Naval, on aperçoit les poudingues supérieurs qui forment le sommet d'une montagne assez élevée (870^m), butant par faille au Sud contre les calcaires triasiques. En descendant alors vers Medianos, j'ai constaté la succession suivante :

11. Poudingues supérieurs. . . . . 130^m.
10. Marnes rouges et conglomérats . . . . 60^m.
 9. Marnes bleues à *Macropneustes*. . . . . 38^m.

       Macropneustes pulvinatus ? Ag.
       Pecten, sp.
       Turritella, sp.

8. Marnes à grandes Huîtres. . . . . 27^m.

Ostrea Medianensis, L. Carez.

7. Marnes bleues à *Nummulites complanata*. . . . . 32^m.

Nummulites complanata, Lk.

6. Calcaire compact à Nummulites. . . . . 23^m.

Nummulites perforata, Lk.
Nummulites complanata, Lk ?

5. Marnes à *Nummulites lævigata, Brug*. . . . . . 10^m.

En continuant vers le Nord, les couches ne tardent pas à
s'incliner dans ce sens, et à présenter quelques fossiles :

Cidaris subularis, d'Arch.
Cidaris Oosteri, Laube.
Pentacrinites didactylus, d'Orb. *in* d'Arch.
Nummulites granulosa, d'Arch.
Nummulites Brongniarti, d'Arch.
Nummulites Ramondi ? Def.

La *Nummulites granulosa* est très abondante.

Bientôt l'inclinaison amène de nouveau la base des grès et
poudingues supérieurs sur lesquels est bâtie la ville de Ainsa.

Dans tout le parcours entre Medianos et Ainsa, la route est
jonchée d'une infinité de grosses *Nummulites perforata ;* étonné
de les voir ainsi bien au-dessus de leur niveau habituel, je
cherchai à découvrir le gisement d'où elles pouvaient prove-
nir ; et je ne tardai pas à me convaincre, qu'effectivement les
Nummulites perforata n'existaient pas en place au-dessus des
Nummulites granulosa. C'est dans un dépôt quaternaire longeant la rivière, que se rencontre ce Foraminifère arraché à
des couches probablement très lointaines ; et comme les gra-
viers diluviens ont servi à empierrer la route, les *Nummulites
perforata* se sont trouvées disséminées sur le sol sans pourtant
appartenir à un gisement voisin.

Ainsa est située, comme je l'ai dit, sur les grès et poudingues; mais ils n'ont que 15 à 20 mètres d'épaisseur, et au-dessous se montrent des marnes bleues qui atteignent le fond de la vallée; elles se continuent encore assez loin vers le Nord mais sans renfermer aucun fossile; enfin entre Puya Ruego et Gallisue, elles reposent sur des calcaires durs à silex, que j'ai rangé dans le Crétacé à cause de leur analogie de composition avec les couches sénoniennes du Coll de Nargo.

Retournons donc à Ainsa pour suivre vers l'Ouest les couches nummulitiques puisqu'elles cessent vers le Nord. D'Ainsa à Voltana, on voit les marnes bleues sans fossiles sur tout le parcours; d'abord inclinées au Nord-Ouest, elles ne tardent pas à se plisser de manière que l'on entre peu à peu dans des couches plus anciennes, et que l'on commence à trouver avant Boltaña quelques Nummulites. Au delà de cette ville (fig. 60)

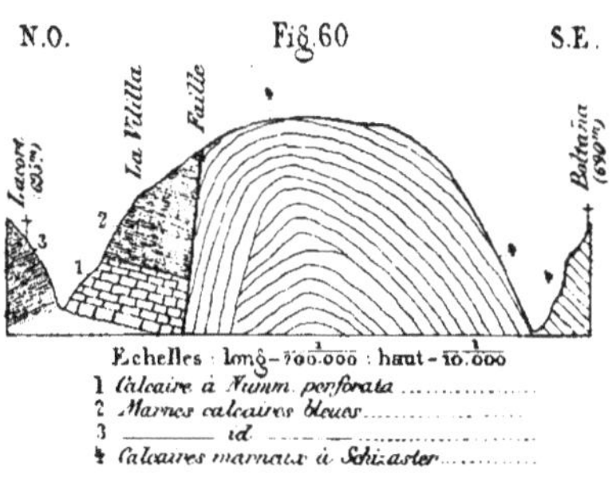

les marnes et calcaires bleus continuent mais renferment bientôt de nombreux Oursins; bien qu'ils soient tous écrasés, on peut s'assurer que l'on a affaire à des *Schizaster*, et probablement aux mêmes espèces déjà rencontrées en Catalogne auprès de Centellas. Ces couches surmontant des calcaires à Alvéolines et *Nummulites exponens* ne tardent pas d'ailleurs à prendre une allure mouvementée, et à s'incliner de plus en plus au point de devenir même absolument verticales ; une faille située à peu de distance à l'Est du petit village de la Vililla, ramène au jour des couches plus anciennes et permet de voir un calcaire gris semi-cristallin avec *Nummulites perforata* et *Nummulites Lucasana*.

Puis de Lacort à Xavierra et au pont de Fiscal la même couche se continue sans interruption et presque sans inclinaison dans ce sens ; les *Nummulites perforata* abondent.

Au Nord de Fiscal, dans la direction de Broto, je n'ai pas vu de fossiles, mais je crois toutefois que les couches situées entre ces deux villages appartiennent à l'Eocène ; un peu plus au Nord encore, entre Broto et Fanlo, se trouvent, auprès de ce dernier village, des calcaires noirs à Nummulites de grande taille mais mal conservées ; ce sont probablement des *Nummulites exponens* et *N. mamillata,* d'Arch.; leur altitude est de 1,400 mètres. Les mêmes calcaires se continuent au Sud de Fanlo jusqu'à mi-chemin à peu près de Buerba; là elles cèdent la place au calcaire crétacé à silex.

Si de Fiscal, nous nous portons maintenant vers le Sud dans la direction de Securrun, nous trouverons d'abord des marnes bleues à la base de la montagne qu'il faut gravir; mais elles ne se prolongent pas beaucoup, car les poudingues et les grès viennent promptement les recouvrir, et forment la plus grande partie de la montagne. Leur épaisseur est considérable et peut être évaluée à près de mille mètres entre San Juste et Securrun, où ils atteignent l'altitude de 1,750 mètres. Toute la vallée de Securrun, Ayneto, Solanilla en est également formée, mais à la partie inférieure les poudingue sont rares ; ce sont les grès et les calcaires qui dominent. La sierra de Guarra elle-même est en partie composée par l'étage des poudingues, car de Solanilla à Nocito ils occupent tout le terrain.

Mais au delà de ce dernier village, on commence à rencontrer des couches fossilifères, comme le montre la coupe de Sietamo à Nocito (fig. 19, p. 125).

On y voit au-dessous des grès et des poudingues :

1. Marnes calcarifères bleues à *Velates Schmidel-liana* de grande taille. Grands Cérithes, etc. . .   10^m
2. Calcaire à grandes *Velates* . . . .   25^m

> *Euspatangus elongatus*, Ag.
> *Lovenia* n. sp.

3. Marnes bleues à *Pectens*. . . . .   6^m
4. Calcaire à *Pectens* et à Oursins. . . . .   5^m
5. Marnes bleues et grès en dalles sans fossiles, en stratification discordante avec les couches précédentes, visibles sur . . . .   5^m

A partir de ce point, la succession des couches ne peut plus être suivie, elles sont plissées, contournées dans tous les sens, et coupées de failles si nombreuses, qu'il ne reste qu'à constater la présence du Nummulitique en ce point sans pouvoir préciser davantage. A 2 kilomètres environ, à droite et à gauche, se dressent des montagnes élevées, uniquement formées des poudingues supérieurs.

Au bout de quelque temps, cependant, les couches reprennent un peu de régularité et l'on peut voir des calcaires à *Velates Schmidelliana* et *Euspatangus elongatus*, Ag. (n° 7) reposer sur des calcaires à *Nummulites perforata* et *Num. Lucasana*, et *Alveolina* (n° 8). Ces couches viennent bientôt buter par faille contre un lambeau de terrain turonien ; celui-ci, peu étendu, est ensuite remplacé par de nouveaux calcaires nummulitiques à *Euspatangus* (n° 10). On est alors arrivé au village de San Olaria et à la limite de l'Éocène ; les couches, situées au

Sud de ce point, appartiennent en effet au Miocène de l'Ebre
dont la plaine s'étend vers Sietamo et Huesca.

Une autre série intéressante se voit en allant de Fiscal à
Puente (fig. 61). Après avoir dépassé les marnes bleues sans

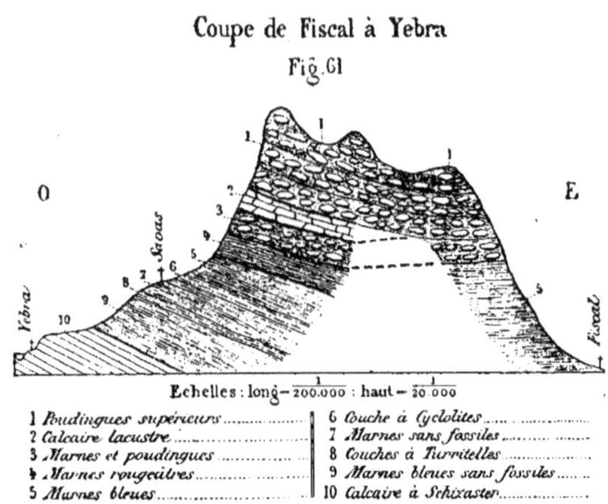

Coupe de Fiscal à Yebra

Fig. 61

fossiles qui entourent de tous côtés Fiscal, on rencontre en
montant des couches de même nature avec quelques Nummulites (*N. obesa* Leym. in d'Archiac, *N. Biarritzensis*, d'Arch.) et
quelques Huîtres. Puis, en montant toujours, on entre dans
les grès et poudingues qui se continuent jusqu'au sommet ; sur
le plateau accidenté qu'il faut ensuite parcourir, le même terrain se continue encore sans interruption pendant une dizaine
de kilomètres montrant de temps à autre quelques huîtres.
Alors commence la descente dans la vallée de Bassa ; immédiatement au-dessous des grès et poudingues, se montrent
trente mètres de calcaire compact lacustre avec Limnées,
Cyclostomes (*Cycl. formosum*, Boubée?) et surtout une infinité de petits Planorbes. Plus bas viennent des marnes rougeâtres et des grès, avec quelques poudingues encore à la
partie supérieure ; enfin se montrent de nouveau des marnes

bleues, mais ici elles sont fossilifères : un premier gisement au Nord de Savas, m'a donné les espèces suivantes :

Teredo Tournali,? Leym.
Dentalium sp.
Cyprœa sp. (voisine de *Cyprœa elegans,* Def.)
Ficula sp.
Cardita sp.
Cardium (3 espèces).
Pecten sp.
Ostrea sp.
Cyphosoma cribrum?, Agass.
Porocidaris Schmidelii, Munster sp.
Porocidaris Schmidelii, Munster sp., var.
Cidaris n. sp. voisin de *Cidaris subularis,* d'Arch.
Schizaster sp.
Nummulites biarritzensis, d'Arch.
Cyclolites Heberti, Tourn.
Eschara ampulla, d'Arch.

A une faible distance, au Sud de Savas, une couche un peu plus ancienne renferme en abondance de grandes Turritelles, etc.

Turritella Savasiensis, L. Carez.
Ostrea cubitus, Desh.

et de nombreuses espèces indéterminables appartenant aux genres *Voluta, Fusus, Mesalia, Delphinula, Limopsis, Nucula, Cardium, Cardita, Diplodonta, Cytherea,* etc.

Après une trentaine de mètres de marnes bleues presque sans fossiles (j'y ai trouvé seulement la *Nummulites biarritzensis*), on arrive à des calcaires marneux, toujours bleus, qui contiennent une quantité énorme d'Oursins :

Schizaster Studeri, Ag.
Schizaster n. sp.
Schizaster sp.
Hemiaster sp.
Ostrea Brongnarti, Bronn.

Ces calcaires à Oursins forment le fond de la vallée de Bassa et se poursuivent avec une grande régularité jusqu'à la Puente ; ils semblent même continuer encore plus loin vers l'Ouest.

Si, au contraire, on se dirige de la Puente vers le Sud-Ouest, en suivant le cours de la rivière, on voit, dès que l'on a passé le pont, l'indication d'une faille ; des grès, marnes et poudingues se présentent en effet, en couches verticales, butant contre les calcaires marneux à Oursins. Ils durent ainsi pendant 2 kilomètres et demi, puis une nouvelle faille fait apparaître les mêmes couches dans la position à peu près horizontale qu'elles occupent le plus souvent, et qu'elles conservent, sauf quelques faibles ondulations jusque vers Yeste. On peut, de là, suivre là coupe avec facilité jusqu'à Murillo (fig. 29, p. 144).

14. Grès et poudingues.

13. Calcaire à Polypiers. 15ᵐ

12. Marnes bleues à *Serpula spirulœa*. 100ᵐ

    Serpula spirulœa, Lk.

    Serpula dilatata, d'Arch.

    Pecten subtripartitus, d'Arch ?

11. Calcaire bleu à fossiles rares 30ᵐ

10. Calcaire compact pétri d'Alvéolines . . 15ᵐ

    Alveolina melo, Ficht. et Moll.

    Alveolina subpyrenaïca, Leym.

9. Calcaire marneux bleu 20ᵐ

8. Argile rouge 25ᵐ

7. Calcaire compact très dur, noir, à *Lychnus*, *Bulimus*, etc. 10ᵐ

    Lychnus Pradoanus, Vern.

6. Marnes rouges et calcaires à *Ostrea*. . . 30ᵐ

    Faille.

5. Marnes bleuâtres terminées à la partie supé-

rieure par un banc de calcaire compact à
Nummulites . . . . 25^m
4. Calcaire compact à Nummulites alternant
avec des marnes rougeâtres . . . . . 60^m
3. Marnes bleues . . . . 30^m
2. Calcaire compact jaune à *Nummulites*. . . 5^m
Faille.
1. Poudingues supérieurs . . . . 250^m

Cette coupe, on le voit, donne la succession complète de
l'Éocène, puisque les dernières couches crétacées se montrent
à sa base (couches 6-8), et qu'elle se continue sans interruption jusqu'aux poudingues supérieurs ; vers le Sud une
première faille amène des calcaires nummulitiques (2 à 5) en
contact avec les assises garumniennes, puis par l'effet d'une
seconde cassure, les poudingues supérieurs se dressent à leur
tour, pour ne se terminer qu'à Murillo, au contact du terrain
miocène.

De Murillo à la Peña, existe un défilé très remarquable ;
tandis que les grès tendres et surtout les marnes bleues se
laissent facilement désagréger et emporter par les eaux, les
calcaires à Alvéolines et les différentes couches qui les
suivent jusqu'à Murillo, résistent au contraire très énergique-
ment aux dénudations. Aussi, une plaine assez vaste se
remarque-t-elle au Nord de la Peña, au lieu que du côté
opposé, la rivière coule dans une fissure tellement étroite qu'il
a fallu auprès de ce village percer un tunnel dans les calcaires
à Alvéolines pour faire passer la grande route de Huesca à Jaca.

Pour se rendre compte de la puissance et de la composition des poudingues supérieurs dans cette partie de l'Aragon,
aucune course n'est plus instructive que celle de la Peña à
Jaca ; tandis que dans la direction de la Puente, une faille
vientarrêter brusquement le développement de l'étage, dans

la direction de Jaca, au contraire, la succession se continue régulièrement jusqu'au delà de Bernuès. (Fig. 62). A 6 kilo-

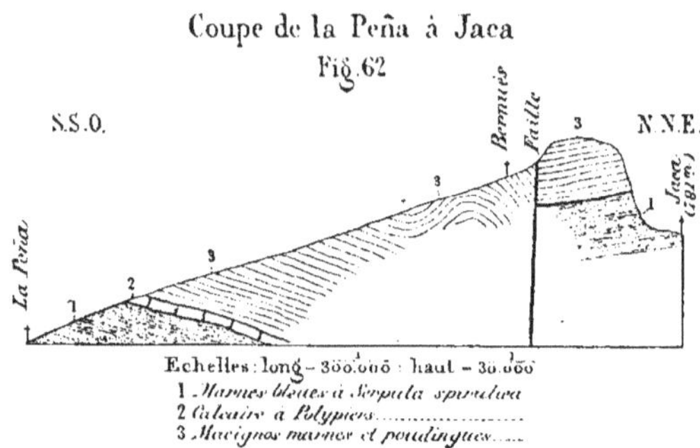

mètres environ de la Peña par la route, les marnes bleues à *Serpula spirulœa* disparaissent sous les grès argileux et les marnes rougeâtres semblables à celles que nous avons vues dans la direction de la Puente. Elles se continuent de même pendant 12 kilomètres toujours inclinées au nord et ne renfermant que très rarement de minces couches de poudingues ; un seul plissement assez important pour être noté, se voit dans ce trajet. A un kilomètre avant Bernuès, les couches de poudingues commencent à devenir un peu plus abondantes, mais tout en restant toujours intercalées dans des grès et des marnes quatre à cinq fois plus épais. Puis, après avoir un peu dépassé le village, on voit les couches s'incliner très fortement au Nord, et devenir même tout à fait verticales ; une faille relève alors les poudingues au point de les porter jusqu'au sommet de la montagne qui domine Jaca, tandis que les marnes bleues apparaissent bientôt à l'altitude du village de Bernuès. Les poudingues, dans cette dernière montagne, deviennent dominants à la partie supérieure, la base étant toujours composée de marnes et de grès argileux.

En descendant sur Jaca, on commence à rencontrer les

marnes bleues à 150 ou 200 mètres au-dessus du fond de la vallée, qu'elles constituent entièrement; bien que je n'y aie pas trouvé de fossiles en ce point (1), je les regarde sans hésiter, comme le représentant des marnes à *Serpula spirulœa*.

Je n'ai pas exploré la région située directement au Nord de Jaca, quoique le nummulitique se continue encore pendant quelque temps; je puis dire seulement que dans l'espace de 5 à 6 kilomètres où la vue pouvait s'étendre, il ne paraissait pas y avoir autre chose que les marnes bleues, continuation de celles qui supportent la ville.

C'est vers l'Ouest que je me suis d'abord dirigé, suivant pendant quelque temps le cours du rio Aragon; mais, voyant que cette vallée est entièrement composée des marnes bleues pauvres en fossiles (2) et que je risquais ainsi d'aller jusqu'à Verdun sans rencontrer aucun sujet d'étude, je quittai le rio Aragon pour me porter vers le Nord. J'entrai, dès lors, dans des couches plus anciennes, car l'inclinaison se maintient jusqu'à une grande distance au Sud-Est. Aussi, à partir de Luliesas, je commençai à voir apparaitre quelques grès en dalles puis des bancs calcaires; en approchant d'Embrun, ces derniers contenaient quelques petites Nummulites. Dépassant alors le village, on arrive à un défilé formé par un calcaire gris bleuâtre compact qui renferme deux bancs de *Nummulites perforata* séparés par une assise de calcaire gris à Alvéolines. Au-dessous vient une série de marnes et de calcaires généralement sans fossiles, mais renfermant de distance en distance un banc à Alvéolines; cela continue jusqu'au défilé dont on a profité pour construire un petit pont sur le rio Araguès; là sont des calcaires compacts à Alvéolines et *Nummulites exponens*, Sow., qui se continuent jusqu'à Jaca et Araguès.

---

(1) A l'exception de quelques *Nummulites* qui paraissent se rapporter à *N. biarritzensis*.

(2) J'ai recueilli dans cette vallée quelques Crustacés Brachyures.

Telles sont les couches tertiaires les plus anciennes de cette région où elles s'étendent dans toutes les directions; si l'on se porte par exemple vers Castillo de Echo, on marche constamment dans les mêmes couches, peu fossilifères, mais renfermant cependant de distance en distance, la *Nummulites exponens*. Entre Echo et Fago, il en est toujours de même ; la *Nummulites exponens* se montre constamment, accompagnée auprès de Anso d'une grande Serpule (voisine de la *Serpula spirulæa*), et de la *Nummulites Lucasana;* la direction suivie depuis Araguès jusqu'à Fago, est, en effet, à peu près perpendiculaire à l'inclinaison générale, de sorte que les mêmes couches se présentent constamment jusqu'à la limite de la province.

Résumé. — La province de Huesca contient les couches éocènes suivantes :

12. Poudingues supérieurs se divisant eux-mêmes en { Poudingues proprement dits . . . } { Grès et marnes rougeâtres . . . } 1,000^m
(Graus, Medianos, Sierra de Guarra, Securrum, San Juste, de Fiscal à Yebra, de la Puente à Yeste, Bernues, Murillo, etc.)

11. Marnes bleues à *Serpula spirulæa* . . . . 100^m
(La Peña, Jaca, Fiscal.)

10. Marnes bleues à *Turritella Savasiensis* (Savas). 75^m

9. Marnes à *Nummulites granulosa* (Medianos à Ainsa) . . . . 30^m

8. Calcaire marneux bleu à *Schizaster* . . . 30^m
(Puente à Yebra. — La Vililla?)

7. Calcaire et marnes à *Velates Schmidelliana* . 60^m
(De San Olaria à Nocito.)

6. Marnes à *Nummulites complanata* . . . . 40^m
(Medianos.)

5. Calcaire à *Nummulites perforata* . . . . . 30^m
   (La Vililla, La Peña, Embrun, De San
   Olaria à Nocito.)
4. Marnes à *Nummulites spira* . . . . . . 60^m
   (Benavente.)
3. Marnes bleues à *Cérithes* et à *Turritelles* . . 300^m
   (Soler, Roda, San Estevan den Mal)
2. Calcaire à *Nummulites exponens* et à *Alvéoli-*
   nes . . . . 200^m
   (Aren, Fanlo, La Peña, Araguès, Echo.)
1. Calcaire à *Lucina Corbarica* et à *Operculines*. 20^m
   (Aren.)

Ce tableau montre la grande complexité du terrain éocène dans la province de Huesca et fait voir que de nombreuses zones inconnues dans la Catalogne se développent dans l'Aragon. La première, caractérisée par la *Lucina Corbarica*, était déjà rudimentaire auprès de Tremp, mais au Sud d'Aren, elle prend une certaine importance par sa netteté et par l'abondance de son fossile caractéristique.

Les calcaires à *Nummulites exponens* et à *Alvéolines* ne font que continuer les couches semblables de la Catalogne, mais au-dessus, se développent des assises très fossilifères (N° 3) où abondent les *Turritelles* et les *Cérithes*; je ne connais pas de représentant de cette zone dans les autres provinces. Les marnes à *Nummulites spira* (N° 4) viennent couronner les assises précédentes à Benavente d'une façon indiscutable; mais leurs rapports avec les calcaires à *Nummulites perforata* (N°5) sont beaucoup moins nets; je n'ai pas de preuve directe de la superposition de la seconde assise à la première.

La *Nummulites complanata* (N° 6) indique encore ici un horizon nouveau qui se continuera jusqu'à la limite occidentale de l'Éocène en Espagne.

Au contraire, les zones 7 et 8 ne sont que le prolongement des couches analogues de San Fructuoso de Bagés et de Centellas dans la vallée de Vich en Catalogne : mais les deux horizons suivants (Marnes à *N. granulosa.* — Marnes de Savas), nous sont encore inconnues.

Les marnes à *Serpula spirulœa* (N° 11) qui viennent ensuite, représentent les assises qui entourent Igualada et constituent les environs de Vich dans la province de Barcelona.

Les poudingues enfin, forment, comme toujours, la dernière assise de l'Eocène, et reposent indifféremment, suivant les points, sur toutes les assises que nous venons d'énumérer ; ils ne sont jamais recouverts par aucune autre formation.

Province de Saragoza. — Presque entièrement comprise dans la plaine de l'Ebre, la province de Saragoza présente surtout une grande étendue du terrain miocène lacustre ; quant au nummulitique, il ne se montre qu'au Nord, dans la petite pointe comprise entre la province de Huesca et la Navarre entre les villes de Salvatierra, Sos et Murillo.

Reprenons donc notre course arrêtée à Fago, et dirigeons-nous vers Salvatierra. Le chemin entre ces deux villages est très monotone et peu instructif ; au milieu des montagnes successives toujours composées de marnes et de calcaires sans fossiles, il est bien difficile de suivre l'inclinaison des couches et de savoir si celles de Fago sont supérieures ou inférieures à celles de Salvatierra. La question aurait pourtant son intérêt, car à quelque distance avant ce dernier village, existe un gisement de *Nummulites perforata ;* il serait important de pouvoir établir la situation relative des couches de Fago et de celles-ci dont le niveau est bien fixé.

Quoi qu'il en soit, la zone à *Nummulites perforata* se poursuit vers le Sud et forme une très haute montagne qui, partant d'un point situé entre Lorbes et Asso, se poursuit dans la

Navarre jusqu'au delà de Lumbier. Ce sont des grès et des calcaires qui constituent la majeure partie de ces couches à *Nummulites perforata* dont les plissements et les contournements sont figurés sur la coupe 31 (V. ci-dessus page 155). Cette figure, où les accidents bizarres que présente le défilé de Salvatierra à Siguès ont été indiqués avec le plus d'exactitude possible, montrent quels bouleversements se sont produits dans les Pyrénées depuis le dépôt des premières assises tertiaires.

Auprès de Siguès, une faille met en contact les calcaires à *Nummulites perforata* avec les marnes bleues à *Serpula spirulœa* qui occupent encore ici toute la vallée du rio Aragon depuis Thiermas jusqu'à Verdun, et qui vont rejoindre par là les couches de même âge des environs de Jaca.

La coupe de Thiermas à Castillo Nuevo montre des couches assez semblables à celles de la coupe précédente mais moins tourmentées (fig. 63.)

Coupe de Thiermas à Castillo Nuevo

Fig. 63

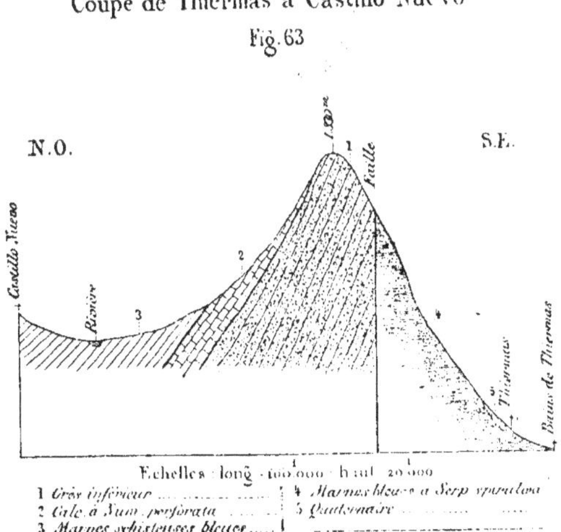

Les marnes bleues occupent le flanc de la montagne jusqu'à une hauteur assez grande ; traversant alors la faille, on entre dans une série de couches où dominent les grès blanchâtres, et qui se continue jusqu'au sommet (1,330^m). Sur le versant Nord, les grès, en se désagrégeant, ont permis à la végétation de se développer, et une belle forêt de hêtres et de pins, avec de fortes bruyères à leurs pieds, couvre la plus grande partie de la montagne.

Cela n'empêche pourtant point de recueillir d'abondantes *Nummulites perforata* dans les parties calcaires jusqu'à la fin de la descente, où les couches précédentes plongent sous des calcaires marneux bleuâtres dans lesquels je n'ai rencontré aucun fossile.

Au Sud de la vallée du rio Aragon, ce sont les poudingues supérieurs qui occupent presque toute la surface du sol ; en effet si de Berdun par exemple, on se porte dans la direction de Biel (fig. 64), on suit d'abord les marnes bleues jusqu'à Martes, puis aussitôt après ce village, quelques bancs de grès argileux s'intercalent au milieu des marnes et l'on pénètre dans l'étage des poudingues.

Coupe de Berdun à Biel

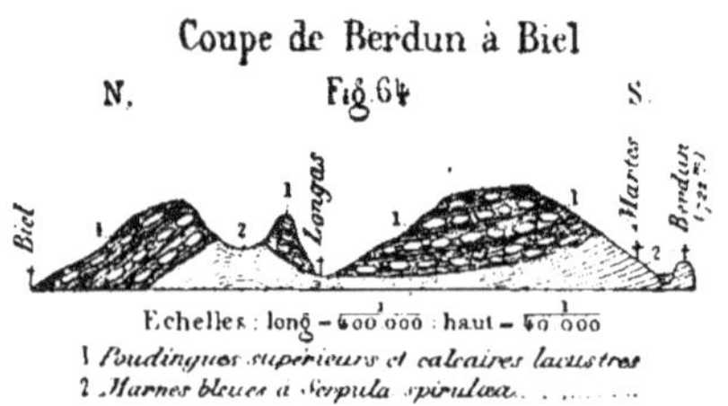

On chemine dans le même étage sans interruption jusqu'à Longas, mais en restant toujours dans la partie inférieure caractérisée, comme on sait, par la prédominance des grès argileux et des marnes. Avant de descendre sur Longas, on rencontre quelques couches de ces calcaires bleus caverneux à graines de *Chara* que j'ai déjà cités à plusieurs reprises ; au village même de Longas, des fossiles saumâtres, *Potamides*, *Natices*, occupent également une petite couche.

De Biel à Longas on atteint en un point, par suite d'un bombement, la partie supérieure des marnes bleues, avec quelques Pectens, mais on ne tarde pas à retrouver les grès et les marnes bientôt surmontés par les véritables poudingues qui se continuent jusqu'au village de Biel construit sur un escarpement de cet âge. L'épaisseur de l'étage peut être évaluée à 400 mètres.

Les poudingues de Biel se relient directement avec ceux de Murillo et marquent la limite de l'Éocène ; en effet le chemin même qui rejoint ces deux villages passse à quelques cents mètres de Biel, dans les assises miocènes pour ne plus les quitter pendant tout le parcours.

Résumé. — Les couches éocènes de la province de Saragoza sont loin d'offrir une complexité comparable à celle que présente la province de Huesca ; les zones y sont en effet réduites à trois :

3. Poudingues supérieurs. . . . . 400ᵐ.
    (Biel, Murillo, Longas, etc.).
2. Marnes à *Serpula spirulæa*. . . . . 150ᵐ.
    (Berdun, Martes, Thiermas).
1. Calcaires et grès à *Nummulites perforata* . . . . 100ᵐ.
    (Salvatierra, etc.).

NAVARRE ET ALAVA

La coupe de Thiermas à Castillo Nuevo, qui pénètre quelque peu dans la Navarre, nous a montré la présence des calcaires à *Nummulites perforata* à la limite des deux provinces. Cette couche se continue à l'Ouest, en formant une montagne élevée, limitée au Sud par une faille, jusqu'à la hauteur de Lumbier; elle dépasse même l'importante rivière qui coule auprès de ce village, l'obligeant à resserrer ses eaux dans une fissure très profonde, à peine large de 10 mètres.

Mais ce ne sont pas là les couches les plus anciennes de la Navarre : entre Viguezal et Lumbier, on peut voir la coupe figurée ci-contre (fig. 65).

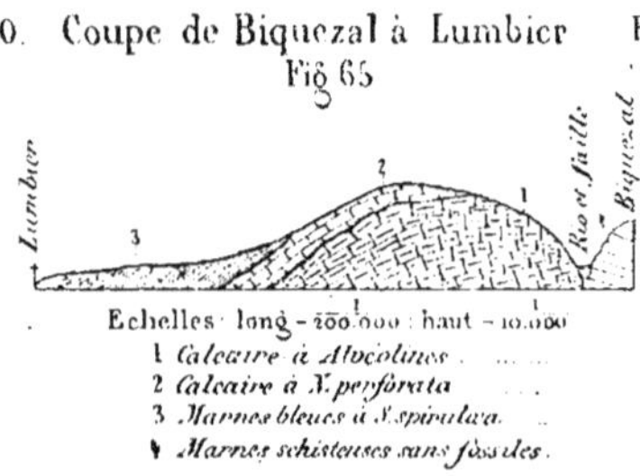

Après avoir dépassé les calcaires marneux qui se poursuivent depuis Castillo Nuevo, on arrive bientôt à une faille qui fait remonter une épaisse série de calcaires; les premiers sont des calcaires gris entremêlés de quelques marnes et pétris d'Alvéolines (*Alv. melo*, Ficht. et Moll.; *Alveolina subpyrenaïca,* Leym.); ils se continuent sur 25 mètres de puissance et sont surmontés de 30 mètres de calcaire de même nature, mais sans fossiles. Au-dessus, viennent les premières assises des calcaires à *Nummulites perforata* et *Nummulites Lucasana,* qui sont surtout développés en descendant du côté de Lumbier; ils s'inclinent très fortement à l'Ouest, de façon à passer au-dessous de la plaine de Lumbier formée par les marnes bleues; au Sud ils se joignent à la montagne que j'ai indiquée il y a un instant.

Quant aux marnes bleues que nous voyons commencer auprès de Lumbier, elles couvrent une très grande partie de la Navarre; c'est ainsi que, entre Lumbier et Aoiz, on ne ren-

contre que cette assise; de même entre Aoiz et Pamplona où
les affleurements sont très rares; de même encore entre Pamplona et Sanguessa à l'exception de quelques lambeaux peu
étendus de poudingues. Enfin ce sont toujours les marnes
bleues qui se montrent au Sud de Pamplona sur six kilomètres et à l'Est pendant douze kilomètres. Les fossiles font
défaut dans toute cette immense étendue; c'est à peine si de
temps à autre, on rencontre une Orbitolite transformée en
sulfure de fer, par conséquent tout à fait indéterminable;
cependant j'ai recueilli au Sud de Pamplona d'abondants petits
bivalves appartenant tous à la même espèce qui est malheu-
sement une Plicatule inédite (*Plicatula pamplonensis*, L. Carez).

Au-dessus des marnes bleues, se montrent les poudingues
en différentes localités; d'abord, au point culminant entre
Pamplona et Sanguessa, on voit les marnes bleues recouvertes par des grès et des marnes rouges surmontées elles-
mêmes par les véritables poudingues; puis à 3 kilomètres
avant Sanguessa les mêmes couches reparaissent pour ne pas
cesser jusqu'à cette ville et même probablement beaucoup
plus loin.

Dans la direction de Puente la Reyna, il en est de même :
après les six kilomètres de marnes bleues, renfermant du
gypse exploité, on trouve en montant les grès argileux puis
les poudingues. Ils disparaissent bientôt sous le Miocène pour
réapparaître auprès d'Estella où ils s'appuient sur les marnes
cénomaniennes.

Auprès d'Ancin, ils se montrent de nouveau, recouvrant
le terrain crétacé supérieur, enfin ils reparaissent encore auprès de Santa Cruz où ils atteignent une certaine puissance
et peuvent être subdivisés comme d'ordinaire en deux sous-
étages, l'un de poudingues francs, l'autre de marnes et grès
(fig. 18, p. 120).

Enfin, plus à l'Ouest encore, les poudingues se continuent

bien au delà des limites où sont renfermées les autres couches
éocènes; ils forment au Sud de Vitoria, une bande très étroite
séparant les marnes sénoniennes sur lesquelles ils reposent
au Nord, des couches miocènes qui les surmontent du côté opposé comme le montre la figure 66. Les poudingues forment
en ce point un défilé où leur épaisseur n'est pas moindre de
80 mètres.

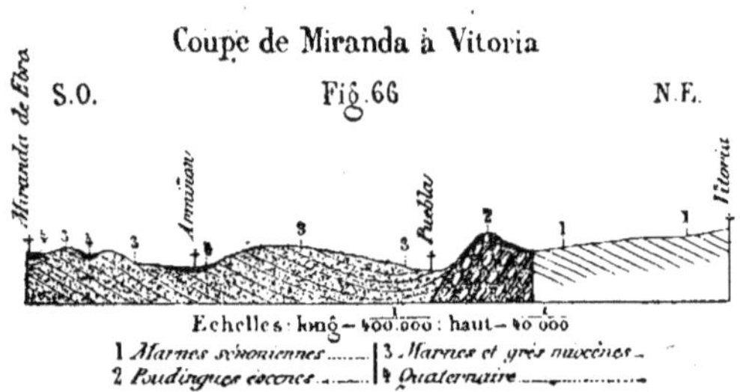

J'ai encore constaté la présence du même étage entre le
Crétacé et le Miocène auprès de Pobes où ils sont coupés par
le chemin de fer de Miranda à Bilbao.

Je n'ai pas cherché à voir la limite extrême de l'Eocène
vers l'Ouest, et je ne puis par conséquent l'indiquer avec
précision; mais il est certain que les poudingues ne se poursuivent que fort peu au delà de Pobes.

Résumé. — Comme pour la province de Saragoza, le résumé sera très court pour les provinces de Navarre et d'Alava,
en raison du petit nombre des zones qu'elles contiennent.

La succession, très facile à voir, se borne aux quatre couches que j'indique ici :

4. Poudingues supérieurs se divisant en :
   Poudingues proprement dits ⎰
   Marnes et grès argileux   ⎱ . . . . 100ᵐ.
3. Marnes bleues. 150ᵐ.

Cette assise, malgré son extension est difficile à classer par suite du manque de fossiles; cependant comme elle se rattache aux marnes de Thiermas et de Verdun, je la considère comme le représentant en Navarre, des couches à *Serpula spirulæa*.

> 2. Calcaire à *Nummulites perforata* . . . .   50^m.
>   (Biguezal à Lumbier).
> 1. Calcaire à Alvéolines. . . . .   70^m.
>   (Biguezal à Lumbier).

On voit d'après cela, que les couches qui se poursuivent le plus loin à l'Ouest sont précisément celles qui se prolongent également à l'Est jusqu'aux limites du bassin tertiaire.

PROVINCE DE SANTANDER

Les couches tertiaires de la Navarre et de la province d'Alava viennent se terminer à l'Ouest, comme nous l'avons vu ci-dessus, contre des assises crétacées, aussi bien que du côté du Nord. Par conséquent les provinces voisines de Guipuzcoa et de Biscaya n'en présentent aucune trace, bien qu'il ait dû certainement exister une communication directe entre Biarritz et Santander d'une part et Pamplona de l'autre à l'époque éocène; peut-être finira-t-on par trouver quelque lambeau encore ignoré, qui aurait échappé aux dénudations.

Quoi qu'il en soit, il faut se rendre jusque dans la province de Santander pour retrouver des gisements connus de terrain nummulitique. Un premier, signalé par M. de Verneuil, est situé aux portes mêmes de la capitale; mais comme il est d'une exiguité extrême, pressé par le temps, je ne m'y arrêtai pas, persuadé qu'il n'ajouterait rien aux renseignements que devait me fournir le *manchon* beaucoup plus important de San Vicente de la Barquera.

La petite ville de San Vicente est située sur la pointe comprise entre deux rivières qui se réunissent pour former un petit golfe communiquant avec la mer par une passe étroite. L'extrémité de cette pointe est constituée par le terrain éocène (voir ci-dessus fig. 14); en effet, sous les maisons mêmes de la ville, on trouve un calcaire compact gris de 50 mètres de puissance, contenant en abondance les *Alveolina subpyrenaïca* et la *Nummulites exponens*, Sow. Aucune autre couche tertiaire ne se trouve en contact avec ce rocher qui, entouré de trois côtés par l'eau, repose au Sud sur les assises néocomiennes, avant les dernières maisons de San Vicente.

Mais cet affleurement crétacé n'a qu'une très faible étendue, et une faille fait bientôt apparaître de nouveau dans la direction d'Estrada, les calcaires nummulitiques ; les premiers renferment la *Nummulites perforata* (type et var. *Columbresensis*), puis au-dessous se montrent les calcaires à *Alvéolines* et à *Nummulites exponens,* qui reposent à leur tour sur des calcaires probablement crétacés.

Le nummulitique s'étend ensuite vers l'Ouest de sorte qu'en se portant d'Estrada vers Columbres, on rencontre une coupe à peu près semblable à la précédente (fig. 67).

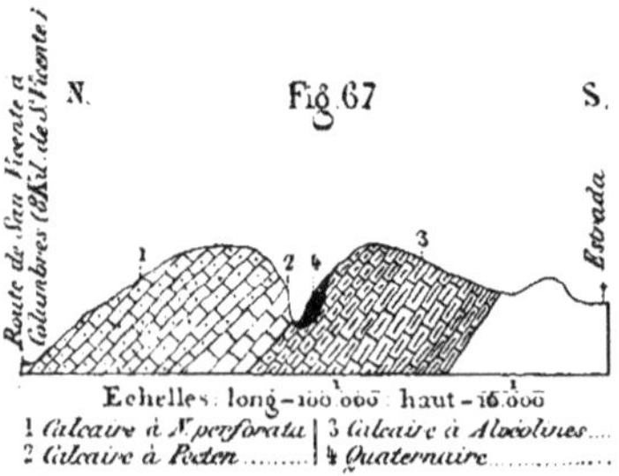

A la base, se voient les calcaires à Alvéolines (*Alveolina subpyrenaïca*) épais d'environ 60 mètres; ils sont surmontés par des calcaires d'abord sans fossiles puis chargés de nombreux *Pectens;* enfin la couche à *Nummulites perforata* vient au-dessus se continuant jusqu'au petit vallon dans lequel est située la route de San Vicente à Columbres. J'y ai recueilli des *Ostrea* qu'il est impossible de séparer de l'*O. lateralis,* Nilss. du Crétacé.

Au-dessus encore, se montrent des marnes bleues, contenant à la base *Nummulites complanata* et *Cidaris subularis,* d'Arch. dans une zone à peine distincte de celle qui offre les *Nummulites perforata;* ces marnes se terminent au contact de calcaires d'apparence ancienne qui se continuent jusqu'à la mer.

Vers Columbres, la régularité des couches est absolue ; on peut recueillir dans divers gisements, suivant la zone qui affleure, soit les Alvéolines, soit les *Nummulites perforata,* soit les *Nummulites complanata,* dans le même ordre de superposition que dans les coupes que je viens de citer. Je n'ai pas dépassé Columbres vers l'Ouest, mais je suis persuadé que dans la province d'Oviédo le terrain nummulitique continue à être composé de la même manière.

Je signalerai enfin un dernier petit lambeau qui se rencontre sur le prolongement du rocher de San Vicente, mais de l'autre côté de la rivière. Aussitôt après avoir passé le pont par la route qui mène à Columbres, on rencontre des calcaires néocomiens à Rudistes pendant un demi-kilomètre ; puis une faille survient et les calcaires à *Alvéolines* et *Nummulites exponens* se présentent, inclinés au Nord-Est tandis que les couches crétacées se portent du côté opposé. Ce petit affleurement, de minime importance d'ailleurs, ne paraît se relier à aucun autre des gisements nummulitiques des environs ; il serait pincé entre deux lambeaux de calcaire néocomien.

Résumé. — Le terrain nummulitique de la province de Santander forme une longue bande dirigée de l'Est à l'Ouest et se prolongeant un peu dans la province voisine d'Oviédo. L'inclinaison de ses strates étant dirigée, à peu près, vers le Nord, sa composition est très uniforme sur toute son étendue; large de 3 kilomètres environ, cette bande est séparée de la mer par une langue très étroite d'un calcaire compact, habituellement regardé comme appartenant à l'époque carbonifère. Le rocher de San Vicente avec sa prolongation vers l'Ouest, paraît isolé de la bande principale.

La puissance totale de l'Eocène dans la province de Santander est loin d'atteindre l'épaisseur considérable des couches tertiaires de l'Aragon et de la Catalogne; elle ne dépasse pas 60 mètres; aussi cette importante réduction amène-t-elle la confusion des différents horizons dont la coupe générale du Sud au Nord est la suivante :

1. Calcaire crétacé.
2. Calcaire à *Alvéolines*.
3. Calcaire à *Nummulites perforata*.
4. Marnes à *Nummulites complanata*.
5. Marnes bleues.
  Faille.
6. Calcaire carbonifère?
  (s'étendant jusqu'à la mer).

N'ayant aucune observation personnelle sur le calcaire carbonifère, je ne sais s'il faut lui conserver ce nom, ou bien, au contraire, s'il est utile de lui reconnaître avec M. Barrois un âge différent.

RÉSUMÉ GÉNÉRAL

ET

COMPARAISONS DU TERRAIN ÉOCÈNE

A la fin de la période crétacée, la plus grande partie du Nord de l'Espagne se trouvait élevée au-dessus des eaux de la mer, puisque les dépôts rouges de l'étage danien sont presque entièrement lacustres ; c'est à peine si l'on peut citer en un point, à Isona, des fossiles marins (Rudistes), au milieu des couches saumâtres à Cyrènes.

Une période d'exhaussement a donc marqué, dans les Pyrénées méridionales, la fin des âges secondaires, permettant ainsi de distinguer facilement les strates tertiaires de celles qui les précèdent. Cependant il existe en Catalogne, des calcaires rouges à *Bulimus gerundensis*, qui, se trouvant situés à la limite des deux terrains, sont assez difficiles à classer, comme les couches à Physes de Montolieu en France, ballottées entre le Crétacé et le Tertiaire depuis nombre d'années, sans que leur position définitive ait encore été fixée.

Pour ce qui regarde les calcaires lacustres de la Catalogne, je crois contrairement à l'opinion de M. Vidal, qu'ils se rattachent bien plutôt aux terrains tertiaires, qu'aux assises garumniennes dont la distribution géographique est tout autre (1).

(1) M. Matheron, dans le tableau qui termine sa note sur le terrain crétacé du Midi de la France, indique dans la colonne réservée à l'Espagne, un cal-

Mais, abstraction faite de ces premiers sédiments dont l'importance est assez faible, on ne rencontre plus que des couches marines pendant une longue période.

Les premières existent seulement à la limite de l'Aragon et de la Catalogne ; ce sont les calcaires à *Lucina Corbarica* des environs d'Aren, dépôt très restreint qui devait communiquer directement avec les assises semblables de la montagne Noire par-dessus la chaîne actuelle des Pyrénées.

L'affaissement se prononce alors et devient à la fois plus général et plus considérable ; aussi les calcaires à Alvéolines qui viennent aussitôt après, se sont-ils déposés depuis les bords de la Méditerranée jusque dans la province d'Oviédo, contenant très souvent la *Nummulites exponens* avec les foraminifères que je viens de citer.

L'assise que l'on trouve ensuite, est encore confinée dans la province de Huesca ; caractérisée par l'abondance des Gastéropodes (Turritelles, Cérithes, Natices, etc.), et par la présence de la *Nummulites Leymeriei,* elle pourrait bien n'être qu'un faciès local des calcaires à Alvéolines qui ne sont jamais très développés dans les mêmes localités, bien qu'ils se voient à la fois à la base et à la partie supérieure des marnes à Gastéropodes.

Ces couches passent, vers le haut, à d'autres marnes renfermant abondamment auprès de Benavente et dans quelques autres points de la Catalogne et de l'Aragon, la *Nummulites spira.* Au-dessus de cette zone, probablement du moins, viennent les calcaires à *Nummulites perforata* qui s'étendent sur le même espace qu'occupent les couches à Alvéolines,

---

caire lacustre surmontant les assises garumniennes et constituant la base du Nummulitique. Je ne sais quelle zone il veut ainsi désigner, à moins que ce ne soit précisément les couches à *Bulimus gerundensis* (*Bul. Soc. Géol. de France,* 3ᵉ série, t. IV, p. 428).

c'est-à-dire d'une extrémité à l'autre de la zone pyrénéenne espagnole.

Puis la *Nummulites complanata* se montre dans l'Aragon et la province de Santander, sans former une zone bien distincte de la précédente, mais en se mêlant au contraire aux dernières *Nummulites perforata*.

Les assises suivantes (calcaires à *Velates*, calcaire à *Schizaster*) sont assez mal caractérisées par leurs fossiles ; elles s'étendent sur une grande partie de l'Aragon et de la Catalogne.

C'est alors que commence la longue série des marnes bleues à *Serpula spirulœa* et *Orbitolites*, que l'on peut décomposer de la façon suivante :

4. Marnes bleues à végétaux du Nord de la Catalogne.
3. Marnes bleues à *Serpula spirulœa* de Vich, Jaca, Pamplona.
2. Marnes bleues à *Turritella Savasiensis* de Savas.
1. Marnes bleues à *Nummulites granulosa* de Medianos.

Enfin pour terminer cette revue générale des couches éocènes, nous n'avons plus qu'à noter les poudingues supérieurs, dont la composition et la puissance ont été indiquées ci-dessus. Ils recouvrent en stratification concordante les marnes à *Serpula spirulœa*, mais occupant une étendue beaucoup plus considérable, ils reposent souvent sur des couches plus anciennes du terrain éocène ou même du Crétacé ; dans ce cas, ils ont conservé une position beaucoup plus voisine de l'horizontale que celle des couches qu'ils surmontent.

Faisons enfin remarquer de nouveau en terminant, que les couches éocènes atteignent, surtout dans l'Aragon, des altitudes considérables et constituent à elles seules, la plus grande partie de la chaîne pyrénéenne.

Si nous cherchons maintenant dans les autres pays, quelles

sont les assises qui peuvent correspondre aux divisions reconnues en Espagne, il semble tout naturel de s'occuper d'abord de la région la plus voisine, je veux dire du Midi de la France. Mais le Tertiaire des Corbières et de la Montagne-Noire est encore bien peu connu, malgré les beaux travaux de d'Archiac (1) et les études beaucoup moins précises de Leymerie ; aussi n'est-il pas possible de comparer minutieusement les deux pays, mais seulement d'indiquer les rapports généraux, et le synchronisme des grands ensembles.

D'Archiac admet cinq divisions dans l'Éocène pyrénéen ; ce sont de bas en haut ; 1° Le groupe d'Alet qui doit être rattaché au terrain crétacé ; 2° le calcaire à *Miliolites ;* 3° les couches à *Lucina Corbarica ;* 4° les assises à *Turritelles ;* 5° le tertiaire lacustre. Si l'on ajoute le calcaire à Alvéolines, confondu par d'Archiac avec les couches à *Lucina Corbarica*, mais séparé par Leymerie, on remarquera que la succession indiquée pour les Corbières, se trouve reproduite avec une similitude très grande par la coupe d'Aren en Aragon que j'ai figurée ci-dessus (page 213, fig. 57).

La couche 3 d'Aren (calcaire à *Orbitolites*) n'est autre que le calcaire à *Milioles* de France ; le calcaire à *Lucina Corbarica* se retrouve en Espagne (N° 4) où il est surmonté par les calcaires à *Operculines* et *Alvéolines* (N°ˢ 5 et 6) ; enfin les marnes à *Turritelles* (N° 7) représentent exactement la quatrième assise de d'Archiac. Quant à son tertiaire lacustre, désigné plus habituellement sous le nom de *poudingue de Palassou* ou de *Carcassien* (Leymerie), il s'étend d'un bout à l'autre de l'Espagne où je l'ai indiqué sous le nom de *poudingues supérieurs ;* mais il existe au Sud des Pyrénées, entre les marnes à *Turritelles* et les poudingues, une énorme série d'assises qui paraissent manquer totalement dans les Corbières et la Montagne-Noire,

---

(1) Les Corbières. Mém. Soc. Géol. de France, 2ᵉ série, t. VI, n° 2, 1859.

où les parties inférieures et supérieures de l'Éocène, seules représentées, sont séparées par une lacune très importante.

J'ai déjà fait remarquer que les assises à *Lucina Corbarica* et à *Turritelles* n'existaient en Espagne que vers le milieu de la chaîne pyrénéenne, à la limite de l'Aragon et de la Catalogne, de sorte qu'elles ne pouvaient communiquer avec les couches françaises de même âge, qu'en traversant la chaîne actuelle des Pyrénées dont le soulèvement n'était pas encore terminé.

Pourtant d'Archiac, se fondant sur les travaux si imparfaits de M. Vézian, avait cru retrouver en Catalogne, sur le rivage de la Méditerranée, les divisions du tertiaire qu'il avait admises dans les Corbières; mais il n'en est rien; toutes les couches signalées par M. Vézian sous les noms de *Castellien, Igualadien* et *Manressien,* sont plus récentes que le Nummulitique des Corbières et supérieures aux marnes à *Turritelles.* Seul, le tertiaire lacustre de d'Archiac est représenté dans la Catalogne orientale par les poudingues du Mont-Serrat, supérieurs à toutes les assises éocènes, mais divisés néanmoins par M. Vézian en trois étages dont l'un est placé par cet auteur à la base et les deux autres à la partie supérieure du Nummulitique !

Dans l'Ariège, les pondingues de Palassou ont été signalés et décrits avec beaucoup de soin par M. l'abbé Pouech (1) tandis que les fossiles recueillis par cet habile observateur ont été examinés par d'Archiac; aussi les comparaisons pour ce département sont-elles très faciles. M. Pouech a reconnu à la base de l'étage, des calcaires à grands *Cyclostomes* et à *Planorbes* d'une très faible taille (*Cyclostoma formosum,* Boubée et *Planorbis planatus,* Noulet); les mêmes couches se retrouvent identiquement dans l'Aragon, aux environs de Securrun et

____

(1) Mémoire sur les terrains tertiaires de l'Ariège (*Bul. Soc. Géol. de France,* 2ᵉ série, t. XVI, p. 381, 1859).

de Savas. Au-dessus vient en France, comme en Espagne, l'énorme masse des poudingues proprement dits, avec cette seule différence que les grès dominent en France à la partie supérieure tandis qu'en Espagne ce serait plutôt à la base que le poudingue deviendrait rare.

La similitude se poursuit jusque dans les détails; c'est ainsi que les couches de lignite des environs de Calaf sont représentées dans les Corbières par ces lits discontinus de combustible qui se montrent à la base des poudingues et que d'Archiac a décrits dans des termes qui s'appliqueraient parfaitement aux dépôts de la Catalogne (1).

Plus à l'Ouest, on trouve, en France, à Bos d'Arros auprès de Pau, les couches à *Nummulites granulosa* dont la position stratigraphique n'est pas encore bien certaine, quoique la découverte de ce gisement remonte déjà à un assez grand nombre d'années. Cette assise se montre aussi dans l'Aragon où je l'ai citée entre Medianos et Ainsa, en la considérant comme la base des couches à *Serpula Spirulœa* de Biarritz. Ces dernières sont elles-mêmes représentées en Espagne, tant dans la Navarre que dans l'Aragon et dans la Catalogne; mais il est à remarquer que c'est dans la vallée de Vich et à Igualada, dans la province de Barcelona, que les dépôts de cet âge ont le plus de ressemblance avec ceux de Biarritz; tandis que les marnes bleues de l'Aragon et de la Navarre, plus rapprochées du gisement français si connu, n'ont avec lui que des rapports beaucoup moins frappants.

Dans une autre partie de la France, au milieu de la chaîne des Alpes, se trouvent de curieux dépôts dont la faune étudiée par M. Tournouër (2), a conduit ce savant à placer le gisement

---

(1) D'Archiac. Les Corbières (*Mém. Soc. Géol. de France*, 2e série, t. VI, n° 2, 1859, p. 286).

(2) Tournouër. Note sur les fossiles tertiaires des Basses-Alpes, recueillis par M. Garnier (*Bul. Soc. Géol. de France*, 2e série, t. XXIX, p. 492, 1872.)

d'Allons au même niveau que Biarritz, malgré la forte proportion d'espèces nouvelles qu'il a constatée; or, quelques-unes de ces dernières se rencontrent en Espagne auprès de Savas, dans la partie occidentale de l'Aragon, dans des couches, que je considère comme la base des marnes à *Serpula spirulæa*, ainsi que M. Tournouër l'a indiqué pour les Alpes : les *Cyclolites* sont les espèces les plus abondantes et les mieux caractérisées.

En Italie, le terrain nummulitique étudié par plusieurs auteurs, mais décrit surtout avec soin par MM. Hébert et Munier-Chalmas (1), peut fournir un bon terme de comparaison. La première assise du Vicentin (calcaire à *Rhynchonella polymorpha* de Spilecco) paraît manquer complètement en Espagne ou, du moins, elle ne serait représentée que par des couches lacustres (poudingues à *B. gerundensis*). Mais l'horizon suivant (couches à *Alvéolines* de Monte-Valleco et de Monte-Bolca), est au contraire, l'analogue bien certain des calcaire à Alvéolines et des différentes couches qui leur sont subordonnées dans l'Aragon. San Giovanni Hilarione, avec ses *Nummulites complanata, perforata* et *spira*, correspond aux assises que caractérisent en Espagne, comme dans toute l'Europe, ces trois foraminifères gigantesques, et qui s'étendent sur la plus grande partie de la Péninsule.

L'horizon de Ronca n'est qu'indiqué en quelque sorte en Espagne ; néanmoins, je crois devoir mettre à ce niveau les calcaires marneux à grands *Cérithes* et à grandes *Velates Schmidelliana*, qui surmontent les couches à *Nummulites perforata* dans de nombreux points de la Catalogne et de l'Aragon.

Au-dessus de ces couches, existe en Espagne, un horizon caractérisé par de nombreux *Schizaster* et dont la position est

(1) Comptes rendus de l'Ac. des Sciences, t. LXXXV, (Séances des 16-23-30 Juillet, 6 Août 1877), et t. LXXXVI, (Séances des 27 Mai, 17 Juin 1878).

bien certaine ; il paraît ne pas avoir de correspondant dans la série du Vicentin, à moins que le calcaire à *Echinides* de Brusa-Ferri, dont la position semble un peu douteuse pour MM. Hébert et Munier, n'appartienne à un niveau supérieur à celui de Ronca.

La série éocène marine se termine enfin dans les deux pays, par les assises à *Serpula Spirulœa* qui se correspondent très bien dans leur ensemble, sans toutefois que les subdivisions admises en Italie puissent être retrouvées en Espagne. Rien dans le Vicentin ne peut être synchronisé avec les poudingues des Pyrénées.

Pour compléter enfin les assimilations avec les bassins tertiaires, il faut rechercher maintenant les rapports de l'Eocène franco-belge avec le Nummulitique espagnol, mais la tâche devient ici plus ardue, et l'hypothèse tient une large place.

Il y pourtant un premier point sur lequel il semble ne plus exister de doute : c'est le synchronisme du Gypse de Paris et du poudingue de Palassou, dans lequel on a recueilli des ossements de *Palœotherium*, identiques à ceux de Montmartre.

Or, le *poudingue* de Palassou correspond avec plus de certitude encore, aux *poudingues supérieurs* d'Espagne, de sorte que ces derniers représentent les assises éocènes les plus récentes.

Mais en dehors de ce point de repère, les ressemblances sont bien vagues entre le Nord et le Midi ; les marnes à *Serpula spirulœa*, inférieures aux poudingues, viennent forcément se placer au niveau du calcaire de Saint-Ouen et des Sables moyens, tandis que le calcaire grossier est représenté par les couches à *Schizaster*, à grandes *Velates* et à grandes *Nummulites*. Enfin les calcaires et marnes à *Alvéolines* appartiennent très probablement au niveau des Sables de Cuise, puisque les rares fossiles communs avec le bassin de Paris, que j'y ai rencontrés, sont spéciaux à cet horizon des sables inférieurs (*Turritella edita*, Sow., *Ostrea multicostata*, Desh.).

Quant aux zones les plus anciennes du Tertiaire du Nord (Sables de Bracheux, Landenien, Montien), elles manquent complètement en Espagne.

Le tableau suivant résume les assimilations que je crois pouvoir proposer et pour lesquelles je renouvelle les réserves que j'ai faites ci-dessus :

TABLEAU COMPARATIF DE L'ÉOCÈNE D'ESPAGNE AVEC L'ÉOCÈNE DES RÉGIONS VOISINES

		ESPAGNE SEPTENTRIONALE	FRANCE MÉRIDIONALE	VICENTIN (d'après MM. Hébert et Munier-Chalmas)	FRANCE SEPTENTRIONALE
ÉOCÈNE supérieur		Poudingues supérieurs.	Poudingues de Palassou.	Manque.	Gypse de Montmartre.
ÉOCÈNE MOYEN		Marnes bleues et grès à végétaux. Marnes bleues à *Serpula spirulæa* et *Orbitolites*. Marnes à *Turritella Savasiensis* et *Cyclolites Heberti*. Marnes à *Nummulites granulosa*.	Biarritz. Allons. Bos d'Arros.	Brendola et Priabona.	Calcaire de Saint-Ouen. Sables moyens
		Calcaires marneux à *Schizaster* et *N. striata*.	Manque.	Brusa-Ferri??	Calcaire grossier.
		Calcaires et marnes à grandes *Velates Schmidelliana*.	Manque.	Ronca.	
		Couches à *Nummulites complanata*. Couches à *Nummulites perforata*. Marnes à *Nummulites spira*.	Biarritz.	San Giovanni Ilarione.	
ÉOCÈNE INFÉRIEUR		Calcaire à *Alvéolines* (2ᵉ niveau.)		Monte-Postale,	Sables de Cuise.
		Marnes à *Cérithes* et à *Turritelles*.	Couches à *Turritelles* des Corbières.		
		Calcaire à *Alvéolines* et à *Nummilites exponens*.	Calcaire à *Alvéolines* de la Montagne-Noire, etc.	Monte-Valleco	
		Calcaire à *Lucina Corbarica* et à *Operculines*.	Corbières. — Montagne-Noire.	et Monte-Bolca.	
		Calcaire à *Orbitolites* et à *Miliolites*.	Calcaire à Milioles de la Montagne-Noire.		
		Grès et conglomérats rouges.	Manque.	Monte-Spilecco?	
		Calcaire à *Bulimus gerundensis*.	Manque.		

II. — TERRAIN MIOCÈNE

Je suivrai ici, pour la description du terrain miocène, la division donnée pour la première fois par M. de Verneuil et et généralement adoptée par tous les auteurs qui ont écrit sur l'Espagne : je traiterai dans deux chapitres différents du *Miocène marin* et du *Miocène lacustre*.

Cette manière de procéder, peu philosophique, est rendue nécessaire par la distribution géographique de ces deux terrains ; tandis que les couches marines se rencontrent uniquement sur le rivage actuel de la mer, formant une bande étroite qui occupe toutes les côtes de la Péninsule, les strates lacustres ne se montrent, au contraire, que dans l'intérieur de l'Espagne, dont elles forment tous les vastes plateaux.

Quant aux rapports stratigraphiques des couches du littoral et de celles des plateaux, ils sont jusqu'à présent absolument inconnus, quoique les deux horizons paraissent se trouver en contact dans quelques parties du Sud de l'Espagne, notamment aux environs d'Albacete (1). On rencontre bien, il est vrai, dans la zone littorale, auprès de Barcelona, quelques horizons à fossiles terrestres ou d'eau douce, mais ils ne sont pas la continuation des dépôts lacustres de la vallée de l'Ebre et ne paraissent pas appartenir au même âge.

(1) Voir la carte de Verneuil et Collomb.

§ I. — MIOCÈNE MARIN

De la frontière française à Tarragona, sur une longueur de plus de 260 kilomètres, le Miocène marin occupe la plus grande partie du littoral ; il est interrompu toutefois par le massif de granite et de terrains anciens qui entoure Hostalrich.

Le nombre des assises que l'on peut distinguer dans les couches miocènes de cette longue bande est assez considérable ; les moins élevées dans la série se rencontrent au Sud, aux environs de Tarragona.

Calcaire à Clypéastres. — A Torredembarra, se voient des calcaires compacts renfermant de nombreux débris de polypiers ; légèrement ondulés, ces calcaires ne commencent à plonger au Sud qu'auprès d'Altafulla ; ils sont alors recouverts par des calcaires grossiers jaunes très tendres contenant quelques espèces de mollusques et d'Echinodermes :

> *Pecten scabrellus*, Lk. (var. *Bollenensis?*)
> *Pecten*, n. sp.
> *Pecten latissimus*, Brocchi.
> *Pecten Vindascinus*, Font.
> *Ostrea digitalina*, Dub.
> *Schizaster Peroni*, Cott.? (Echantillon en mauvais état.)
> *Balanus.*
> *Operculina complanata*, Bast.

(Cette dernière espèce se trouve dans les bancs calcaires inférieurs, où elle est d'une prodigieuse abondance, constituant à elle seule des couches entières.)

Un peu plus haut, l'on rencontre un banc où le *Pecten sola-*

rium, Lk. (1) se recueille facilement ; il est surmonté par de nouveaux calcaires jaunes tendres avec :

> *Clypeaster marginatus,* Lk.
> *Spatangus corsicus,* Desor.
> *Pecten* (plusieurs espèces).

On arrive alors à la pointe sur laquelle est bâti le fort de Tarragona ; à la base, est un calcaire compact très dur qui contient d'innombrables débris de Polypiers et de Bryozoaires. Ces assises, quelquefois caverneuses, forment la partie septentrionale du petit cap de Tarragona, et disparaissent bientôt sous les couches un peu moins solides, dans lesquelles se voient des Scutelles nombreuses et un grand nombre de mollusques ; mais aucun de ces derniers n'a conservé son test et ne peut être déterminé. Quant aux Scutelles, j'ai pu, malgré la ténacité de la roche, en extraire une dont la plupart des caractères sont visibles ; elle se rapporte bien pour la longueur et la forme des zones ambulacraires à la *Scutella Paulensis,* Ag., mais l'épaisseur extraordinaire du test lui donne une forme moins surbaissée que dans le type de l'espèce.

Au-dessus des Scutelles, vient un calcaire compact à *Clypéastres* et à grandes Huîtres ; l'état du terrain ne permet pas de recueillir les fossiles qui, moins durs que la roche, se brisent lorsqu'on tente de les en arracher. L'Huître appartient à une grande espèce très large qui n'a aucun rapport avec l'*Ostrea crassissima ;* quant aux Clypéastres, je crois pouvoir les indiquer comme *Clypeaster altus,* Lk., et *Clypeaster marginatus,* Lk., tout en conservant quelques doutes par suite du mauvais état de ceux que j'ai rapportés ; sur place, on peut les examiner à loisir.

Les calcaires à Clypéastres affleurent au niveau de la mer

---

(1) In Hœrnes. Ce serait pour M. Fischer le *Pectens gigas,* Schloth (*Bul. Soc. Géol. de France,* 2ᵉ série, t. VII, p. 218.)

sous la ville même de Tarragona ; mais pour parvenir au point le plus élevé de la ville, il faut monter d'environ 60 mètres, en restant toujours dans le terrain miocène. C'est un calcaire compact extrêmement dur qui forme la majeure partie de cette butte ; exploité dans de nombreuses carrières, il a servi à construire toutes les maisons de la ville ; il est interrompu de place en place par des couches de calcaire grossier jaune tendre, dans lesquelles se montrent des rognons de calcaire magnésien. Les fossiles sont très rares dans toute cette masse et de plus bien difficiles à extraire ; je n'ai vu que de grandes *Ostrea* et des *Pentacrinus*.

En somme, la coupe que l'on peut voir en suivant la côte de Torredembarra à Tarragona, montre de bas en haut, la succession suivante :

1. Calcaire compact à Polypiers. . . . . . . 30^m.
2. Calcaire grossier tendre, jaune à *Pecten, Ostrea, Operculines*, etc. . . . . 20^m.
3. Calcaire tendre à *Pecten solarium*, Lk. . . . . 3^m.
4. Calcaire compact à Polypiers. . . . . . . 40^m.
5. Calcaire à *Scutella Paulensis*, Ag. . . . . . 12^m.
6. Calcaire à *Clypéastres*. . . . . 15^m.
7. Calcaire compact et calcaire tendre à rognons magnésiens. . . . . 60^m.

Les dunes et les alluvions récentes limitent bientôt, vers le Sud, les affleurements miocènes de sorte que l'on ne peut plus voir les couches supérieures au calcaire de Tarragona.

Vers le Nord, le calcaire à Clypéastres est, de même, séparé des autres couches miocènes par une plaine de 6 kilomètres entièrement recouverte par des dunes actuelles ; elle s'étend de Torredembarra jusqu'à Torre où d'autres couches miocènes se rencontrent.

Il faut remonter au Nord jusqu'aux environs de Villafranca pour trouver de nouveaux représentants du calcaire à Clypéastres bien caractérisé; vers le Sud de cette ville principalement, se voit un calcaire compact à débris de polypiers et à Oursins qui rappelle absolument celui de Tarragona et qui est de même exploité comme pierre de construction; je n'en ai pas rapporté de fossiles déterminables bien qu'il s'étende fort loin dans la direction de Vendrell, mais les affleurements sont peu nombreux,

Au Sud de Vendrell, on rencontre toujours des calcaires compacts pendant quelques kilomètres et l'on peut constater leur inclinaison constante au Sud. On est alors sur le rivage de la mer, bas et en partie recouvert par des alluvions récentes; aussi la coupe n'est-elle pas continue et la succession des assises n'est-elle indiquée ici que d'après l'inclinaison.

Calcaire à Schizaster. — La première butte se compose d'un calcaire grossier jaune bien visible dans la tranchée du chemin de fer sur une longueur de six cents mètres. Les couches toujours inclinées vers le midi, sont à découvert sur une épaisseur de 15 à 20 mètres, et renferment des Oursins extrêmement abondants, appartenant à plusieurs espèces :

> *Schizaster Scillæ*, Des Moulins.
> *Brissopsis crescentinus*, Wright.

Quelques mollusques les accompagnent :

> *Ostrea plicatula*, Gmel.
> *Ostrea fallaciosa*, Mayer?
> *Ostrea* sp.
> *Pecten cristatus*, Bronn.
> *Pecten* n. sp. (du groupe du *P. benedictus.*)
> *Pecten* n. sp.

Enfin des amas de *Balanes* énormes se montrent de place en place, ainsi que quelques *Ditrupa*.

En continuant toujours dans la direction de Torre vient une plaine de sable d'environ cinq cents mètres puis un nouveau monticule encore coupé par la voie ferrée. Il présente sur une longueur de quatre cents mètres, des poudingues à petits éléments faiblement agglutinés et qui ne sont autre chose qu'une plage ancienne ; les galets généralement petits, sont constitués soit par du quartz blanc (provenant des couches siluriennes) soit par des calcaires de différents âges ; quelques-uns plus volumineux sont couverts de Balanes, ou perforés par des mollusques lithophages ; ils sont entourés par un sable blanc à grains fins, qui se solidifie par place et passe ainsi au grès. Quelques bancs, dépourvus de galets, offrent de rares fossiles ; ce sont :

> *Pecten* n. sp. (du groupe du *P. benedictus*.)
> *Pecten Malvinæ* Dub. (in Hornes.)
> *Hinnites* sp.
> *Ostrea fallaciosa*, Mayer.
> *Ostrea plicatula*, Gmel. (in Cocconi)
> *Ostrea* sp.
> *Anomia*

Cette plage miocène, très remarquable, est située à peine à trente mètres du rivage actuel, et à quelques mètres seulement au-dessus du niveau de la Méditerranée ; aussi pourrait-on croire qu'il s'agit là de dépôts récents, si l'étude des fossiles ne venait démontrer, avec certitude, que ces couches sont bien tertiaires ; mais il résulte de ce fait qu'il n'y a eu que des mouvements du sol très peu considérables depuis l'époque miocène dans la partie qui s'étend de Vendrell à Tarragona.

A un demi-kilomètre plus loin, un nouvel affleurement se présente ; c'est un sable blanc passant au grès tendre et renfermant les mêmes fossiles qui se trouvaient déjà dans la tranchée précédente ; d'ailleurs par suite de la faiblesse de l'inclinaison, ces couches sont à peine plus récentes que celles dont je viens de donner la description.

Il faut encore traverser un kilomètre de terrain bas, sans affleurements, pour arriver à la butte sur laquelle est situé le petit hameau de Torre. Des calcaires grossiers jaunes, d'une épaisseur de 25 à 30 mètres, entremélées de quelques marnes bleues composent ce lambeau sous lequel a été percé un tunnel pour le passage du chemin de fer ; les fossiles assez rares sont les suivants :

> *Ditrupa* sp. (Très abondants.)
> *Venus* sp.
> *Pecten Camaretensis*, Font.
> *Pecten cristatus*, Bronn
> *Ostrea digitalina*, Dub ?

Cette butte est isolée de tous côtés ; vers le Sud principalement, elle est séparée des dépôts de Torredembarra que nous avons étudiés ci-dessus par une plaine de dunes longue d'environ six kilomètres et dans laquelle on ne voit que des pointements insignifiants de calcaire compact ; aussi la position relative des couches de Torre et de Torredembarra reste-t-elle encore obscure. Il est néanmoins probable qu'un plissement se produit auprès de Torre et permet ainsi aux calcaires grossiers de ce village de passer au-dessus des calcaires à Clypéastres de Tarragona.

En résumé, entre Vendrell et Torredembarra, se voit la série suivante que je crois supérieure à celle que j'ai indiquée ci-dessus pour les environs de Tarragona :

1. Calcaire à *Schizaster Scillæ*.................... 20^m.
2. Amas de galets avec *Balanes* et *Pectens*......... 15^m.
3. Sables et Grès à *Pectens*..................... 3^m.
4. Calcaire jaune et marnes bleues à *Ditrupa* et
   Pectens.................................. 30^m.

Rien de plus récent ne m'est connu dans cette partie de la Catalogne que je quitterai pour retourner vers Martorell.

Grès et conglomérats rouges. — Cette assise très importante à cause de son étendue géographique, est presque dépourvue de fossiles ; et ceux que l'on y rencontre très rarement sont ou lacustres ou terrestres ; il n'y a donc pas de comparaison paléontologique possible avec les couches précédentes, exclusivement marines, et qui ne paraissent se trouver nulle part en contact avec les dépôts d'eau douce (1). Je les considère néanmoins comme appartenant à fort peu près au même âge géologique ; si l'on arrivait à démontrer que les couches lacustres sont supérieures aux calcaires à Clypéastres, elles seraient alors synchroniques des calcaires à *Schizaster*, car les dépôts de Torre aussi bien que ceux de Martorell sont antérieurs aux couches à *Ostrea crassissima*, comme nous le verrons tout à l'heure.

L'étendue occupée par ces couches lacustres de la zone littorale est, comme je l'ai dit, assez considérable ; en effet elles commencent auprès de San Bartolomeo de Vallbona et de San Sadurni à l'Ouest pour se continuer à l'Est jusqu'à Papiol et même jusqu'au pied du Tibidabo ; elles ne dépassent pas Martorell vers le Sud, mais s'étendent du côté opposé, poussant même une pointe jusqu'à Granollers.

La limite de cette formation est presque toujours marquée par des affleurements de Silurien, comme le montre pour un point particulier la coupe 68, relevée à quelque distance au Sud de San Bartolomeo de Vallbona. Il en est de même jusqu'à Granollers, la bande silurienne que j'ai indiquée au commencement de ce travail étant toujours recouverte du Sud-Est, par les conglomérats et grès miocènes.

De Granollers au Tididabo, ce sont encore les schistes an-

(1) D'après M. l'abbé Almera, il y aurait dans le ravin de Gélida, des couches à Clypéastres qui passeraient par conséquent au-dessous des conglomérats rouges. Je n'ai pu vérifier le fait, bien que j'aie recueilli à Gélida quelques fossiles marins.

ciens qui entourent notre bassin lacustre, et il en est aussi de même jusqu'à Papiol et Martorell, bien que d'autres couches plus récentes viennent quelquefois recouvrir les strates siluriennes abaissées.

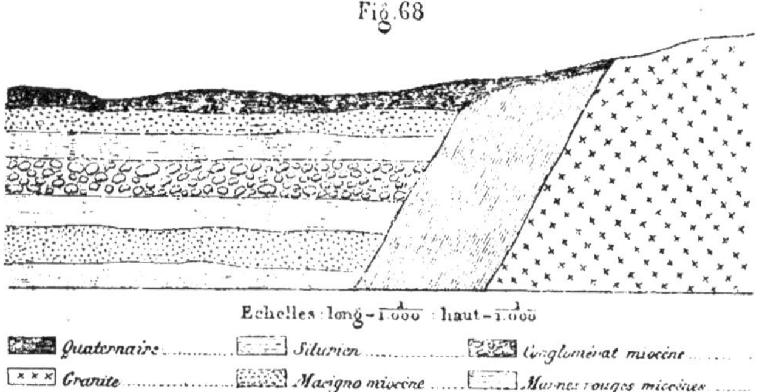

Fig. 68

De Martorell à San Sadurni enfin le bassin est limité soit par des couches triasiques, soit par des assises miocènes marines d'un âge plus récent.

La composition de ces couches est extrêmement variée, mais elles conservent toujours, quelle que soit la roche qui les constitue, une coloration rouge très évidente. Les grès soit grossiers, soit fins et argileux, dominent dans cette masse épaisse ; mais ils ne forment jamais de bancs bien puissants (fig. 69), et sont entremêlées de conglomérats également très abondants.

Coupe sur la voie ferrée à 2 Kil au S de la station de Martorell

Fig. 69

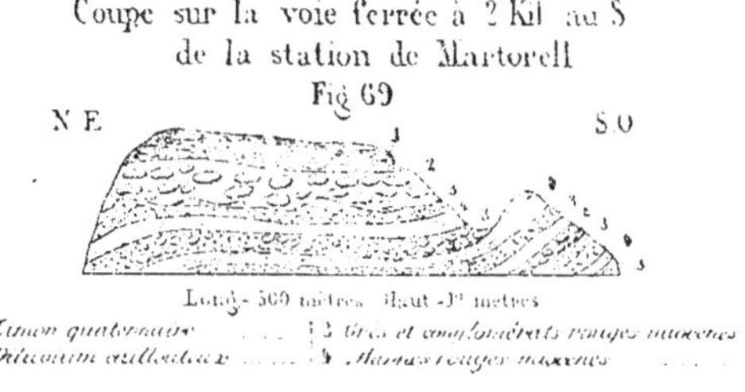

Ceux-ci se composent de cailloux roulés de dimensions très diverses ; les roches de tous les âges s'y trouvent représentées, mais les schistes sont beaucoup plus abondants que toutes les autres, ce qui se comprend facilement puisqu'ils enserrent de toutes parts le dépôt lacustre. Les conglomérats ne sont pas distincts des grès auxquels ils passent latéralement.

Un troisième élément, d'importance à peu près égale pour la composition de ce terrain, est fourni par des marnes argileuses soit rouges soit bleuâtres qui s'intercalent au milieu des grès et des conglomérats ; elles sont souvent traversées par des petits bancs de gypse épais d'un centimètre à peine et qui se dirigent en tous sens, sans aucun rapport avec la stratification.

Le calcaire enfin, se montre aussi, mais il ne joue qu'un rôle tout à fait secondaire ; il constitue seulement quelques couches peu épaisses en différents points : au moulin de Calope, ou vers le pont du chemin de fer de Martorell, par exemple.

Il n'y a pas dans tout l'ensemble que nous étudions en ce moment, d'inclinaison générale ; pourtant, les couches sont loin d'avoir conservé leur horizontalité primitive et se présentent quelquefois sous un angle de 45° et 50° ; mais en suivant quelque temps la même direction, on ne tarde pas à s'apercevoir qu'il existe une suite de plissements qui ramènent les mêmes couches au jour de distance en distance.

Quelques coupes mettront ce fait en évidence. En suivant par exemple, le profond ravin du moulin de Calope, jusqu'au Llobregat, on voit d'abord des marnes rouges et bleues avec gypse, puis un petit banc de calcaire rempli de moules de très petits *Planorbes ;* enfin les conglomérats apparaissent et recouvrent à leur tour d'autres couches analogues. Au moulin même de Calope, existe un plissement, les couches venant plonger des deux côtés vers ce point ; en se portant au Sud, on entre dans des couches plus anciennes pendant un kilomètre environ, puis l'inclinaison change et les couches s'enfoncent sous le village de Papiol auprès duquel reparaissent les calcaires à *Planorbes*.

J'ai suivi aussi le lit de la rivière de Gaya dont les rives sont, pendant douze kilomètres, formées par les marnes et conglomérats le plus souvent coupés à pic ; dans ce trajet, j'ai remarqué plus encore que dans la coupe précédente, le peu de constance dans la direction de l'inclinaison : les plissements se succèdent incessamment.

Toutefois en approchant du confluent de la Gaya avec le Llobregat, les couches sont un peu plus anciennes, et le grès y devient dominant.

Les rives du Llobregat entre Martorell et Olesa offrent une coupe absolument semblable dans la plus grande partie de sa longueur : mêmes plissements, même absence de fossiles. C'est seulement auprès du tunnel du chemin de fer vers Martorell que j'ai recueilli quelques Bithinies et quelques graines de Charas dans les couches les plus basses de la formation car on les voit reposer directement sur les schistes siluriens.

Entre le tunnel de Martorell et Papiol, on voit encore une coupe continue ; partant des schistes anciens, on suit toute la série des marnes et conglomérats rouges qui, malgré quelques ondulations, présente une inclinaison dominante vers le village de Papiol, situé par conséquent à la partie supérieure du dépôt ; pas de fossiles dans cette partie (Pl. I, fig. 4).

Tout ce que nous venons d'étudier, est situé sur la rive gauche du Llobregat ; mais sur la rive droite de ce fleuve, les dépôts lacustres offrent encore une étendue à peu près égale. Leurs caractères sont d'ailleurs tout à fait les mêmes que de l'autre côté de la rivière, et leur description ne serait que la répétition textuelle de ce que je viens de dire. Il y a cependant quelques faits nouveaux à noter. Et d'abord, le relief du sol est très différent sur les deux rives du Llobregat : tandis que du côté de l'Est, il existe des collines assez élevées coupées par des ravins à pic en grand nombre, du côté opposé, au contraire, le sol est presque plat, et s'élève peu au-dessus du niveau des rivières.

Les fossiles y sont très rares ; un seul gisement est connu, auprès de Masquefa où M. l'abbé Jaime Almera l'a récemment découvert ; mais l'espèce unique qu'il renferme est fort importante, c'est l'*Helix Larteti*, de Boissy, dont l'âge est bien connu en France.

A une faible distance de Martorell, sur la route de Piera, un grès très argileux présente des moules de fossiles marins (*Arca*, *Cardium*, *Cardita*, etc.). Placé au-dessous des grès et conglomérats rouges, il ne paraît se rapporter à aucune des couches marines que j'ai pu voir dans les environs.

Tels sont les caractères du dépôt lacustre de la province de Barcelona ; il forme un ensemble indivisible, malgré l'opinion contraire de quelques auteurs (1) et contient à la base des Bithinies et des Charas (Martorell), et à la partie supérieure de petits Planorbes (Calope, Papiol). Quant aux *Helix Larteti* de Masquefa, ils occupent probablement la partie moyenne de la formation. L'épaisseur de l'étage est assez difficile à évaluer, bien que dans certains points de la Gaya, on voie plus de 100 mètres de couches en superposition directe ; je crois que l'on peut admettre une puissance de 250 mètres.

Calcaire de Campaña. — Entre San Cugat de Vallès et Rubi, se voit un calcaire très grossier, mais assez dur pourtant pour

(1) M. Vézian y a distingué une suite d'assises qu'il appelle : 1° Conglomérat lacustre inférieur ; 2° Lignites de Subirats ; 3° Calcaire à Planorbes de Martorell ; 4° Grès de Castelbisbal ; 5° Poudingues inférieurs du Panadès ; 6° Macigno inférieur de la Noya et du Llobregat ; 7° Macigno supérieur de la Noya et du Llobrogat. Les quatre premières assises feraient partie du système *proïcène*, les trois dernières du système *miocène*. Je ne vois aucune raison pour admettre ces divisions purement théoriques.

être exploité comme pierre de construction. Situé sur l'ancienne route, au nord de celle que l'on perce actuellement, ce lambeau repose sur les grès et conglomérats rouges ; complètement isolé au milieu de ce plateau du Vallès, il paraît être le seul témoin laissé par les dénudations postérieures, car je n'ai retrouvé la même faune en aucun autre point de la contrée. Les fossiles sont très abondants, mais n'ont pas conservé leur test, ce qui en rend la détermination difficile, excepté pour quelques espèces bien nettes et bien distinctes. J'ai pu dresser la liste suivante :

> *Proto cathedralis*, Brongn. sp.
> *Conus* (plusieurs espèces).
> *Turritella* sp.
> *Cytherea Pedemontana*, Ag.
> *Tellina lacunosa*, Chemn.
> *Tellina* sp.
> *Cardium hians*, Brocchi.
> *Lucina* sp. (de grande taille).
> *Modiola* sp.
> *Pinna* sp.

Cette faune, quelque pauvre qu'elle soit, permettra cependant une assimiliation précise avec certaines couches de la Corse, absolument identiques à celles de Campaña.

Avant de terminer ce qui a rapport au calcaire du Vallès, je ferai remarquer l'altitude relativement élevée du dépôt (150 mètres environ); le miocène marin atteint rarement une hauteur aussi grande sur les rivages de la Catalogne.

Couches à Ostrea crassissima. — Je comprends sous ce titre, un ensemble de couches assez diverses et très puissantes, qui sont visibles dans trois localités séparées par d'assez grandes distances où toute trace de ces dépôts a complètement disparu. Le plus important de ces trois points est le *Monjuich* auprès de Barcelona. Située aux portes mêmes et au Sud de la ville, cette petite montagne s'élève à 150 mètres au-dessus du niveau de la mer, et se trouve formée sur toute sa hauteur par les dépôts du miocène moyen.

Le second lambeau se remarque auprès du village de Papiol, dans une petite butte à l'Est des dernières maisons ; il est à la fois peu puissant et assez mal visible ; mais il n'en a pas moins un grand intérêt car il repose sur les conglomérats rouges montrant ainsi que les *Ostrea crassissima* sont plus récents que ce dernier terrain.

C'est auprès de San Sadurni, Labern et la Granada que se trouve le troisième gisement des grandes Huîtres ; commençant auprès de la gare de San Sadurni dans les tranchées du chemin de fer, il s'élève vers le Sud pour constituer la colline qui sépare la vallée de la Noya du village de San Pao d'Ordal, et occupe une assez grande surface.

Monjuich. — Visitée bien des fois par les géologuees, à cause de sa proximité de Barcelona, cette petite colline paraîtrait ne devoir plus offrir aucun fait nouveau à l'explorateur ; et pourtant, il me semble que les couches qui la composent n'ont jamais été placées à leur véritable niveau.

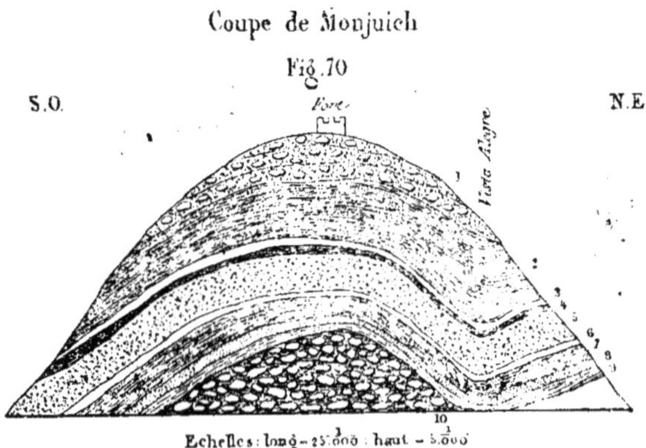

En suivant le bord de la mer par un chemin taillé dans le roc à certaines places, on peut se faire une bonne idée de la constitution du mont. Au départ de Barcelona, les couches s'inclinent au Sud à peu près jusqu'au restaurant de Vista Alegre, puis elles se relèvent brusquement sous un angle de 20° pour atteindre le point culminant sur lequel est construit le fort. De là, un nouveau plissement amène encore une fois l'inclinaison au Sud, et fait descendre bientôt les strates les plus élevées jusqu'au niveau de la mer (fig. 70) (1). Vers l'intérieur des terres, les couches plongent aussi avec rapidité, de façon à passer au-dessous des marnes de Sans et de Bordeta qui sont certainement plus récentes ; en un mot, si l'on se place au fort même du Montjuich, on verra les couches plonger de tous les côtés, sauf vers la mer où la colline est coupée à pic. Les assises les plus anciennes doivent se rencontrer directement au-dessous du fort ; c'est, en effet, en ce point qu'affleure une couche dont la base disparait sous la mer, tandis que sa partie supérieure s'élève à cinquante mètres environ de hauteur. Toute cette masse (N° 10) est formée d'un conglomérat à petits éléments, très uniforme, sans lignes bien nettes de stratification. Ce conglomérat se compose de cristaux de quartz nullement roulés, accompagnés de quelques fragments de feldspath décomposé, et contient un certain nombre de petits galets de schistes ou de calcaire dont les dimensions excèdent rarement trois à quatre centimètres de longueur.

(1) Explication de la fig. 70.
1. Grès et poudingues à gros éléments.
2. Mollasse à *Turritella rotifera*.
3. Calcaire marneux à *O. crassissima*.
4. Marnes bleues.
5. Grès gris à gros grains.
6. Grès violet.
7. Argiles bleues, et marnes à *Turritella rotifera*.
8. Grès grossier.
9. Mollasse à *Turritella turris*.
10. Conglomérat compact à petits éléments.

Le substratum de cette assise n'est pas visible, puisque son pied disparaît, comme je l'ai dit, sous la mer ; de plus, elle ne renferme aucun corps organisé, comme sa composition même le faisait déjà prévoir, de sorte que sa place dans la série n'est pas bien certaine. Il se pourrait, en effet, que ce conglomérat appartînt à une époque bien antérieure, et eût formé, lors du dépôt du Miocène moyen, un rocher sous-marin que seraient venues recouvrir les couches à *Ostrea crassissima ;* pourtant dans l'état actuel des observations, je maintiendrai dans la partie inférieure du Miocène moyen, ces assises mal définies.

Directement au-dessus, commence une série de marnes gréseuses jaunes, que l'on désigne quelquefois sous le nom de molasse, interrompues de distance en distance par des bancs de grès plus ou moins puissants.

A la base, du côté de Vista Alegre, les premiers fossiles que l'on rencontre appartiennent à la *Turritella turris*, Bast. (N° 9); puis vient un banc de grès grossier de six mètres, et ensuite un calcaire avec une autre espèce, *Turritella rotifera*, Lk. accompagnée de quelques huîtres sur une épaisseur de deux mètres.

Les marnes jaunes à concrétions, sans fossiles déterminables, se continuent sur 15 mètres et sont surmontées par un grès dur de 8 mètres de puissance, violet à la base, mais gris dans la plus grande partie de son épaisseur. Au-dessus se trouvent 2 mètres de marnes bleues, puis de nouveau la molasse à *Turritella rotifera* sur 6 à 7 mètres. Je n'ai pas suivi la coupe plus haut en ce point, mais celles que l'on peut voir sur les autres flancs de la colline se continueront jusqu'au sommet.

En montant la route de Barcelona au fort, on voit mal les couches, par suite des éboulements et du petit nombre d'affleurements ; cependant une tranchée de la route vers la base

du mont, présente des marnes bleuâtres surmontées par des
calcaires mollassiques à *Turritella rotifera*, Lk. Ce sont les
couches 2 et 4 de Vista Alegre situées ici à 20 mètres environ plus bas que du côté de la mer.

Sur la partie occidentale de la montagne, la coupe est plus
visible et l'on peut constater la superposition suivante du
haut en bas :

1. Grès et poudingues à gros éléments alternant et
   passant de l'un à l'autre. Ils recouvrent le
   sommet du mont et se continuent un peu
   sur les pentes, principalement du côté de
   l'Ouest . . . . 30^m?

2. Calcaire sableux mollassique jaunâtre avec nombreuses tubulations, et des concrétions de
   calcaire cristallin ; très nombreux fossiles. 40^m.

Turritella rotifera, Lk.
Turritella bicarinata, d'Eichwald (*T. Archimedis*, Brongt. in Hœrnes).
Scalaria communis, Lk.
Natica Josephinia, Risso.
Fusus Valenciennesi, Grat., aff.
Conus ventricosus, Bronn? (mauvais échantillons).
Conus, sp.
Ostrea digitalina, Dub. (très petite ; en bancs).
Ostrea, sp.
Ostrea, sp.
Pecten Tournali, De Serres.
Pecten burdigalensis, Lk.
Arca, sp.
Pectunculus pilosus, Linné, sp.
Tellina planata, Linné, sp. var.
Cytherea Pedemontana, Ag.
Balanus, sp.
Traces d'Annélides.

3. Calcaire marneux à petits galets de quartz très
   roulés. . . . . 2^m.

Ostrea crassissima, Lk.
Cardita Jouanneti. Bast.

4. Marne bleuâtre endurcie à la partie supérieure. 2^m50.

Pecten, sp.
Oursins mal conservés.

5. Grès d'une teinte générale grise, très dur,
   exploité pour constructions dans de nombreuses carrières. Grains de quartz généralement fins, souvent accompagnés de débris
   de feldspath rose décomposé. . . . . . 25^m.
6. Grès violacé tendre, passant insensiblement à
   la couche précédente. . . . . 0^m80.
7. Argile bleue claire avec filets de sable . . . 2^m.
7 *bis.* Calcaire sableux à nombreux fossiles comme
   couche n° 2. . . . . 15^m.

Turritella rotifera, Lk.
Tellina planata, Linné sp., etc., etc.

On ne peut voir plus bas de ce côté, mais il est permis de
supposer, d'après la coupe de Vista Alegre, que l'on se trouve
à peu de distance au-dessus des couches à *Turritella turris.*

En résumé, les couches du Montjuich peuvent se grouper
de la façon suivante :

6. Grès et poudingues supérieurs.
5. Marnes et calcaires *Ostrea crassissima* et *Turritella roti-*
   fera.
4. Grès à grains fins.
3. Calcaire marneux à *Turritella rotifera.*
2. Marnes à *Turritella turris.*
1. Conglomérat compact inférieur.

Papiol. — Je ne sais si ce lambeau sera étendu par les recherches postérieures, mais je ne le connais actuellement

qu'en un seul point à 500 mètres environ à l'Est de Papiol On peut y voir, à un niveau plus élevé que la partie supérieure des marnes bleues pliocènes, un calcaire marneux jaune à petits galets de quartz roulés, et à nombreuses *Ostrea crassissima* qui représente identiquement la couche que j'ai indiquée tout à l'heure au Montjuich. Par suite du placage des marnes bleues, il est impossible de voir directement sur quoi repose ce calcaire; mais la coupe de la montée de Papiol (fig. 71), montre que les conglomérats rouges (N° 5) plongent sous la colline; le même fait s'observe de tous les côtés du village, de sorte que la superposition des couches à *Ostrea crassissima* sur les conglomérats ne peut laisser place à aucun doute.

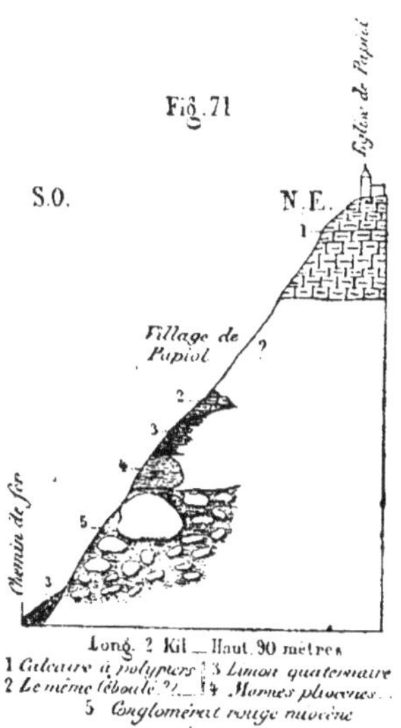

Mais il se présente encore à Papiol une autre assise qui est indiquée sous le N° 1 dans la figure 71, et dont il importe de préciser la position. C'est un calcaire compact extrêmement dur qui paraît presque entièrement formé par d'énormes polypiers; il occupe la partie supérieure de la butte de Papiol et est à découvert sur une vingtaine de mètres entre l'église et les premières maisons du village. Il se retrouve également à 1 kilomètre à l'Est, formant une petite élévation, surtout remarquable par les étranges cassures que montre le calcaire et qui sont représentées sur la figure 72. Supérieur aux couches à *Ostrea crassissima*, ce dépôt me paraît ne pas devoir en être séparé, et semble être de l'âge des couches à *Turritella rotifera* ou des grès et poudingues supérieurs du Montjuich.

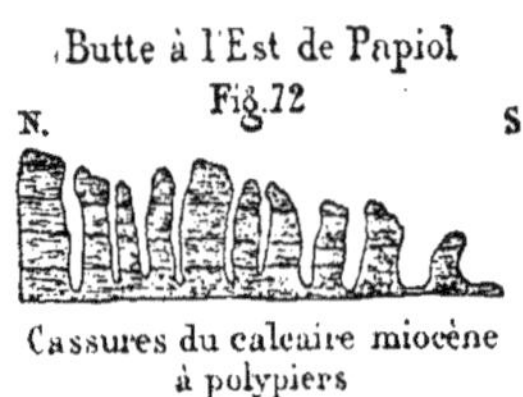

Cassures du calcaire miocène
à polypiers

Labern et San Sadurni. — Le troisième gisement des couches à *Ostrea crassissima* est de beaucoup le plus étendu. C'est le long de la voie ferrée que je l'ai d'abord étudié ; en me dirigeant de la gare de la Granada, vers celle de San Sadurni, je rencontrai bientôt des marnes bleues très fossilifères qui appartiennent au Miocène supérieur et s'inclinent au S.-O. ; après une lacune peu importante, je vis un second affleurement assez semblable au premier, mais où les fossiles deviennent beaucoup plus rares. Enfin j'entrai dans la grande tranchée qui aboutit à la gare de San Sadurni ; elle est composée de couches soit marneuses soit calcaires dans lesquelles on peut recueillir quelques fossiles :

> *Ostrea crassissima*, Lk.
> *Anomia costata*, Brocchi. sp.
> *Turritella bicarinata*, d'Eichw.
> *Balanus.*

Au delà de la station, commence une nouvelle tranchée qui continue à montrer pendant un kilomètre, les calcaires marneux à *Ostrea crassissima ;* mais, à ce moment ils viennent buter contre des marnes et conglomérats rouges qui dépendent de la formation lacustre que nous avons étudiée précédemment. Ce ne paraît pas être une faille qui donne lieu à cet accolement de deux terrains d'âge différent; je croirais bien plutôt qu'il existait lors du dépôt des *Ostrea crassissima*, une falaise contre laquelle sont venues successivement se ranger les différentes couches.

L'inclinaison se continue toujours au S.-O. dans la tranchée qui aboutit à la station de San Sadurni ; c'est seulement à 150 mètres environ de ce point que par suite d'un plissement, les calcaires à *Huîtres* s'inclinent quelque peu au N.-E. pour continuer de même jusqu'à la limite de leur affleurement.

Les couches à *Ostrea crassissima* s'étendent donc le long de la voie ferrée depuis Labern jusqu'à la station de San Sadurni, c'est-à-dire sur une longueur de 3 à 4 kilomètres ; pour connaître à la fois et leur étendue vers le Sud et leur épaisseur, je me suis porté du village de San Sadurni à San Pao d'Ordal.

Entre le village et la station de San Sadurni, existe un ravin assez profond qui présente des marnes bleues sans fossiles déterminables ; j'ai pourtant constaté la présence dans un petit banc calcaire d'une espèce importante, la *Pereiræa Gervaisi,* Vezian sp. qui se rencontre en abondance dans des couches plus élevées : ici elle est associée à des *Ostrea crassissima*, et certainement inférieure à la plus grande partie des couches caractérisées par ce dernier fossile. En effet, il faut déjà monter quelque peu pour arriver au niveau de la voie ferrée (25 à 30^m), puis on continue à gravir la colline pendant plus de 150 mètres, en trouvant toujours de distance en distance, des bancs puissants d'*Ostrea crassissima,* jusque vers le sommet ; alors commencent des marnes bleues à fossiles nombreux qui appartiennent au Miocène supérieur.

Mais on voit néanmoins quelle puissance considérable, les couches à *Ostrea crassissima* atteignent auprès de San Sadurni ; en retranchant ce qui est dû à l'inclinaison, on ne peut pas l'évaluer a moins de 120 à 130 mètres. Nous voilà bien loin des deux ou trois mètres d'épaisseur que présentaient les mêmes assises à Papiol et à Monjuich ; il faut donc admettre que les couches de San Sadurni correspondent à tout l'ensemble des calcaires et grès dont j'ai donné ci-dessus le détail dans la montagne voisine de Barcelona.

Aucun autre gisement de même âge ne se présente sur toute la côte depuis la frontière française jusqu'à Tarragona ; aussi faut-il passer maintenant aux marnes bleues de la Granada et de San Pao d'Ordal qui recouvrent directement les couches dont je viens de donner la description.

Marnes bleues de la Granada et de San Pao d'Ordal. — Ce que j'ai dit à propos des couches à *Ostrea crassissima*, a montré déjà que les marnes bleues coupées par le chemin de fer auprès de la station de la Granada, sont supérieures aux assises de San Sadurni, puisque l'inclinaison se porte constamment au Sud-Ouest, entre les deux stations. La démonstration est tout aussi simple pour les marnes de San Pao ; on peut d'abord les suivre jusqu'à la Granada et voir ainsi qu'elles sont bien du même âge que celles de la tranchée du chemin de fer. Mais de plus, en continuant la coupe de San Sadurni à San Pao, on ne tarde pas à s'apercevoir, lorsque l'on est parvenu au sommet, que les couches s'inclinent fortement vers ce dernier village et que les bancs à *Ostrea crassissima* disparaissent promptement sous des couches plus récentes. Au point culminant auprès d'un petit hameau, commencent à se montrer des marnes bleues à fossiles mal conservés, mais paraissant pourtant identiques à ceux que nous retrouverons plus haut. Après une épaisseur de 25 mètres, ces marnes sont recouvertes par un calcaire grossier dont les fossiles sont réduits à l'état de moule :

> *Proto cathedralis*, Brongn.
> *Turritella uniangularis*, Brocchi.
> *Ostrea*, sp.
> *Cardita* (espèce très abondante.)

Cette couche plonge vers le village de San Pao, et sa puissance est de 30 à 40 mètres ; au-dessus vient l'assise principale des marnes bleues en partie recouverte par des dépôts quaternaires et dérobée aux regards par la végétation et la culture : on peut recueillir dans les ravins les fossiles suivants :

> *Rostellaria dentata*, Grateloup, var.
> > (Les échantillons d'Espagne ont les tours plus plats, que dans le type, en même temps que la coquille dans son ensemble est plus globuleuse.)
> *Pereiræa Gervaisi*, Vézian sp.
> *Pleurotoma asperulata*, Lk.
> *Terebra Basteroti*, Nyst.
> *Terebra fuscata*, Brocchi.
> *Cerithium Duboisi*, Hornes.
> *Cerithium pictum*, Bast. var.
> *Cerithium lignitarum*, d'Eichw.
> *Natica Josephinia*, Risso.
> *Nerita Plutonis*, Bast. (*Nerita Martiniana*, Math.)
> *Proto cathedralis*, Brongn.
> *Proto rotifera*, Lk. sp.
> *Turritella turris*, Bast.
> *Turritella gradata*, Menke, etc., etc.

A la Granada, la tranchée du chemin de fer montre 30 mètres de marnes bleues inclinées au S.-O. ; on peut y distinguer trois niveaux marqués par la localisation de certains fossiles : c'est ainsi qu'à la base, les *Arca diluvii* abondent ; un peu plus haut, ce sont les *Ringicules* qui dominent, et à la partie supérieure enfin, les *Pereiræa* et les grandes *Lucines* constituent les

18

fossiles principaux de l'assise. Mais comme ces divisions sont d'un ordre tout à fait secondaire, je réunirai les fossiles qui en proviennent, dans la seule liste suivante :

Conus Dujardini, Desh.
Pereiræa Gervaisi, Vézian sp.
Pleurotoma Calliope, Brocchi sp.
Pleurotoma monilis, Brocchi sp.
Pleurotoma ramosa, Bast.
Pleurotoma Jouanneti, Des Moulins.
Pleurotoma Reevei, Bell.
Pleurotoma asperulata, Lk.
Terebra bistriata, Grat.
Cancellaria calcarata, Brocchi sp.
Ringicula Baylei, Morlet.
Turritella turris, Bast. (in Hornes.)
Pecten cristatus, Bronn.
Arca diluvii, Lk. (variété de Vienne, in Hornes.)
Lucina globulosa, Desh. ? (échantillons incomplets.)
Venus multitamella, Lk.
Corbula gibba, Olivi.

Je n'ai pas vu entre la Granada et San Sadurni, l'assise de calcaire grossier à Cardites qui se montre auprès de San Pao d'Ordal ; elle correspond probablement à la lacune que présentent les tranchées du chemin de fer.

Marnes de Ciurana. — Il faut se rendre dans la province de Gerona pour rencontrer d'autres assises du même âge que les couches de la Granada. C'est auprès de Ciurana qu'il est possible de recueillir des fossiles ; on voit là dans quelques petits ravins, soit dans le village même, soit à l'Est des habitations, des marnes bleues très fossilifères, dont l'épaisseur visible est de 15 mètres ; elles sont couronnées par des conglomérats de cailloux très roulés agglutinés par une sorte de grès grossier.

Ces couches occupent toute la région comprise entre Figueras et Mediña et s'étendent jusqu'à la mer ; seulement, elles sont très rarement visibles, à cause des puissants dépôts quaternaires qui les recouvrent presque partout dans ce pays plat et dépourvu de ravins profonds. Pourtant les conglomérats se montrent en plusieurs points, notamment au Sud de Bascara, où ils sont entremêlés de bancs de grès tendre qui passent latéralement aux poudingues. Les conglomérats quaternaires les recouvrent directement sans jamais pourtant se confondre avec eux.

Les fossiles de Ciurana, sont :

> *Ficula geometra*, Bors.
> *Chenopus pespelicani*, Linné, sp.
> *Nassa asperula*, Brocchi, sp.
> *Nassa semistriata*, Brocchi, sp.
> *Ringicula buccinea*, Brocchi, sp.
> *Natica helicina*, Brocchi.
> *Natica helicina*, Brocchi, var. *elongata*.
> *Natica tigrina*, Def.
> *Actæon tornatilis*, Linné. sp.
> *Turritella tricarinata*, Brocchi, sp.
> *Dentalium elephantinum*, Lk.
> *Dentalium*, sp.
> *Pecten cristatus*, Bronn.
> *Pinna*, sp.
> *Leda nitida*, Brocchi, sp.
> *Nucula nucleus*, Linné.
> *Cardium hians*, Brocchi.
> *Venus plicata*, Gmel.
> *Venus multilamella*, Lk.
> *Corbula gibba*, Olivi.
> *Panopæa Menardi*, Desh. (Échantillon incomplet, mais de très grande taille).

Dans les bancs de sable et de grès intercalés au milieu des conglomérats supérieurs aux marnes bleues, se trouvent des huitres abondantes qui se rapportent à l'*Ostrea undata* Lk. (1).

(1) D'après **M.** Tournouër, l'espèce de Montpellier à laquelle la mienne est identique ne pourrait se rapporter à l'*O. undata*, mais constituerait une espèce nouvelle, *O. Serresi*, Tournouër (*Bul. Soc. Géol. de France*, compte rendu sommaire, séance du 1er mars 1880).

Tels sont les gisements certains du Miocène supérieur que j'ai pu constater; peut-être faudrait-il ajouter encore les marnes de Papiol, de Gracia, d'Hospitalet, etc., dont la faune diffère si peu de celle que j'ai citée soit à la Granada, soit à Ciurana. Néanmoins plusieurs raisons me portent à croire que les dépôts de Papiol appartiennent au terrain pliocène; aussi j'en parlerai dans un chapitre spécial.

§ II. — MIOCÈNE LACUSTRE

Cette formation très importante par son étendue, ne présente que fort peu d'intérêt pour celui qui l'étudie dans la plaine de l'Ebre; tandis, en effet, que dans la province de Teruel, et dans les environs de Madrid, la présence de grands Mammifères vient donner de l'attrait aux recherches, et permet de classer le terrain avec quelque certitude, dans la plaine de l'Ebre, il n'en est pas de même; je ne sache pas que jamais aucun débris de vertébré y ait été rencontré.

Formant tous les environs de Saragoza, d'Huesca, de Lérida, le Miocène lacustre, est borné au Nord, soit par les couches éocènes, soit par des terrains plus anciens; mais dans les deux cas, la limite est presque toujours très nette; ce n'est que dans des circonstances exceptionnelles, qu'il est difficile de distinguer les dernières couches éocènes de celles que nous étudions en ce moment. Le miocène lacustre ne se prolonge pas jusqu'à la Méditerranée, car il est limité à l'Est par une bande éocène continue.

Les grès argileux constituent la plus grande partie du Miocène lacustre; pourtant ils sont entremêlés de marnes rougeâtres et de quelques poudingues; cette composition, très uniforme se retrouve partout.

Enfin les couches de cette formation sont fort peu inclinées et restent encore actuellement dans une position fort voisine de celle de leur dépôt.

Résumé du Miocène. Comparaisons. — Les détails que je viens de donner sur les formations miocènes de la Catalogne permettent de dresser le tableau suivant :

		CATALOGNE		ÉQUIVALENTS	
		DIVISIONS PRINCIPALES	SUBDIVISIONS	ESPAGNE	ÉTRANGER
MIOCÈNE	SUPÉRIEUR	8. Conglomérats de Bascara.			Italie.
		7. Marnes de Ciurana 6. Marnes bleues de la Granada et de San Pao d'Ordal.		Formation lacustre à *Mastodontes* et *Hipparion*, de la vallée de l'Ebre-Teruel-Cuenca Madrid, etc.	Tortone. Saubrigues. Leithakalk. (Bassin de Vienne.)
	MOYEN	5. Couches à *Ostrea crassissima*.	VI. Grès et poudingues supérieurs. V. Marnes et calcaires à *O. crassissima* et *Turritella rotifera*. IV. Grès à grains fins. III. Calcaire marneux à *Turritella rotifera*. II. Marnes à *Turritella turris*. I. Conglomérat inférieur. (Montjuich.)	Albacete. Alicante. Province de Cordoba. Baléares.	Faluns de Salles. Environs de Narbonne et de Montpellier.
		4. Calcaire de Campaña.		Baléares?	Aleria (Corse).
		3. Grès et conglomérats rouges à *Helix Larteti*.			Sansan, etc.
		2. Calcaire à *Schizaster*.	IV. Calcaire et marnes à *Ditrupa* et *Pectens*. III. Sables et grès à *Pectens*. II. Amas de galets avec *Balanes* et *Pectens*. I. Calcaire à *Schizaster Scillæ*.		St-Florent. (Corse).
		1. Calcaire à *Clypéastres*.	VII. Calcaire compact. VI. Calc. à *Clypéastres*. V. Calc. à *Scutelles*. IV. Calcaire compact à Polypiers. III. Calc. à *Pecten solarium*. II. Cal. grossier à *Pecten* et *Operculines*. I. Calc. compact à Polypiers.	Alicante. Province de Cordoba? Baléares.	Aleria. Bonifacio. St-Florent. Sta-Manza. (Corse). Algérie. Faluns de Touraine. — Saucats-Léognan Portugal (d'après Pereira da Costa.)
	INF.	Manque.	Manque.	Manque.	Fontainebleau Gaas.

La plupart des superpositions que j'indique dans ce tableau sont le résultat d'observations directes et ne laissent place à aucun doute ; pourtant je dois dire que je n'ai pas vu d'une façon certaine, les couches à *Helix Larteti* reposer sur les calcaires à *Schizaster* ; elles pourraient appartenir au même âge et n'être que le faciès lacustre des calcaires de Tordembarra et de Tarragona (1).

Pour le calcaire de Campaña, je ferai une observation analogue ; je ne l'ai pas vu surmonté par les couches à *Ostrea crassissima*. Il en est de même enfin des marnes de *Ciurana* ; je ne suis pas sûr qu'elles soient postérieures aux marnes de la Granada.

Quant à la vaste formation lacustre de la vallée de l'Ebre, elle n'est pas placée d'une façon définitive pour deux raisons. D'abord il n'est pas absolument certain qu'elle soit synchronique des dépôts de la province de Teruel et des environs de Madrid où se rencontrent les Mastodontes et les Hipparions ; en second lieu, ces deux genres se trouvent déjà dans le Miocène moyen. Toutefois l'attribution de ces couches au Miocène supérieur me paraît beaucoup plus probable et je n'hésite pas à me séparer en cela de M. Jacquot qui les croit contemporaines des couches à *Ostrea crassissima* (2).

Le Miocène d'Espagne n'a jamais été étudié avec soin ; aussi est-ce seulement d'après des citations vagues de *Clypéa-*

(1) Ce serait alors absolument conforme à ce qui existe en France d'après M. Tournouër ; en effet cet auteur, dans un travail récent, regarde les calcaires lacustres du Gers comme synchroniques des faluns de Léognan (*Bul. Soc. Géol. de France*, 3ᵉ série, t. VII, p. 236, 1879).

(2) M. Jacquot (Géologie de la serrania de Cuenia, 1866) assimile les couches lacustres miocènes de cette région aux couches à *Ostrea crassissima* d'Albacete, mais ne cite pas lui-même l'*Ostrea crassissima*, comme le croit M. Tournouër (Compte rendu sommaire des séances de la Soc. Géol. séance du 1ᵉʳ Mars 1880). Les couches marines du miocène ne pénètrent pas aussi loin dans l'intérieur de l'Espagne.

tres ou d'*Ostrea crassissima* que j'indique le Miocène moyen dans les provinces du Sud de l'Espagne. Il n'en est pas de même pour les Iles Baléares, où, d'après le travail d'Hermite, la présence des deux principaux horizons du Miocène moyen est bien certaine à Majorque et à Minorque ; quant aux couches rapportées par cet auteur au Miocène supérieur, elles n'ont pas d'analogues en Catalogne et sont probablement plus récentes que les marnes de la Granada.

En Corse, le calcaire à *Clypéatres* est bien représenté dans les trois lambeaux miocènes de l'île ; à Saint-Florent, il est surmonté, comme en Espagne, par des calcaires à *Schizaster*; mais le reste des couches miocènes ne se rapporte plus du tout aux assises du tertiaire catalan, à l'exception de la couche Nº 2 du lambeau d'Aleria (1). Ce *calcaire à Gastéropodes* de M. Hollande est le représentant exact du calcaire de Campaña; les espèces sont les mêmes, et l'apparence de la roche et des fossiles, est tellement identique que les échantillons des deux pays ne pourraient être distingués. M. Locard (2) a signalé dans les couches de Bonifacio, des bancs d'*Operculina complanata* qui correspondent très bien à ceux d'Altafulla ; M. Hollande n'en parle pas.

L'assimilation que je propose, des couches de la Granada avec Tortone et Saubrigues, me parait découler si nettement à la fois de la faune et de la position stratigraphique que je crois inutile d'insister. Il en est de même pour la zone à *Ostrea crassissima* et *Cardita Jouannetti;* elle correspond admirablement aux faluns de Salles et aux couches du même âge des environs de Narbonne et de Montpellier.

Les couches à *Helix Larteti* trouvent leur équivalent dans les assises fameuses de Sansan et enfin les calcaires à *Cly-*

---

(1) Hollande. Géologie de la Corse, Paris, 1878.

(2) Locard et Cotteau. Description de la faune des terrains tertiaires moyens de la Corse, 1877.

péastres se placent forcément au niveau des faluns de la Tou-
raine, puisqu'ils sont plus anciens que les couches à *Ostrea*
crassissima, sans pouvoir être rapportés au Miocène inférieur.
Leur faune, d'ailleurs, tout en différant de celle des faluns par
l'existence d'espèces spéciales, renferme cependant un certain
nombre de fossiles de Saucats et de Léognan.

Le calcaire de Campaña se rapporterait aussi très bien aux
faluns de l'Aquitaine ; ce serait une raison à ajouter à celles
que j'ai données précédemment pour faire descendre les couches à *Helix Larteti* qui sont certainement plus anciennes au
niveau des calcaires à *Clypéastres* ou à *Schizaster*.

Enfin pour le Miocène inférieur, j'ai constaté, une fois de
plus, son absence complète : ni en Catalogne ni dans aucune
autre partie de l'Espagne, il n'existe le moindre vestige de
couches qui pourraient représenter les assises à *Natica crassa-*
tina.

Avant de terminer ce qui touche au terrain miocène, je dois
dire quelques mots du seul travail où l'on ait parlé jusqu'à ce
jour du terrain tertiaire des environs de Barcelona c'est-à-dire
l'ouvrage de M. Vézian. Mais comme je suis en désaccord sur
presque tous les points avec cet auteur, je serai très bref dans
cet exposé. Les couches les plus inférieures pour lui, parmi
celles que je rapporte au Miocène, sont les grès et conglomérats rouges (n° 3 de mon tableau), qu'il divise en sept étages
dont les premiers rentrent dans le système *proïcène* (éocène
supérieur), d'autres dans le *miocène inférieur* et enfin les derniers dans le *miocène supérieur*. Parallèlement à ces dépôts, se
développent les conglomérats du Monjuich et les couches à
Turritella cathedralis, qui représentent le Miocène inférieur ou
Tongrien (sables de Fontainebleau et faluns de Gaas) ; au-dessus viennent des grès et des sables à *Turritella rotifera* et *Tur-*
ritella Archimedis qui composent le Miocène supérieur et sont
l'analogue des faluns de la Loire et de la Gironde, des cou-

ches à *Hipparion* de Cucuron et de Concud, et du terrain lacustre de la Beauce, de Simorre et de Sansan.

Tout ce qui vient au-dessus, aussi bien les grès supérieurs du Monjuich, que les marnes bleues de Labern (La Granada), tout cela, dis-je, appartient pour M. Vézian au terrain *pliocène*.

Je n'ai pas besoin d'insister davantage pour faire comprendre l'immense différence qu'il y a entre la manière de diviser le Miocène admise par M. Vézian et celle que j'ai moi-même présentée ci-dessus.

J'arrêterai donc ici cette étude du Miocène catalan, en constatant une fois de plus l'intime liaison des sous-étages moyen et supérieur, liaison qui, déjà remarquée par d'autres auteurs dans différents pays, empêche absolument de placer une grande division au-dessus des couches à *Ostrea crassissima*.

III. — TERRAIN PLIOCÈNE

Bien que M. Vézian ait rapporté au pliocène, une grande partie des assises des environs de Barcelona, l'existence de ce terrain en Catalogne est douteuse pour moi. J'y rattache pourtant les marnes bleues de Papiol, Hospitalet, Bordeta, Sans, Gracia, quoique leur faune ait les plus grands rapports avec celles de Ciurana et de la Granada ; mais je me fonde pour les séparer sur les faits suivants :

En premier lieu, les marnes de Papiol reposant directement sur le Silurien, sont plaquées contre une falaise formée par les conglomérats rouges et les couches à *Ostrea crassissima;* il y a donc eu, entre ces derniers dépôts et les marnes de Papiol une dénudation considérable tandis que les couches de la Granada passent insensiblement, comme je l'ai déjà fait remarquer aux calcaires du Miocène moyen.

En second lieu, la faune présente quelques différences : c'est ainsi que l'*Ostrea cochlear*, Poli, bien connue dans les marnes subapennines, abonde à Papiol, tandis qu'elle ne se rencontre jamais dans les gisements que je rapporte au Miocène supérieur. L'*Arca diluvii* se montre aussi bien à Papiol qu'à la Granada ; mais dans cette dernière localité, c'est la variété de Vienne figurée par Hornes qui se rencontre abondamment, au lieu qu'à Papiol le type pliocène se retrouve comme en Italie ; enfin la *Pereiraa* me paraît ne pas exister à Papiol (1).

(1) M. Vézian l'y a pourtant citée.

Ces marnes sont, quel que soit leur âge, situées au pied du Mont Tibidabo qu'elles entourent, en commençant à Gracia (1) pour se terminer à Papiol; on les trouve dans tous les points intermédiaires que j'ai déjà cités. Ce n'est guère qu'à Papiol que j'ai recueilli des fossiles; à Gracia on n'en trouve que dans les puits, car les couches sont partout recouvertes par les constructions ou par le terrain quaternaire, et dans les autres localités, les fossiles sont mal conservés.

Liste des fossiles de Papiol.

Chenopus pespelicani, Phil.
Cassidaria echinopora, Lk ? (débris).
Nassa reticulata, Linné sp.
Nassa semistriata, Brocchi sp.
Pleurotoma recticosta, Bell.
Pleurotoma dimidiata, Brocchi sp.
Cancellaria Bonellii, Bell.
Natica sp.
Natica tigrina, Def.
Natica helicina, Brocchi.
Eulima subulata, Brocchi sp.
Turritella subangulata, Brocchi sp.
Dentalium Passerinianum, Cocconi.
Dentalium sexangulare, Brocchi.
Spondylus sp.
Ostrea cochlear, Poli. (Très abondante à la partie supérieure).
Pecten cristatus, Bronn.
Pecten Jacobœus, Linné.
Arca diluvii, Lk.
Chama gryphoides, Linné sp.
Venus multilamella, Lk.
Corbula gibba, Olivi.

Il faut encore ajouter quelques débris de crustacés et des traces de végétaux.

(1) D'après M. Almera, qui a publié une liste de fossiles recueillis dans cette localité (*De Monjuich al Papiol*, Barcelona 1880). Cette liste diffère peu de celle que je donne ici pour Papiol.

A Bordeta, j'ai réussi à recueillir les espèces suivantes :

Pecten cristatus, Bronn.
Pecten benedictus, Lk.
Dentalium elephantinum, Lk.

On voit donc que les dépôts pliocènes n'ont qu'une très faible étendue et que, partant de la mer actuelle, ils entourent le Monjuich pour venir se terminer aux pieds des collines siluriennes du Tibidabo.

TERRAIN QUATERNAIRE

Sans présenter un développement considérable, le terrain quaternaire se montre pourtant dans un très grand nombre de points, surtout dans les régions basses et voisines de la mer. Il est quelquefois fort difficile à distinguer des alluvions récentes, car les torrents, qui constituent les seuls cours d'eau du Nord de l'Espagne, charrient encore actuellement des blocs énormes et peuvent dans les moments de crue, effectuer des dépôts tout à fait semblables à ceux des terrains quaternaires. Mais il y a cependant de nombreux gisements appartenant, sans conteste, à cette époque.

Province de Barcelona. — La vallée du Llobregat fournit dans sa partie inférieure, un bon type du quaternaire catalan (pl. I fig. 4); entre Martorell et Papiol, se voit une masse de galets de dimensions assez faibles, reposant sur les grès et conglomérats rouges en stratification discordante. Ce dépôt dont la base est souvent à près de 50 mètres au-dessus du niveau actuel du fleuve, varie de 5 à 20 mètres de puissance, et se trouve recouvert par un limon jaune à concrétions calcaires qui renferme par places des coquilles terrestres identiques à celles qui vivent encore actuellement : *Bulimus decollatus*, différents *Helix* etc.

Le long de la rivière de Gaya, le quaternaire se présente dans les mêmes conditions et toujours composé à la base de cailloux roulés sur une dizaine de mètres d'épaisseur, puis de limon; il se continue sur tout le plateau s'étendant même jusqu'auprès de la gare d'Olésa à plus de 200 mètres d'altitude ; vers Tarrassa, le limon se continue seul.

Les caractères du terrain quaternaire sont absolument les mêmes sur le plateau compris entre la Noya et le Llobregat ; auprès de Martorell (fig. 69, couches 1 et 2) on voit le diluvium caillouteux puis le limon à *Helix ;* peu développé de ce côté, il devient au contraire extrêmement épais vers Piera, ou il est presque uniquement formé par des débris de schistes.

Un peu plus loin dans le petit bassin d'Igualada, le quaternaire est constitué par les marnes bleues remaniées sur place ; la présence de galets roulés permet de distinguer ces dépôts des couches éocènes restées dans leur situation primitive.

Au Nord de Manressa (fig. 37), les amas de cailloux recouvrent aussi les poudingues éocènes et couronnent une petite butte sur laquelle est bâti le fort.

Enfin le même terrain existe encore dans une foule d'autres points qu'il serait fastidieux d'énumérer, car il se présente toujours sous le même aspect.

Province de Gerona. — Toute la partie basse de cette province, comprise entre Figueras, Gerona et la mer, est recouverte par les dépôts quaternaires ; mais ici la superposition du limon aux cailloux roulés, n'est pas aussi constante qu'auprès de Barcelona, il y a une sorte d'alternance de ces deux roches. De plus, le volume des cailloux est beaucoup plus considérable, car ils atteignent quelquefois jusqu'à 50 et 60 centimètres de diamètre.

On retrouve les mêmes couches dans les vallées de l'intérieur, particulièrement auprès d'Amer et dans les environs d'Olot. C'est à peu de distance de cette dernière ville, dans le vallon de Vyaña, que l'on a rencontré les seuls restes de vertébrés connus jusqu'à ce jour dans les assises de cet âge du

Nord de l'Espagne; ils consistent en deux molaires d'*Elephas primigenius* absolument identiques au type de Sibérie (1).

Enfin auprès de Bañolas, se montrent autour du lac actuel, mais à 30 ou 40 mètres plus haut, des calcaires marneux blanchâtres renfermant en abondance des Limnées et des Bithinies; je les considère comme appartenant au terrain quaternaire.

Province de Lérida. — Le diluvium existe dans la plupart des vallées de cette province, mais sans présenter aucun intérêt; je ne m'y arrêterai donc pas, et je me contenterai de signaler un petit dépôt lacustre formé de marnes ligniteuses et situé auprès d'Artésa le long de la route de Lérida ; il renferme de nombreuses Bithinies et son épaisseur est d'environ 6 mètres.

Aragon. — Dans tout l'Aragon, le terrain quaternaire ne présente aucun intérêt; peu développé, il se compose uniquement de cailloux roulés entremélés de fragments de rochers souvent considérables, et n'occupe que le fond des vallées généralement étroites de cette région. Dans la plaine de l'Ebre, il change un peu de nature, ses éléments devenant moins volumineux que dans la partie montagneuse, mais il n'y a pas été rencontré de vertébrés non plus que dans le Nord de la province.

Navarre, Alava, Biscaye, Santander. — Dans ces quatre provinces, le terrain diluvien offre encore absolument les mêmes caractères, et se trouve dans la même situation au fond de toutes les vallées. C'est surtout aux environs de Miranda de Ebro que ces dépôts caillouteux acquièrent une certaine importance; je citerai encore les environs de Murguia, et, beaucoup plus à l'Ouest, la vallée de la Bezaya.

---

(1) Ces précieux échantillons font partie de la collection Bolos à Oloi. M. Ramon Bolos a bien voulu me les communiquer avec une obligeance dont je suis heureux de lui témoigner ici ma reconnaissance.

FORMATIONS ACTUELLES

I. Dunes. — La nature du sol qui constitue la majeure partie
des côtes de la Péninsule s'oppose à un grand développement
des dépôts sableux actuels : le calcaire plus ou moins compact
est, en effet, la roche dominante, et ce n'est pas lui qui peut
fournir, non plus que les marnes également assez fréquentes,
la matière première nécessaire à la formation des dunes. De
plus, le rivage est presque toujours très abrupte et s'élève
immédiatement beaucoup au-dessus du niveau de la mer, de
sorte que je n'aurai à signaler dans ce paragraphe que quelques lambeaux très limités.

Et d'abord, sur les côtes de la Méditerranée, il existe un peu
au Nord de Tarragona, entre Torredembarra et Torre une
plaine basse d'environ 5 kilomètres de longueur qui a été en
grande partie recouverte par le sable ; mais celui-ci ne s'élève
pas à plus de 5 à 6 mètres au-dessus de la mer.

A 3 kilomètres au Nord, une nouvelle plaine se présente
dans les mêmes conditions, quoique d'une moindre étendue ;
sa surface est de même recouverte par des dunes peu puissantes.

Le rivage du golfe de Gascogne est encore plus escarpé que
celui de la Méditerranée ; aussi, c'est seulement à l'embouchure des fleuves et dans les fiords que constitue chacun d'eux,
qu'il a pu se former quelques dépôts. Le plus important se
voit auprès de Laredo où le sable s'accumule rapidement,
éloignant la mer chaque année davantage de cet ancien port

aujourd'hui comblé. De l'autre côté du même golfe, à Santona, les dunes ont aussi une certaine importance.

Je citerai enfin la baie de Larrobia et la côte entre ce point et la baie de San Vicente, où les dépôts de sable tendent à combler les principales découpures du rivage.

II. Dépôts caillouteux des rivières. — J'ai déjà signalé ci-dessus l'importance des alluvions actuelles des fleuves et des rivières, en traitant du terrain quaternaire, dont elles se distinguent souvent avec beaucoup de difficulté. Il est facile de comprendre, en effet, combien doivent être torrentueux les cours d'eau qui descendent des sommets pyrénéens, puisque, alimentés par la fonte des neiges, ils roulent leurs eaux sur des pentes très rapides; ces deux causes réunies font qu'à certaines époques de l'année, ils peuvent transporter des blocs énormes qu'ils déposent ensuite dans les plaines qui leur permettent d'occuper une plus vaste étendue et de diminuer leur vitesse.

Aussi n'est-il guère de vallée même peu importante comme celle d'Amer qui ne renferme de ces dépôts caillouteux, surtout dans les environs de Gerona.

III. Dépôts tourbeux. — Ces dépôts ne se rencontrent que sur le rivage du golfe de Gascogne. La plupart des fleuves de cette région, se terminent, comme on l'a vu plus haut, par des sortes de longs fiords, communiquant avec la mer par un passage fort étroit, et s'élargissant plus ou moins vers l'intérieur; c'est dans ces golfes d'une forme particulière que les eaux perdant leur vitesse, déposent des sédiments argilo-tourbeux, qui diminuent peu à peu la profondeur puis l'étendue du golfe.

C'est surtout auprès de Columbres que l'on peut voir un exemple de ces dépôts, mais on les retrouve plus ou moins développés à l'embouchure de tous les fleuves, notamment au pont de Larrobia.

IV. Calcaires concrétionnés. — Au-dessus du granite à San Bartolomeo de Vallbona (province de Barcelona) se voient des calcaires tendres sur 25 à 30^m de puissance (fig. 4, couche 5.) Ils contiennent de très nombreuses empreintes de plantes qui ont laissé, en disparaissant, des vides rendant la roche fort légère ; j'y ai vu aussi quelques moules de coquilles d'eau douce (Limnées) ; ils se continuent fort loin vers Capelladès et Pobla de Claramunt, s'abaissant en certain points jusqu'au fond de la vallée et recouvrent indifféremment les roches anciennes ou les couches tertiaires.

M. Vézian a pensé que ce tuf était un facies latéral du limon quaternaire, mais cette opinion ne repose sur aucune preuve tandis que l'on peut voir soit à Capelladès soit à San Miguel del Fay que les sources coulant actuellement ne cessent d'apporter de nouveaux sédiments à côté de ceux plus anciennement déposés.

Un autre lambeau moins important d'un tuf analogue se voit à San Miguel del Fay ; la chapelle même qui porte ce nom, a été édifiée sur le calcaire concrétionné qui recouvre en ce point les couches éocènes.

Au Nord d'Isona, le terrain danien est caché sur une certaine étendue, par des dépôts analogues que l'on peut encore retrouver beaucoup plus loin à l'Ouest auprès de Miranda-de-Ebro.

TERRAINS ÉRUPTIFS

Je n'ai pas l'intention dans ce chapitre, d'étudier les roches en elles-mêmes mais seulement d'indiquer les gisements principaux de chacune d'elles, et l'âge des terrains qu'elles ont traversés ou soulevés.

1° GRANITE

Le granite, pour commencer par les roches anciennes, occupe une vaste surface entre Gerona et Barcelona; les schistes et les gneiss qui constituent les terrains sédimentaires de cette région, sont absolument déchiquetés par les roches éruptives qui les ont traversés et parmi lesquelles le granite ancien tient une large place : on peut le voir surtout entre Mataro et Caldès Destrach, ou bien auprès de Malgrat ; dans cette dernière localité, il traverse des calcaires que je considère comme dévoniens. Le même massif se poursuit au Sud jusqu'auprès de Barcelona, et le Mont Tibidabo situé à l'Ouest de cette ville, montre encore un dyke de granite considérable dans les schistes archéens.

Dans tout le massif du Mont-Seny on peut voir, notamment auprès de Toldera, des filons étroits d'une roche plus récente que M. Michel Lévy a bien voulu étudier et qui est, d'après lui une granulite à amphibole très riche en microcline, très pauvre au contraire en mica; elle contient de l'orthose, de l'oligoclase et du quartz. C'est un bon type de ce que l'on appelle communément pegmatite.

Enfin à quelques kilomètres à l'Ouest de ce dernier point entre Piera, San Bartolomeo et Pobla de Claramunt, les schistes siluriens laissent apparaître un granite très homogène qui forme sur une grande longueur les deux rives de la Noya.

Dans tous les affleurements que je viens de citer, et qui sont à peu près les seuls qui existent dans le Nord de l'Espagne (1), la surface du granite est presque toujours profondément altérée et recouverte par un limon quartzeux, simple produit de la décomposition de la roche. Ce limon se distingue difficilement des dépôts quaternaires; pourtant lorsqu'on ne peut en voir la base, l'absence de tout galet et de tout débris de corps organisés peut servir à le faire reconnaître.

2° PORPHYRES

Cette altération superficielle est encore plus fréquente pour les porphyres qui constituent aussi une grande partie du massif ancien du Mont-Seny. Extrêmement variés, les porphyres se montrent surtout auprès d'Ostalrich et au Mont Tibidabo ; on les voit traverser soit les schistes siluriens et archéens, soit le granite dont l'éruption est ainsi bien certainement antérieure.

Entre Piera et Pobla, les porphyres accompagnent aussi le granite ; mais on peut voir (fig. 1) qu'ils ne se présentent pas dans les mêmes conditions. Au lieu des masses énormes que forme cette dernière roche, les porphyres s'offrent en filons relativement étroits dans les schistes ou le granite.

(1) Il faut seulement y ajouter quelques gisements situés le long de la frontière de France, mais beaucoup plus étendus sur le versant français que sur le versant espagnol.

La même disposition se voit encore au Sud de Castelbisbal ;
en effet, les couches siluriennes sont traversées en ce point
sur 150 mètres de hauteur par un porphyre quartzifère qui
n'occupe pas plus de 5 à 6 mètres de largeur (pl. I, fig. 4).

3° OPHITES

En suivant l'ordre d'apparition, nous arrivons maintenant
à cette roche connue sous le nom d'*ophite* et qui a donné lieu à
de si vives controverses ; appartient-elle à l'époque triasique
ou bien, n'a-t-elle apparu que beaucoup plus tard soit pendant
la période crétacée soit même après le Tertiaire inférieur ? Ces
diverses opinions ont été soutenues (1) en même temps que
d'autres géologues niaient jusqu'à l'origine éruptive de
l'ophite (2).

Sur cette dernière question pourtant, l'accord est bien près
de se faire et le nombre des partisans de l'origine sédimentaire
et métamorphique de l'ophite est maintenant bien restreint ;
aussi je ne crois pas nécessaire de m'arrêter à la discuter
longuement. Sans parler de la structure de la roche qui ne
laisse aucun doute aux minéralogistes (3), il est impossible de

(1) Dufrénoy, Age des Ophites des Pyrénées (*Bul. Soc. Géol. de France*,
1re série, t. II, p. 410, 1831). — Raulin, Sur l'âge des Ophites de Dax (Comptes
rendus, t. LV, p. 669, 1862). — Noguès, Sur les roches amphiboliques des
Pyrénées connues sous ce nom impropre d'Ophites (*Bul. Soc. Géol. de France*,
2e série, t. XXIII, p. 595, 1866). — Mallada, Geologia de la provincia de
Huesca, 1878.

(2) Palassou, Essai sur la minéralogie des Pyrénées, 1781. — Virlet d'Aoust,
Sur l'Ophite (Comptes rendus, t. LVIII, p. 332, 1863). — Garrigou, Ophites des
Pyrénées, leur origine sédimentaire et métamorphique (*Bul. Soc. Géol. de France*,
2e série, t. XXV, p. 724, 1868). — Magnan, Sur une coupe des petites Pyrénées
françaises et sur l'Ophite, roche essentiellement passive (*Bul. Soc. Géol. de
France*, 2e série, t. XXV, p. 709, 1868).

(3) Macpherson, Sobre las rocas eruptivas de la provincia de Cadiz y de su

ne pas conclure de la forme des affleurements dont la base est toujours invisible, que l'on n'a pas affaire à une roche sédimentaire. Quant à l'argument tiré de la présence de blocs calcaires au milieu de l'ophite, je ne puis le comprendre, malgré l'importance que semble lui attribuer M. Garrigou ; je ne vois pas en effet, ce qui peut s'opposer à ce qu'un fragment d'une roche préexistante se trouve englobé par une roche éruptive ; il me semble, au contraire, que c'est là un fait normal et régulier, dont les exemples abondent dans les éruptions de tous les âges.

Mais si la discussion n'est plus guère possible aujourd'hui sur la question que je viens de rappeler, il n'en est pas de même pour celle de l'âge de l'ophite. Plusieurs auteurs ont publié des coupes de la partie française des Pyrénées, où cette roche semble bien avoir soulevé des couches tertiaires (1); d'autre part, des géologues d'une autorité incontestée, affirment avoir trouvé des blocs roulés d'ophite dans les conglomérats du terrain crétacé inférieur (2).

Les faits que j'ai observés en Espagne paraissent venir fortifier l'opinion que les ophites sont d'âge triasique ; pourtant je dois dire que je n'ai pas rencontré de blocs roulés de cette roche dans les conglomérats crétacés (3) et que c'est seule-

---

semejanza con las Ophitas de los Pyreneos (*An. Soc. Esp. Hist. Nat.*, t. V, p. 5. 1876). — Macpherson, Sobre los caracteres petrographicos de la Ophita de las cercanias de Biarritz (*An. Soc. Esp. Hist. Nat.*, t. VI, p. 401, 1877). — Michel Lévy, Note sur quelques Ophites des Pyrénées (*Bul. Soc. Géol. de France*, 3ᵉ série, t. VI, p. 156, 1878).

(1) Dufrénoy (*Bul. Soc. Géol. de France*, 1ᵉ série, t. II, p. 410, 1831). — Le Play, Observ. sur l'Estramadure, etc. (*An. des Mines*, 3ᵉ série, t. VI, p. 477, 1831.) — Noguès, Note sur les roches amphiboliques des Pyrénées, etc. (*Bul. Soc. Géol. de France*, 2ᵉ série, t. XXIII, p. 595, 1866).

(2) Raulin, Sur l'âge des Ophites de Dax (Comptes rendus, t. LV, p. 669, 1862), etc.

(3) M. Mallada en a signalé dans la province de Huesca.

ment dans les poudingues supérieurs du terrain éocène que j'en ai constaté la présence.

L'ophite est rare en Catalogne, et ne se rencontre que vers sa limite occidentale ; je n'en ai visité qu'un seul gisement dans cette province, celui de Gerri. La roche éruptive se montre au village même et est recouverte de tous côtés par une argile rouge, entremêlée de poudingues, que je n'hésite pas à rapporter au terrain triasique à l'exemple de M. de Verneuil.

Dans l'Aragon, les pointements d'ophite sont très abondants depuis la Noguera Pallaresa jusqu'à la Sierra de Guarra ; la plupart ont été figurés sur la carte de la province de Huesca donnée par M. Mallada (1), mais j'en ai pourtant constaté quelques-uns qui doivent encore être ajoutés. Je citerai notamment celui qui se rencontre entre Fons et Alins, puis un second à côté de ce dernier village (fig. 9), et enfin un troisième au Nord de Calasanz (fig. 10); ils offrent ce caractère spécial de ne pas être accompagnés par le Trias mais d'être englobés au contraire par des couches éocènes; le premier affleurement pourtant est recouvert du côté du Sud par des calcaires qui paraissent bien appartenir aux premiers sédiments secondaires (voir fig. 9 et 10). Aussi aurais-je beaucoup hésité à prendre parti dans la question de l'âge de l'ophite si je n'avais vu que ces trois localités ; mais il faut bien admettre en présence des faits observés soit à Gerri, soit dans différents points de l'Aragon, que l'ophite est antérieure aux poudigues éocènes (2) et que le recouvrement partiel de l'ophite par les poudingues provient de ce qu'à cette époque, cette roche formait des ilots dont le sommet seul restait émergé.

(1) Mallada. Geologia de la provincia de Huesca, 1878.

(2) On se souvient que j'ai constaté la présence de blocs roulés d'ophite dans les poudingues éocènes auprès d'Esplugafreda, etc. (Voir ci-dessus p. 201).

Auprès d'El Grado sur la route neuve qui mène à Naval, se voit un pointement d'ophite qui se trouve encore à peu près dans les mêmes conditions; du côté du village il est recouvert par des marnes gypseuses triasiques et du côté opposé, les poudingues éocènes viennent buter contre lui sans être fortement dérangés de leur position horizontale primitive.

L'étude des autres affleurements n'ajouterait aucun fait nouveau à ceux que je viens d'indiquer; aussi je terminerai ici ce paragraphe sur l'ophite en répétant que cette roche me parait être venue au jour à l'époque triasique; les différentes formations que l'on voit s'appuyer sur elle, ont été déposées postérieurement sur des récifs existant de longue date.

Le fait que l'ophite est constamment accompagnée de gypse a été remarqué par tous les observateurs qui ont parlé de cette roche; Dufrénoy surtout a beaucoup insisté sur ce caractère (Voir ci-dessus pages 27 et 29).

En Espagne, le même fait s'observe partout : l'ophite est toujours recouverte d'une sorte de calotte de gypse généralement d'une faible épaisseur, mais qui peut aussi acquérir des proportions assez considérables, et atteindre jusqu'à 300 et 400 mètres de hauteur. Aussi je considère le dépôt gypseux de Balaguer (fig. 25) comme n'étant qu'une dépendance des éruptions ophitiques, bien que la roche principale n'existe pas en ce point (1) : mais l'apparence du gypse éruptif le fait facilement distinguer au premier coup d'œil de celui qui se trouve intercalé au milieu des couches sédimentaires.

Pour être bien certain que les différentes roches que je considérais comme des ophites, appartenaient réellement à cette catégorie, je les ai soumises à M. Michel Lévy qui a confirmé l'opinion que je m'en étais faite. Toutes les ophites que j'ai rapportées se sont montrées d'une très grande uniformité;

____

(1) Elle se montre à une très faible distance, à Nᵃ Señora de Bellpuig.

aussi ne donnerai-je que la composition de l'une d'elles, celle d'Alins, qui d'après ce savant minéralogiste est une ophite à microlithes de labrador très abondants, à grandes plages de pyroxène partiellement transformé en diallage et même en actinote; quelques grains de serpentine; comme productions secondaires, grains de quartz, un peu de calcite et de chlorite; on voit aussi des cristaux anciens de fer oxydulé.

La roche roulée trouvée à la base des poudingues éocènes présente une composition tout à fait semblable.

4° VOLCANS RÉCENTS

Nous arrivons maintenant à l'époque actuelle et aux volcans éteints de la province de Gerona; ils ont depuis longtemps attiré l'attention, puisque dès 1796, Don Francisco Bolos publiait une petite notice, qui faisait connaître leur existence; plus tard, Maclure, de Billy parlèrent aussi des volcans d'Olot qu'un mémoire plus détaillé de Francisco Bolos, publié en 1841, décrivit d'une manière complète. Mais les travaux de Francisco Bolos sont si peu répandus en France que je crois utile de reprendre cette étude; d'ailleurs bien des points intéressants n'ont pas été élucidés. C'est ainsi que l'âge réel de ces volcans n'a pas été démontré; les auteurs que je viens de citer les ont bien rapportés, il est vrai, à l'époque actuelle, mais sans donner de ce fait une preuve certaine; ils s'appuient seulement sur l'existence d'énergiques tremblements de terre en 1427 et en 1428 (1).

Les produits volcaniques occupent un assez vaste espace, commençant à une faible distance au Nord d'Olot pour se continuer jusqu'auprès d'Amer sur une longueur d'environ

(1) Il serait même apparu des flammes auprès des anciens cratères pendant une nuit, suivant une tradition locale rapportée par Bolos.

20 kilomètres du Nord au Sud. A l'Ouest ils ne dépassent pas la vallée de San Estevan dem Bass et du côté opposé s'étendent jusqu'à Gerona; on en trouve même encore quelques lambeaux entre cette ville et la Méditerranée.

Trois cratères se trouvent aux portes mêmes de la ville d'Olot; ils sont dénommés Montolivet, Montsacopa et Garrinada, et sont disposés sur une même ligne de l'Ouest à l'Est, au Nord de la ville, dans l'ordre où je viens de les énumérer.

Si Montolivet n'est pas l'un des mieux conservés parmi les volcans catalans, c'est par contre l'un des plus grands; sa partie occidentale est formée par des grès et poudingues éocènes recouverts seulement par quelques laves poreuses mais toute la partie méridionale et orientale du cratère est entièrement formée par les scories et les laves; du côté d'Olot se trouve le point le plus élevé du volcan formant maintenant une butte à demi séparée des autres portions du cratère; un fort a été bâti en ce point qui est situé à plus de 100 mètres au-dessus du fond. Toute la partie septentrionale ayant disparu, il ne reste actuellement que la moitié des parois, et les dimensions primitives sont difficiles à évaluer.

Montsacopa est celle de toutes les montagnes éruptives de la région, qui présente la forme la plus régulière et la mieux caractérisée. Sa base est parfaitement circulaire, et son apparence générale est celle d'un cône tronqué; son sommet également circulaire, et régulièrement excavé, présente l'aspect d'une coupe peu profonde; en effet les bords du cratère s'effondrent peu à peu dans son intérieur de façon à le combler en partie : le diamètre du cratère est de 120 mètres environ. Toute cette montagne est uniquement constituée par les scories et les cendres, au sommet, et les laves compactes à la base sans qu'il existe, comme dans la plupart des autres volcans de la région, une butte ou une colline de terrains tertiaires préexistants ; c'est ce qui explique sa plus grande régularité.

Le mont de la Garrinada est tellement voisin du précédent que leurs bases se confondent; mais il est loin d'être aussi complet. D'une hauteur d'environ 100 mètres, il n'a conservé que les trois quarts de son cratère, la partie méridionale ayant été enlevée, de façon à laisser voir de la route d'Olot à Castel-follit tout l'intérieur du volcan.

Mais le plus considérable de tous les volcans éteints de la Catalogne est sans contredit celui de Santa Margarida de la Cot; situé à 7 ou 8 kilomètres au S.-S.-E. d'Olot, à peu de distance du chemin qui va de cette ville à Santa Pau, il s'élève à 120 mètres au-dessus des terrains environnants. A l'intérieur, il présente une forme régulièrement elliptique dont le grand diamètre dirigé N.-E. — S.-O., n'a pas moins de 600 mètres de longueur tandis que le fond offre encore plus de 200 mètres (1) Les bords du cratère ne sont point nivelés comme à Montsacopa, mais constituent au contraire une série de petites buttes unies seulement par leurs bases; ce fait tient à la composition même de la montagne dont la moitié occidentale est formée par des grès et des calcaires éocènes, contre lesquels les scories et les cendres sont venues se déposer sans atteindre le sommet de ces petites collines. La partie orientale, uniquement volcanique est beaucoup plus régulière.

Tels sont les quatre montagnes qui ont conservé d'une manière indubitable, l'indice de leur origine, mais il en est plusieurs autres qui paraissent aussi être dues à la même cause tout en ayant des caractères moins nets. Autour de ces cratères et surtout de celui de Santa Margarida, se sont déposées des masses énormes de cendres et de débris de laves

(1) Ces chiffres diffèrent beaucoup de ceux qu'a indiqués D. Francisco Bolos et que j'ai rapportés dans l'historique (Voir ci-dessus p. 29).

spongieuses; on en remarque surtout du côté de Santa Pau où des tranchées profondes permettent de constater leur épaisseur; on peut y voir ces débris projetés par les éruptions successives, présenter une sorte de stratification, par suite de la différence dans leur nature et leur volume; certaines zones renferment de nombreux petits fragments de pierre ponce.

Indépendamment de ces dépôts qui s'étendent sur une grande partie de la région, on trouve un certain nombre de coulées de lave; la vallée de las Presas en est recouverte en grande partie, et c'est probablement Santa Margarida qui a été le point de départ de ces roches. D'autres amas de laves compactes se trouvent au Sud de Montolivet, et dans tout l'espace compris entre les trois volcans d'Olot et la rivière de Riudaura; mais la plus belle coulée est sans contredit celle qui, partant de la Garrinada, vient se terminer au village de Castelfollit (1), où elle forme une colonnade prismatique d'une admirable régularité. L'épaisseur de la lave sous l'église de Castelfollit n'est pas moindre de 50 mètres, et l'on peut y distinguer jusqu'a cinq rangées superposées de prismes assez bien constitués pour pouvoir être employés comme bornes le long des routes sans subir le moindre travail.

A Castelfollit déjà, les laves reposent sur le quaternaire (*capa de antigua inundacion* de Francisco Bolos), mais pour voir cette superposition avec plus de netteté, il faut se rendre dans la vallée de San Feliu et d'Amer. Une coulée suit, en effet, la rivière pendant plus de six kilomètres et s'arrête seulement à une faible distance avant ce dernier village; la lave recouvre le plus souvent les terrains éocènes, mais un peu au delà de las Planas, elle repose sur un lambeau de quaternaire caillouteux qui a été noirci au contact de la matière volcanique tandis que les galets de calcaire ont été transformés en chaux

(1) De Billy en a donné une figure (*Annales des Mines*, 2ᵉ série, t. IV, p. 181, 1828).

(pl. I fig. 7). Cet exemple est, je crois suffisant pour fixer d'une manière certaine l'âge des éruptions en Catalogne.

Un peu plus loin dans la même vallée, se montre une colonnade semblable à celle de Castelfollit ; le torrent ayant attaqué la coulée fort épaisse en ce point, celle-ci se voit à pic sur 6 à 7 mètres et présente une série de prismes alignés ; mais le phénomène est moins remarquable ici que dans la première localité que j'ai citée.

Quant aux points marqués comme volcaniques entre Gerona et la mer par de Verneuil, je ne sais s'ils doivent être admis ; j'ai bien vu, en différents endroits, comme à Ciurana par exemple, des fragments de lave en assez grande abondance, mais ils pourraient avoir été apportés par les cours d'eau à une époque récente et n'indiqueraient pas alors la prolongation aussi considérable vers l'Est des déjections volcaniques.

Plusieurs échantillons de ces laves, examinés au microscope par M. Michel Lévy, se sont montrés très uniformes ; ils ne différaient entre eux, que par la plus ou moins grande proportion de matière vitreuse qu'ils contenaient, par suite de leur refroidissement plus ou moins brusque.

Ce sont des basaltes comprenant comme minéraux de première consolidation, le péridot, le pyroxène et le fer oxydulé ; et parmi les cristaux de la deuxième phase, des microlithes de labrador, de fer oxydulé, et de pyroxène, ainsi que quelques grands cristaux d'anorthite.

APPENDICE PALÉONTOLOGIQUE

§ I. — Observations sur quelques espèces anciennes.

I. *Leiopedina Thallavignesi*, Cotteau. (Pl. VII, fig. 3.)
Localité : Artés (Catalogne.)
Gisement : Marnes à *Serpula spirulæa*.

J'ai fait figurer cet Oursin à cause de l'intérêt que présente un échantillon bien conservé d'une espèce peu commune ; il est cependant un peu déformé dans la partie qui est située à droite sur le dessin.

M. Cotteau l'avait indiqué (Echinides fossiles des Pyrénées, 1863), comme se trouvant dans le terrain néocomien de la Clape, mais ce gisement n'est certainement pas exact ; l'erreur qui était le fait des correspondants du célèbre paléontologiste, ne fait plus de doute, aujourd'hui que cette espèce a été retrouvée aussi bien en Italie (Lonigo) qu'en Espagne, dans des couches assez élevées de l'Eocène.

II. *Porocidaris serrata*, Desor. (Pl. VII, fig. 4).
Localité : Palau près Tremp (Catalogne).
Gisement : Calcaire à *Alvéolines*.

Même observation que pour l'espèce précédente : l'échantillon que je figure ici, montre si bien les caractères du genre *Porocidaris*, assez rare en général que je l'ai représenté, quoiqu'il ne s'agisse que d'un fragment très incomplet. Si le test ne se rencontre pas fréquemment, il n'en est pas de même des radioles qu'on lui rapporte et qui se trouvent à divers niveaux ; il est probable que ceux qui proviennent de la partie supérieure de l'Éocène ne lui appartiennent pas en réalité.

III. *Salmacis Van den Eckei*, Ag. (Pl. VII, fig. 5).

Localité : San Fructuoso de Bagès (Catalogne).

Gisement : Couches à *Velates Schmidelliana* de grande taille.

M. Cotteau, m'a engagé à faire figurer cet échantillon de *Salmacis* dont la conservation est suffisante pour bien montrer les caractères.

Le type de cette espèce provient de la Palarea (Font de Jarrier) ; elle a été décrite et figurée par Sismonda d'après un très mauvais échantillon (1).

IV. *Micraster Heberti*, de Lacv. (2).

Localité : Murguia (Alava).

Gisement : Marnes sénoniennes inférieures.

Plusieurs géologues se refusent à admettre cette espèce et la confondent avec le *Micraster brevis*, mais si la figure donnée par l'auteur est assez médiocre et permet difficilement de la reconnaitre, l'espèce n'en est pas moins très bonne et l'une des plus nettes du genre.

V. *Ostrea multicostata*, Desh.

---

(1) Sismonda, *in* Bellardi, *Catalogue raisonné des fossiles nummulitiques du comté de Nice* (*Mém. Soc. Géol. de France*, 2e série, t. IV, 1851).

(2) De Lacvivier. Sur un *Micraster* nouveau (*Micraster Heberti*) (*Bul. Soc. Géol. de France*, 3e série, t. V, p. 537, 1877).

Syn. *Ostrea stricticostata*, Raulin .

Localité : Figols de Tremp, San Estevan den Mal, Roda, etc .

Gisement : Marnes à Turritelles (éocène inférieur).

On a vu combien les espèces communes entre le Tertiaire espagnol et l'Eocène du bassin de Paris étaient rares, malgré l'opinion contraire de quelques auteurs (1). Mais celle-ci n'est pas douteuse ; ni l'une ni l'autre des valves ne se distingue de celles des sables de Cuise ; aussi la dénomination d'*Ostrea stricticostata*, donnée par M. Raulin aux huitres des Corbières, doit-elle être rejetée.

VI. *Ostrea uncifera,* Leym. (*Bul. Soc. Géol. de France*, 2ᵉ série, t. X, p. 523, 1853).

Localités : Figols de Tremp, Puente de Montañana, etc.

Gisement : Calcaire à *Alvéolines* (partie supérieure).

Bien que cette espèce ait été dénommée par Leymerie, sans figures et avec une description peu détaillée, je crois pouvoir lui rapporter avec certitude quelques échantillons espagnols. J'ai pu en effet les comparer aux huitres provenant des localités où Leymerie a pris son type, et il n'existe aucune différence.

VII. *Melania Albigensis*, Noulet.

Localités : Calaf, Cardona.

Gisement : Poudingues supérieurs éocènes.

La *Melania albigensis*, Noulet, est une espèce miocène ; aussi pourrait-on trouver étrange la place que j'accorde dans l'Éocène, aux couches qui la renferment en Espagne. Mais j'ai démontré que cette Mélanie se rencontre dans des assises inférieures à celles du Mont-Serrat dont la faune est franchement éocène ; de plus, ce groupe de Mélanies existe dans des terrains plus anciens que ceux des environs d'Albi sans que la distinc-

(1) Mallada, Geologia de la provincia de Huesca, 1878.

tion des différentes espèces soit facile, je dirais volontiers, sans qu'elle soit possible. Il me suffira de citer la *Melania aquitanica*, Mayer, et la *Melania Escheri,* Merian ; même dans le tertiaire inférieur de Paris, il existe certaines variétés qui se rapprochent singulièrement de celles du Miocène.

VIII. *Cerithium cinctum*, Brug. (Pl. IV, fig. 19).

Localité : Soler.

Gisement : Marnes à Cérithes.

Cet échantillon, autant que je puis en juger dans son état imparfait de conservation, paraît bien appartenir à l'espèce du calcaire grossier de Paris; toutefois les trois rangs de granulations sont un peu moins gros et séparés par un intervalle un peu plus considérable.

§ 2. — ESPÈCES NOUVELLES.

I. *Ostrea Medianensis*, L. Carez (Pl. V et VI et pl. VIII, fig. 1).

Localité : Medianos.

Gisement : Marnes à *Nummulites complanata* et *Macropneustes*.

Longueur : 15 cent.

Largeur : 11 cent.

Ostrea testâ maximâ, crassissimâ, latâ, lamellis irregularibus, tenuibus et numerosis, et costis longitudinalibus ornatâ; rostro maximo, fere medium partem testæ æquante tranversim tenue striato; cicatricula musculari oblongâ; valvâ sinistrâ vix convexâ, valvâ dextrâ planâ.

Huître de très grande taille, très épaisse, large ; crochet énorme occupant près de la moitié de la longueur totale :

expansions latérales très développées; empreinte musculaire oblongue; surface extérieure ornée de lamelles d'accroissement irrégulières, fines et très nombreuses, et de quelques grosses côtes longitudinales peu marquées; surface ligamentaire très développée, profondément excavée au milieu, régulièrement striée en travers; valve droite peu convexe, valve gauche plane.

Cette huitre qui représente dans l'Éocène l'*Ostrea crassissima* du tertiaire supérieur est bien remarquable par l'accroissement prodigieux du crochet; la partie de la coquille destinée à loger l'animal était d'une exiguité extrême par rapport au volume total de celle-ci.

Quelques échantillons au lieu d'être droits comme ceux que j'ai fait figurer, contournent leur crochet d'une manière complète, mais c'est un cas exceptionnel.

II. *Mytilus Almeræ*, L. Carez (Pl. IV, fig. 24; Pl. VII, fig. 2).

Localité : Caldès.

Gisement : Calcaire à *Velates* (n° 2 de la coupe).

Longueur : 75 millim.

Largeur : 40 millim.

Mytilus testâ magnâ, elongatâ, arcuatâ, apice acuminatâ, costis longitudinalibus ter bifurcatis ornatâ; intervallis latis, transversim striatis.

Grande et belle espèce, allongée contournée, couverte de côtes longitudinales, grosses, carrées, trois fois bifurquées, séparées par des intervalles égaux à la côte elle-même; stries transverses entre les côtes; arrêts d'accroissement au nombre de trois; charnière et surface internes inconnues.

Je ne connais aucune espèce éocène qui se rapproche de celle-ci, à l'exception du *Mytilus Dutemplei*, Desh., du tertiaire inférieur de Paris (lignites du Soissonnais), mais la forme est beaucoup plus arquée dans *Mytilus Almerœ*, en même temps que les côtes sont carrées au lieu d'être arrondies comme dans le *Mytilus Dutemplei.*

III. *Plicatula pamplonensis*, L. Carez (Pl. VIII, fig. 2 à 5).
Localité : Pamplona.
Gisement : Marnes à *Serpula spirulœa.*
Longueur : 13 millim.
Largeur : 10 millim.

Plicatula testâ parvâ, oblongâ, œquilaterali aut in virgulam contortâ; valvâ sinistrâ planâ; valvâ dextrâ convexâ; extus lamellis crenulatis ornatâ, longitudinaliter tenuissime striatâ; intus corneâ longitudinaliter quoque striatâ; cicatricula musculari maximâ, obrundâ; cardine duobus dentibus longissimis formato.

Plicatule de petite taille, équilatérale ou contournée en virgule; valve gauche aplatie, valve droite renflée; surface externe ornée par des lamelles d'accroissement saillantes et espacées, légèrement plissées et crénelées au bord; stries rayonnantes très fines et peu visibles dans l'intervalle des lamelles; surface interne cornée également marquée de stries rayonnantes extrêmement fines dans l'épaisseur du test; empreinte musculaire, grande, obronde, peu visible; fortes stries transversales sur les bords cardinaux internes; charnière formée de deux dents presque égales, fort longues, séparées par une dépression profonde.

Cette petite espèce très abondante se rapproche de certaines espèces de Biarritz et de Bos d'Arros par sa charnière, mais elle en diffère par sa forme générale beaucoup plus allongée et surtout par sa surface externe; en effet, l'espèce de Biarritz est régulièrement et profondément striée, tandis que la *P. Pamplonensis* est surtout ornée par des lamelles transverses fortement saillantes, les stries longitudinales n'occupant plus qu'un rang tout à fait secondaire.

IV. *Spondylus caldesensis*, L. Carez (Pl. IV, fig. 22 et Pl. VII, fig. 1).

Localité : Caldès.

Gisement : Calcaire à *Velates* (n° 2 de la coupe).

Longueur : 70 millim.

Largeur : 66 millim.

Spondylus testá maximá globulosá, numerosissimis tenuissimisque costulis ornatá; costulis indutis squamis imbricatis; valvá dextrá ferens decem aut duodecim costas magnas, cum spinis maxime prominentibus; auriculis parvis subæqualibus; cardine incognito.

Spondyle de grande taille, très globuleux, orné d'une infinité de côtes fines couvertes d'écailles imbriquées en forme d'accent circonflexe; la valve droite présente en outre dix à douze grosses côtes irrégulièrement placées portant de fortes épines très saillantes et contournées de même en accent circonflexe ; oreillettes petites, subégales : charnière inconnue.

Aucune espèce ne peut être confondue avec celle-ci ; seul le *Spondylus cisalpinus*, Alex. Brongniart, aurait quelques rapports, mais ils sont fort éloignés.

V. *Turritella figolina*, L. Carez (Pl. IV, fig. 5 à 7).

Localités : Figols de Tremp (Catalogne) ; San Estevan den Mal (Aragon).

Gisement : Marnes à Turritelles (Éocène inférieur).

Turritella testá angustá, elongatá, anfractibus fere planis aut vix concavis, suturá profundá canaliculatá junctis; cariná maximá duplici juxta suturam antice ornatis; liris tenuibus granulosis, inæqualibus, in toto anfractu; margine dextro concavo in mediá parte anfractús, antice sub cariná prominente.

Turritelle étroite, allongée, tours presque plans ou à peine concaves réunis par une suture profonde et canaliculée; chaque tour porte une très forte carène double, sur la partie antérieure contre la suture, et des côtes fines granuleuses, irrégulières, assez nombreuses sur toute la surface du tour ; stries d'accroissement assez visibles, très rapprochées. Bord droit concave au milieu du tour, proéminent sous la carène (d'après les stries d'accroissement).

Cette espèce accompagne la *Turritella trempina* dans ses divers gisements tout en restant beaucoup plus rare.

VI. *Turritella trempina*, L. Carez (Pl. IV, fig. 8 à 12).

An eadem species : *T. ataciana*, d'Orb., 1847 (Prodrome).

Localité : Figols de Tremp, San Estevan den Mal.

Gisement : Marnes à Turritelles.

Turritella testâ elongatâ, angustissimâ; anfractibus numerosis, seu fere planis (testâ regulariter conicâ), seu maxime imbricatis; suturâ canaliculata, seu parum profunda, seu maxime excavata, liris septem vix granulosis, primâ maxima quasi carinam formante; in intervallis, liris tenuissimis numerosis; margine dextro concavo in mediâ parte anfractus.

Turritelle étroite, allongée, s'élargissant avec une extrême lenteur, composée de tours nombreux, tantôt presque plans et et donnant à la coquille une forme régulièrement conique, tantôt au contraire fortement imbriqués ; suture canaliculée peu profonde dans le premier cas, très profonde dans le second. Chaque tour est orné de sept côtes un peu granuleuses, dont la première, beaucoup plus forte que les autres, forme une carène plus ou moins prononcée ; des côtes d'une extrême finesse se voient entre les côtes principales. Ouverture inconnue, bord droit (d'après les stries d'accroissement), concave au milieu du tour.

Cette espèce a probablement été confondue par la plupart des auteurs, soit avec la *Turritella carinifera*, Desh. ; soit avec la *Turritella imbricataria*, Lk. ; car je crois qu'elle existe en abondance dans le Midi de la France et peut-être en Italie.

Elle a bien, il est vrai· quelques rapports avec la *Turritella imbricataria*, mais elle s'en distingue pourtant avec la plus grande facilité par sa forme beaucoup plus étroite.

Peut-être aussi est-ce cette espèce qui a été dénommée par d'Orbigny dans le Prodrome, *Turritella ataciana ;* mais en l'absence de toute figure et d'une description suffisante, je ne puis lui conserver ce nom d'autant plus que d'Orbigny cite son espèce à Font-de-Jarrier (Nice), où celle-ci ne se rencontre pas.

La *Turritella trempina* caractérise par son abondance la couche que j'ai nommée Marne à Turritelles.

VII. *Turritella savasiensis*, L. Carez (Pl. IV, fig. 1 à 4).
Localité : Savas.
Gisement : Marnes à *Serpula spirulæa*.

Turritella testâ elongata, basi angustâ ; anfractibus lente crescentibus, maxime concavis, sutura profundissima canaliculata junctis, bicarinatis, numerossissimis tenuissimisque liris transversim ornatis ; duabus liris maximis, unâ antice positâ, alterâ fere in media parte anfractûs ; basi quoque iisdem liris ornatâ ; aperturâ fere quadrangulari ; columellâ concavâ ; margine dextro, sinuoso, concavo.

Turritelle allongée, étroite à la base ; tours à accroissement lent, fortement concaves, réunis par une suture très profonde et canaliculée ; chaque tour porte deux très fortes carènes situées auprès de ses bords antérieur et postérieur ; très nombreuses côtes transverses très fines ; le plus souvent entre les deux carènes existe une côte plus forte située auprès de la carène antérieure, et une autre entre la carène antérieure et la suture ; base du dernier tour également couverte de côtes très fines ; ouverture presque quadrangulaire, columelle concave, bord droit sinueux, concave (d'après les stries d'accroissement).

Cette espèce très remarquable est d'une extrême abondance dans les marnes de Savas (Aragon), où elle constitue un véritable banc à la base des marnes bleues à *Serpula spirulœa*. Ses deux carènes, séparées par une profonde dépression la rendent très facilement reconnaissable.

VIII. *Turritella rodensis*, L. Carez (Pl. IV, fig. 13, 14).

An eadem species : *T. subsulcifera*, d'Arch. ? in *Bul. Soc. Géol. de France*, 2ᵉ série t. XVI, p. 783, 1859.

Localités : San Estevan den Mal, Roda.

Gisement : Marne à Turritelles.

Turritella testâ elongatâ, angustâ, anfractibus convexis, octo liris œqualibus apice acutis ornatis, sutura lineari junctis ; margine dextro concavo.

Turritelle étroite, allongée, formée de tours convexes, ornés de huit fortes côtes aiguës, sensiblement égales entre elles ; suture linéaire superficielle accompagnée postérieurement d'un sillon lisse ; bord droit sinueux concave.

Cette espèce se rapproche du *Turritella sulcifera*, Lk, du bassin de Paris et le nom de *subsulcifera* lui conviendrait parfaitement ; est-ce elle que d'Archiac a baptisée ainsi dans son étude des fossiles de l'Ariège ? Par suite de l'absence de description et de figure, il est impossible de faire à cet égard autre chose que des suppositions. La *Turritella Rodensis* paraît être dans l'Éocène inférieur le précurseur de *T. sulcifera* dont elle diffère par l'ornementation et par l'allongement beaucoup plus considérable ; cette espèce, comme toutes celles du même niveau est étroite et se différencie facilement par ce seul caractère de toutes celles des niveaux plus élevées de l'Éocène.

IX. *Natica rodensis*, L. Carez (Pl. IV, fig. 23).

Localité : San Estevan den Mal (Aragon).

Gisement : Marnes à Turritelles.

Natica testâ elongatâ, regulariter conicâ, crassâ, anfractibus sextis, lente crescentibus, suturâ simplici junctis, lævigatis; ultimô spiram æquante, basi perforato, aperturâ obliquâ semilunulari; columella crassâ, supra umbilicum paulo eversâ; margine dextro simplici, tenui.

Natice allongée, régulièrement conique, composée de six tours à accroissement lent; suture simple presque superficielle; surface des tours peu convexe, extrêmement lisse; le dernier tour occupant la moitié de la longueur totale; ombilic étroit et profond; ouverture moyenne semilunaire; plan de l'ouverture assez foitement incliné en arrière, le bord gauche se renversant un peu au-dessus de l'ombilic; columelle épaisse, bord droit simple, mince.

X. *Cerithium solerense,* L. Carez (Pl. IV, fig. 15).
Localité : Soler (Aragon).
Gisement : Marnes à Cérithes.

Cerithium testâ elongatâ, angustâ, acuminatâ; anfractibus numerosis, planis, suturâ canaliculatâ junctis, quatuor liris granulorum tenuium ornatis, tertiâ lirâ minimâ.

Cérithe allongé, étroit, composé de tours nombreux, plans réunis par une suture canaliculée; chaque tour offre quatre rangées de granulations fines et élégantes; la troisième est beaucoup plus fine que les autres sensiblemeut égales entre elles.

Cette espèce a été probablement confondue avec le *Cerithium cinctum,* Brug. (*Cerith. cinctum,* Lk, in Deshayes, Description des coquilles fossiles des environs de Paris, t. II, p. 388); elle s'en distingue facilement par l'existence d'une quatrième rangée de granulations, tandis que le *Cerithium cinctum* n'en a jamais plus de trois, sans présenter même d'indice de la quatrième. Le *Cerithium Solerense* se rencontre dans ces couches que j'ai nommées Marnes à Cérithes à cause du grand nombre d'espèces de ce genre qu'elles renferment.

XI. *Cerithium aragonense*, L. Carez (Pl., IV, fig. 20).
Localité : Benavente.
Gisement : Marnes à *Nummulites spira.*

Cerithium testâ elongatâ angustâ, anfractibus numerosis planis, suturâ canaliculatâ junctis, quatuor cingulis inæqualibus et inæquidistantibus ornatis; primâ cingulâ granulosâ, maximâ, secundâ et tertiâ granulosis quoque, secundâ tenuissimâ; quartâ lævigatâ.

Cérithe étroit, allongé, formé de tours nombreux, plans réunis par une suture canaliculée ; chaque tour offre quatre côtes inégales et irrégulièrement distantes; les trois premières sont granuleuses, la quatrième seule est lisse ; la première et la quatrième sont les plus fortes, la deuxième est la plus fine.

Ce Cérithe se rencontre auprès de Benavente dans l'Aragon, avec la *Nummulites spira.*

L'échantillon figuré est un peu aplati, ce qui le fait paraître plus large qu'il n'est en réalité.

XII. *Cerithium rodense*, L. Carez (Pl. IV, fig. 16).
Localité : Soler.
Gisement : Marnes à Cérithes.

Cerithium testâ elongatâ, angustissima; anfractibus numerosis, suturâ canaliculatâ junctis, quatuor liris granulorum regularium ornatis; quartâ lirâ maximâ; costis longitudinalibus obsoletis.

Cérithe allongé très étroit, formé de tours nombreux réunis par une suture canaliculée ; orné de quatre rangées de granulations régulièrement espacées ; les trois premières sont égales entre elles, la quatrième beaucoup plus forte; côtes longitudinales un peu marquées.

XIII. *Cerithium Almerœ*, L. Carez (Pl. IV, fig. 17).

Localité : Soler.

Gisement : Marnes à Cérithes.

Cerithium testá curtá, basi latá; anfractibus paucis, tribus liris granulorum rotundorum maxime prominentibus ornatis; costis crassis longitudinalibus.

Cérithe court, s'élargissant très rapidement, formé de tours peu nombreux, orné de trois rangées de granulations arrondies très fortes et très saillantes, se touchant presque dans le sens de la longueur de la coquille, largement espacées au contraire dans le sens transversal. Les granulations ainsi alignées forment une sorte de côte longitudinale épaisse qui ne se continue pas d'un tour à l'autre.

XIV. *Cerithium Malladœ*, L. Carez (Pl. IV, fig. 18 et 21).

Localité : Soler.

Gisement : Marne à Cérithes.

Cerithium testá elongatá ; anfractibus paucis suturá profundá junctis, ornatis anticè tribus liris tenuibus vix granulosis et posticè lirá granulorum spinosorum ; costis longitudinalibus obsoletis.

Cérithe allongé, composé de tours peu nombreux réunis par une suture profonde et ornés en avant de trois côtes fines un peu anguleuses et en arrière d'une rangée de granulations épineuses ; des côtes longitudinales ont une tendance à se montrer.

La figure 18 représente une variété courte qui se rapproche du *Cerithium Almerœ* (fig. 17) ; pourtant, les granulations restent épineuses et ne se dessinent nettement que sur la rangée postérieure : ce qui me décide à séparer les deux espèces.

EXPLICATION DE LA CARTE. (Pl. II et III).

———

La carte géologique que je place à la fin de ce travail n'est qu'une esquisse encore bien imparfaite, mais constituant néanmoins un grand progrès sur celles qui ont été publiées jusqu'à ce jour.

Topographie. — Les difficultés d'exécution étaient grandes, par suite de l'absence d'une bonne carte topographique : celle du colonel Coëllo est, en effet, tellement fantaisiste et rend si peu compte du relief véritable du sol, qu'il est impossible de délimiter les terrains sur un pareil cadre avec quelque certitude et d'une manière tant soit peu exacte.

Aussi aurais-je renoncé à donner une représentation graphique de l'étendue des terrains, si je n'avais eu à ma disposition la carte relevée par Capitaine et publiée par le dépôt de la guerre de France ; malgré quelques erreurs, l'œuvre de Capitaine m'a permis de dresser la carte des Pyrénées espagnoles que je donne ci-dessous et dont l'exactitude est suffisante.

L'exiguité du format m'a contraint de séparer en deux parties la chaîne des Pyrénées tout en choisissant une échelle fort petite, moitié de celle qu'avait employé l'auteur français $\left(\frac{1}{691,200}\right)$; mais l'inconvénient qui en résulte est moins grand qu'il ne serait dans beaucoup d'autres pays, à cause de l'énorme épaisseur qu'atteignent la plupart des assises dans le

Nord de l'Espagne. J'ai dû pourtant dans certains cas omettre des détails intéressants et ne pas marquer par exemple un grand nombre de pointements d'ophite de la province de Huesca.

Les montagnes et les cours d'eau sont figurés avec autant d'exactitude que le permettent les renseignements vagues que l'on possède sur le versant espagnol des Pyrénées ; on sait en effet qu'aucun nivellement précis n'a été exécuté dans cette région à l'exception de quelques études de chemins de fer, et presque tout ce qui est connu du relief du sol provient de relevés barométriques plus ou moins exacts (1). Quant aux villes et villages, je n'en ai marqué qu'un petit nombre afin de rendre la carte plus claire ; les localitées citées dans mon travail sont à fort peu d'exceptions près, les seules qui figurent sur la carte.

Tracés géologiques. — Les tracés géologiques ont été faits avec le plus de précision possible ; dans bien des cas j'ai laissé en blanc certaines portions de territoire plutôt que de leur donner une teinte qui ne serait peut-être pas l'expression de la réalité des faits ; aussi les limites d'un terrain ne doivent-elles être considérées comme véritables que dans le cas où un autre terrain vient se placer immédiatement à côté. Tous les contours ont été faits d'après mes propres observations, sauf de très rares points pour lesquels les travaux antérieurs indiquaient avec assez de précision la composition du sol.

Les failles les plus importantes sont marquées par un fort trait, sans que je me sois attaché comme on a l'habitude de le faire, à les tracer en ligne droite ; les failles n'ont pas une allure aussi régulière.

Légende. — Je n'ai pas besoin d'indiquer de nouveau la classification que j'ai adoptée pour la carte puisqu'elle n'est

<hr>

(1) Les principaux se trouvent dans l'Annuaire du Club Alpin français et dans les Memorias del Instituto geographico y estadistico.

autre que celle suivie dans tout le travail, mais je dois ajouter quelques remarques de détail.

Je fais, pour les roches éruptives, trois divisions : l'une comprend les laves récentes et tous les produits volcaniques datant de l'époque actuelle ; une autre renferme les ophites, en comprenant sous ce nom toutes les roches vertes qui ont apparu à l'époque secondaire et en y joignant de vastes amas de gypse qui n'en sont qu'une dépendance ; la troisième couleur, enfin, indique toutes les roches éruptives anciennes, granites, porphyres, etc. ; j'ai même dû y joindre les gneiss trop peu importants et trop unis au granite pour que l'échelle de la carte permît de les distinguer.

C'est pour la même raison que j'ai confondu l'Archéen et le Silurien sous une même teinte bleu-foncé réservant un bleu clair pour le Dévonien. Le Carbonifère et le Trias ont chacun une couleur qui leur est propre, mais le terrain jurassique ne forme qu'un seul ensemble : on se rappelle qu'il n'est représenté que par des lambeaux insignifiants.

Le terrain crétacé a été divisé en cinq étages représentés par autant de teintes : Néocomien, Cénomanien, Turonien, Sénonien, Danien. Pour me conformer autant que possible aux usages reçus, j'ai employé pour les quatre premiers de ces étages, différentes nuances de vert, couleur que l'on s'accorde à prendre de préférence pour représenter le terrain crétacé. Quant au Danien, si je lui ai donné une teinte brune, ce n'est en aucune façon pour le rapprocher du Tertiaire, mais par un simple motif d'exécution, cinq nuances vertes bien distinctes étant difficiles à obtenir.

Le terrain tertiaire est représenté par sept couleurs : trois pour l'Éocène, trois pour le Miocène et une pour le Pliocène. On a vu comment l'Éocène se divisait nettement en trois sousétages distincts aussi bien par leur faune que par leur étendue géographique et par leur position plus ou moins voisine de l'horizontale ; le premier de ces ensembles très complexe, s'étend depuis la base du tertiaire jusqu'aux calcaires à *Schizaster* ; le second ne comprend que les marnes à *Serpula spirulæa* et le troisième enfin est formé par l'énorme masse des poudingues.

Trois couleurs aussi représentent le Miocène : l'une est pour les couches à *Clypéastres* et à *Ostrea crassissima*, c'est-à-dire pour le Miocène moyen marin ; la deuxième indique les conglomérats et marnes à *Helix Larteti*, et la troisième enfin marque les affleurements de Miocène supérieur, tant marin que lacustre.

Le Pliocène n'a qu'une seule teinte.

Quant au terrain quaternaire, bien qu'il soit comme je l'ai dit très développé dans le Nord de la Péninsule, je ne l'ai pas représenté sur la carte, parce que sa distribution n'a qu'un assez faible intérêt et que la représentation exacte des très nombreux dépôts de cet âge nécessiterait une carte beaucoup plus détaillée.

Comparaisons. — Je ne veux pas indiquer ici toutes les différences qui existent entre mes cartes et celles qui ont été antérieurement publiées, soit sur toute l'Espagne, soit sur une partie des Pyrénées. Dues à Amalio Maëstre, Schulz, de Verneuil et Collomb, M. Vézian, M. Mallada, M. de Botella, ces différentes cartes n'ont donné que des aperçus généraux, sans indiquer d'une manière exacte les limites des formations, et sans donner un nombre suffisant de subdivisions.

J'en séparerai pourtant l'étude de M. Mallada, dont la précision est très remarquable ; mais cet auteur a cru devoir adopter pour l'Éocène des subdivisions que je considère comme défectueuses ; en effet, la distinction en Éocène marin et Éocène lacustre, difficilement acceptable déjà pour la province même de Huesca, n'a plus aucune valeur dans les régions voisines. Aussi, M. de Botella qui l'a admise d'après les conseils de M. Mallada, est-il amené à placer les poudingues supérieurs dans l'une ou l'autre de ces subdivisions suivant qu'ils contiennent ou non des bancs lacustres accidentels ; j'ai indiqué plus haut la classification que je propose de substituer à celle-là, et qui a l'avantage d'être d'une application beaucoup plus générale.

Vu et approuvé :

Paris, le 1er juin 1881.

LE DOYEN DE LA FACULTÉ DES SCIENCES,

MILNE-EDWARDS.

Vu et permis d'imprimer :

Paris, le 2 juin 1881.

LE VICE-RECTEUR DE L'ACADÉMIE DE PARIS,

GRÉARD.

F. Aureau. — Imprimerie de Lagny.

SECONDE THÈSE

PROPOSITIONS DONNÉES PAR LA FACULTÉ

Zoologie. — 1° Système nerveux central des Vertébrés ;

2° Caractères des Marsupiaux.

Botanique. — 1° Structure et développement de la racine ;

2° Caractères des Ombellifères.

Vu et approuvé :

Paris, le 1er juin 1881.

LE DOYEN DE LA FACULTÉ DES SCIENCES,

MILNE-EDWARDS.

Vu et permis d'imprimer :

Paris, le 1er juin 1881.

LE VICE-RECTEUR DE L'ACADÉMIE DE PARIS.

GRÉARD.

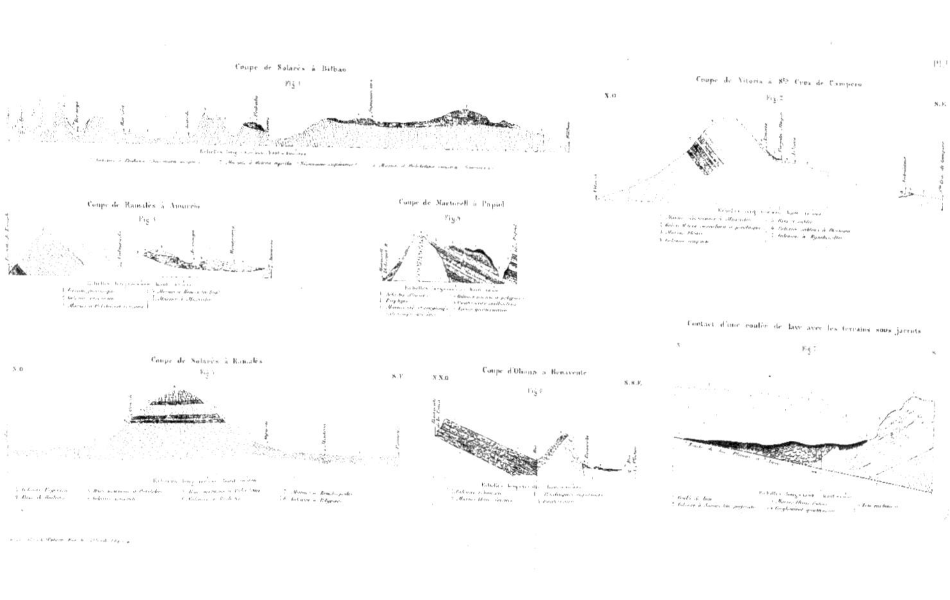

Coupe de Solarès à Bilbao
Fig 1
Coupe de Ramales à Ampuero
Fig 4
Coupe de Solarès à Ramales
Coupe de Martorell à Papiol
Coupe d'Ulsona à Benavente
Coupe de Vitoria à Sta Cruz de Campezo
Fig 2
Contact d'une coulée de lave avec les terrains sous-jacents

CARTE GÉOLOGIQUE DES PYRÉNÉES ESPAGNOLES (PARTIE OCCIDENTALE)
par L. Carez.
Pl. II
Golfe de Gascogne
SANTANDER
BAYONNE
BILBAO
SANTAND
PAMPLONA
NAVARRE
Miranda de Ebro
Estella
Sanguesa
Echelle

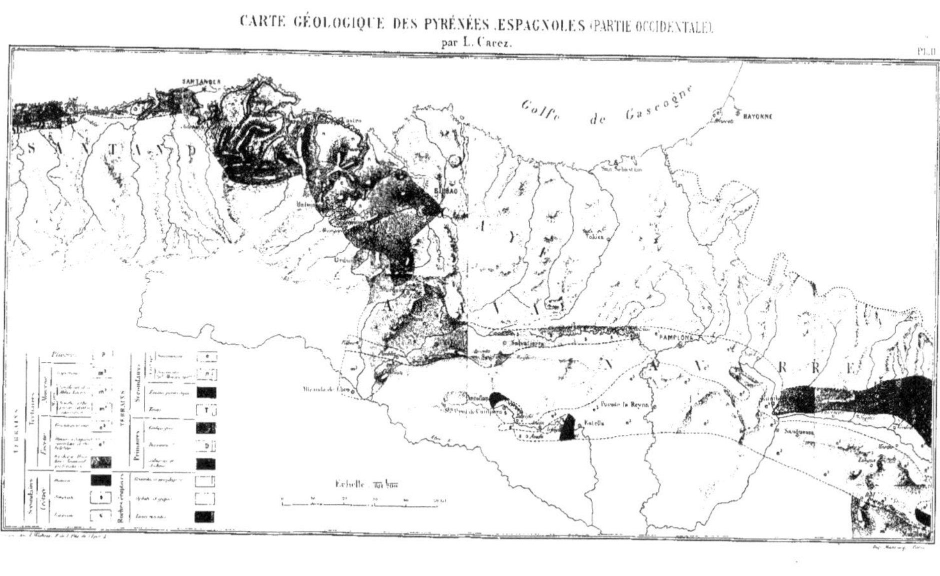

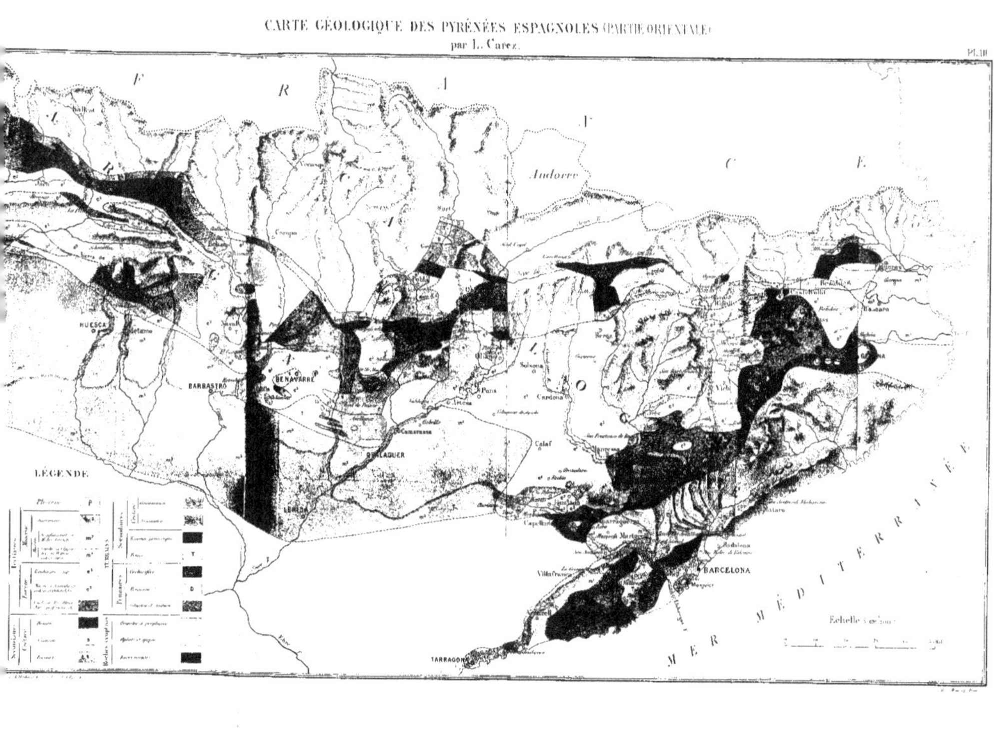
CARTE GÉOLOGIQUE DES PYRÉNÉES ESPAGNOLES (PARTIE ORIENTALE)
par L. Carez.
Andorre
LÉGENDE
HUESCA
BARBASTRO
BENAVARRE
BALAGUER
LERIDA
CALAF
CARDONA
VICH
BARCELONA
VILLAFRANCA
TARRAGONA
MER MÉDITERRANÉE
Echelle

Pl. IV.

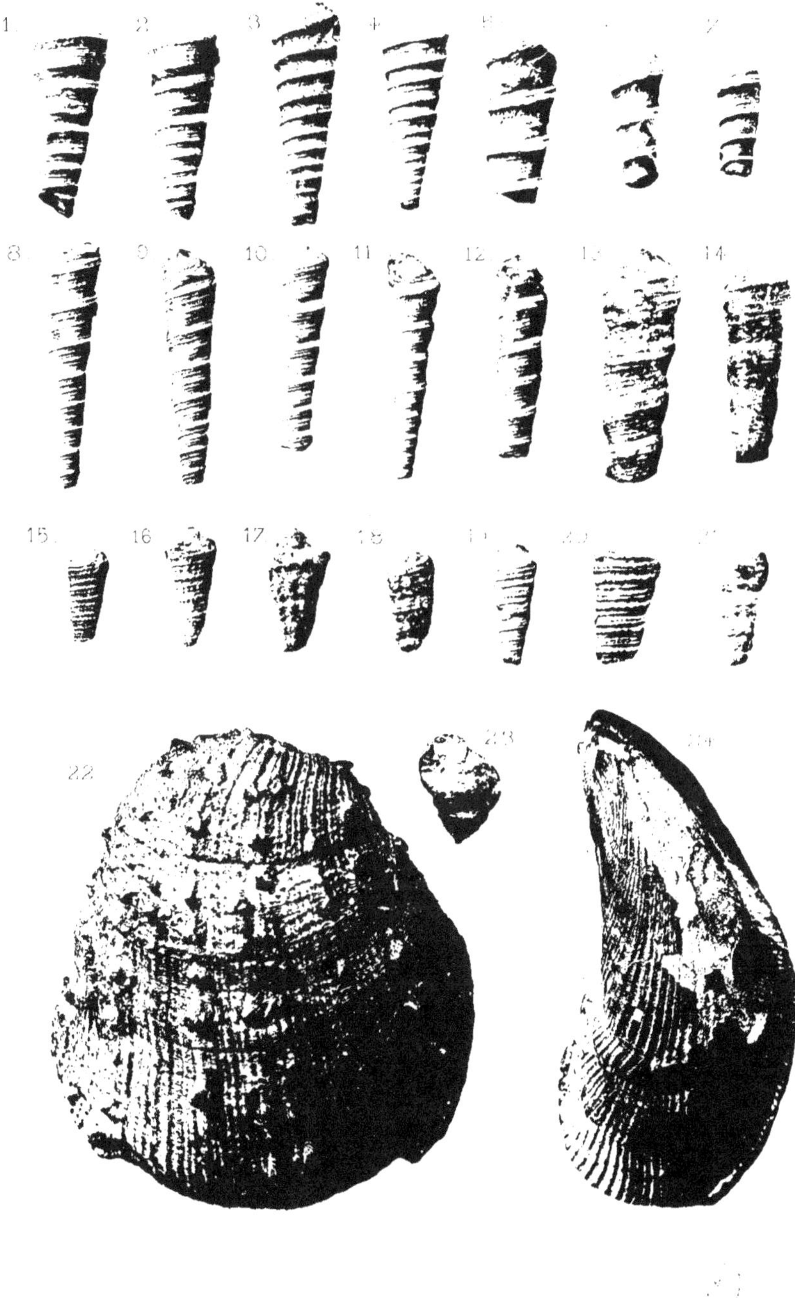

1
2
3
4
5